机械加工实训

主　编　赵海洲

编　者　赵海洲　王小哲　惠小平　孙　晨

西北工業大學出版社

西　安

【内容简介】 本书的主要内容包括机械加工基础，车、铣、刨、磨、钳、焊接和表面处理等一系列工种的基础理论，部分常用机械加工设备的结构、性能、加工范围和安全操作知识，常用刀具、量具的使用方法等。

本书可作为高职院校工科类各专业机械加工实训课程教材。

图书在版编目(CIP)数据

机械加工实训/赵海洲主编. —西安:西北工业大学出版社，2019.12(2021.1 重印)

ISBN 978-7-5612-6821-6

Ⅰ.①机… Ⅱ.①赵… Ⅲ.①金属切削-高等职业教育-教材 Ⅳ.①TG506

中国版本图书馆 CIP 数据核字(2020)第 008164 号

JIXIE JIAGONG SHIXUN

机械加工实训

责任编辑: 王梦妮　**策划编辑:** 郭　斌

责任校对: 朱晓娟　**装帧设计:** 李　飞

出版发行: 西北工业大学出版社

通信地址: 西安市友谊西路 127 号　邮编:710072

电　　话: (029)88491757, 88493844

网　　址: www.nwpup.com

印 刷 者: 陕西金德佳印务有限公司

开　　本: 787 mm×1 092 mm　1/16

印　　张: 11.625

字　　数: 305 千字

版　　次: 2019 年 12 月第 1 版　2021 年 1 月第 3 次印刷

定　　价: 39.00 元

如有印装问题请与出版社联系调换

前　言

本书是机电类专业必修的一门实践性技术基础课程。本课程主要培养学员利用机械基础知识使用设备的能力和动手能力。通过机械加工实训，学员可以接触机械制造的生产过程，了解金属的各种加工方法，掌握常见机器的构造、加工范围及刀具和量具的使用方法，并具有一定的金属加工基本技能，为后续的装备使用和维护积累感性知识，为使用和维护兵器准备必要的操作技能。

随着装备的不断升级改造和更新换代，装备的复杂程度也越来越高，相应地用于维修和更换的零部件种类也越来越繁杂。机械加工实训是一门与装备维修保障密切相关的重要课程。通过该课程的学习，学员能够清楚掌握装备中一般机械零部件的加工制造流程，掌握装备零部件在疲劳损坏之后，零备件的选型及加工制造方法。

本书主要内容包括常用金属材料的主要性能、鉴别方法和热处理工艺；铸造、锻造等工件的生产方法与工艺选用原则；常用量器具的使用及日常维护和保养；切削加工的基本理论知识和常用机械加工方法；各种常用机械加工设备的加工范围、加工方法、加工刀具、夹具的理论知识，使学生能独立操作车、钳、铣、焊等工种常用设备与工具；刨削、钻削、磨削加工方法与应用；生产中相关的加工工艺过程；电弧焊、气焊的工艺过程及所用设备及操作方法；常用表面处理方法及应用。

本书由空军工程大学防空反导学院赵海洲主编，王小哲、惠小平、孙晨参与了本书的编写，李国宏副教授对全书进行了审阅，并提出了许多宝贵意见和建议，在此表示感谢！笔者特别要感谢参阅的参考文献的作者。

由于水平有限，书中难免有疏漏之处，恳请广大读者批评指正。

编　者

2019 年 5 月于西安

目 录

第一章　机械加工基础

机械加工在工业生产制造领域有着非常广泛的应用，熟悉金属材料的分类、性能和用途，学习机械加工中的铸造工艺、锻造工艺，掌握常用量具的结构、原理和使用方法，是学习机械加工的基础。

第一节　金属材料基础

一、金属材料的性能

金属材料是机械制造中使用最广泛的一种材料，它具有一定的使用性能和工艺性能。使用性能反映的是材料在使用过程中所表现出来的特性，如物理性能、化学性能、力学性能等；工艺性能反映的是材料在加工制造过程中所表现出来的特性。

(一)金属材料的力学性能

金属材料的力学性能是指材料在外力作用下所表现出来的特性。它主要包括强度、塑性、硬度和韧性等。

1. 强度

强度是指金属材料在外力作用下抵抗永久变形和断裂的能力。常用的强度性能指标是屈服点和抗拉强度。屈服点用符号 σ_s（或 $\sigma_{0.2}$）表示，单位为 MPa，屈服点代表材料抵抗微量永久变形的能力；抗拉强度用符号 σ_b 表示，单位为 MPa，抗拉强度代表材料抵抗断裂的能力。

2. 塑性

塑性是指金属材料在断裂前发生不可逆永久变形的能力。常用的塑性性能指标是断后伸长率(用符号 Δ 表示)和断面收缩率(用符号 ψ 表示)。断后伸长率和断面收缩率的数值越大，则材料的塑性越好。

3. 硬度

硬度是指材料抵抗局部变形，特别是塑性变形、压痕或划痕的能力，是衡量金属软硬程度的一种性能指标。材料的硬度是用专门的硬度试验计测定的。常用的硬度有布氏硬度和洛氏硬度两种。

4. 韧性

韧性是指金属在断裂前吸收变形能量的能力。金属的韧性通常随加载速度提高、温度降低、应力集中程度加剧而减小。

(二)金属材料的工艺性能

金属材料的工艺性能主要有铸造性能、锻造性能、焊接性能和可加工性能。

1.铸造性能

铸造性能是指金属材料能否用铸造方法制成优质铸件的性能。铸造性能的好坏取决于熔融金属的充型能力。影响熔融金属充型能力的主要因素之一是流动性。

2.锻造性能

锻造性能是指金属材料在锻压加工过程中能否获得优良锻压件的性能。它与金属材料的塑性和变形抗力有关。金属材料塑性越高,变形抗力越小,则锻造性能越好。

3.焊接性能

焊接性能是指金属材料在一定的焊接工艺条件下,获得优质焊接头的难易程度。焊接性能好的金属材料,易于用一般的焊接方法和简单工艺措施进行焊接。

4.可加工性能

可加工性能是指用刀具对金属材料进行切削加工时的难易程度。切削加工性能好的材料,在加工时对刀具的磨损量小,切削用量大,加工的表面质量也好。

二、常用金属材料的分类

金属材料通常分为黑色金属和有色金属两大类,其中黑色金属又分为钢(碳素钢和合金钢等)和铸铁(灰铸铁、球墨铸铁和可锻铸铁等)两类;有色金属分为轻金属(铝、镁、钛等)和重金属(铜、铅、镍、锌、锡等)两类。

三、常用金属材料的牌号、性能和用途

(一)碳素钢

碳含量(质量分数,下同)小于2.11%的铁碳合金称为碳素钢,简称“碳钢”。在实际应用中的碳钢,其碳含量一般不超过1.4%。碳钢中除含有铁、碳外,还含有硅、锰等有益元素和硫、磷等有害杂质。

1.碳素钢的分类

(1)碳素钢按碳含量可分为低碳钢、中碳钢和高碳钢。

低碳钢:碳含量在0.021 8 %~0.25 %之间的钢。

中碳钢:碳含量在0.25%~0.6%之间的钢。

高碳钢:碳含量大于0.6%的钢。

(2)碳素钢按材料质量可分为普通碳素钢、优质碳素钢和高级优质碳素钢。

普通碳素钢:硫、磷含量较高。

优质碳素钢:硫、磷含量较低。

高级优质碳素钢:硫、磷含量很低。

(3)碳素钢按用途可分为碳素结构钢和碳素工具钢。

碳素结构钢:一般属于低碳钢和中碳钢,按材料质量可分为普通碳素结构钢和优质碳素结构钢两种;

碳素工具钢:一般属于高碳钢。

2.碳素钢的牌号

(1)碳素结构钢。以Q235-A·F为例,普通碳素结构钢牌号的表示方法:

Q——屈服点“屈”的汉语拼音首字母;

235——屈服点数值，单位为 MPa；

A——质量等级代号，共分 A，B，C，D 四级，质量由低到高。

F——脱氧方法，标注 F 表示沸腾钢；标注 b 表示半镇静钢；不标注此符号则表示为镇静钢(Z)或特殊镇静钢(TZ)。

优质碳素结构钢是严格按化学成分和力学性能供应的，质量比普通碳素结构钢的高。钢号用两位数字表示钢平均碳含量的万分之几，例如，30 钢表示钢的碳含量为 0.30%。锰含量较高的优质碳素结构钢号应将锰元素在钢号后面标出，如 15Mn，30Mn 等。

(2)碳素工具钢。碳素工具钢均为优质钢，碳含量在 0.60%～1.35%范围内。碳素工具钢的牌号用“T＋数字”表示，数字表示碳含量的千分之几。高级优质碳素工具钢在钢号后加一个“A”。例如，T7 表示碳含量为 0.7%的碳素工具钢，T10A 表示碳含量为 1.0%的高级优质碳素钢。

(3)铸钢。铸钢一般用于制造形状复杂、力学性能要求较高的零件。其牌号用“ZG＋两组数字”表示。第一组数字表示最低屈服点值，第二组数字表示最低抗拉强度值，例如，ZG270－500 表示最低抗拉强度为 500MPa 的铸钢。

(二)合金钢

合金钢是在碳素钢中加入一些合金元素的钢。钢中加入的合金元素通常有 Si，Mn，Cr，Ni，W，V，Mo，Ti 等。

1.合金钢的分类

(1)合金钢按用途可分为合金结构钢、合金工具钢和特殊性能钢。

合金结构钢：用于制造工程构件及各种机械零件，如齿轮、连杆、轴、桥梁等。

合金工具钢：用于制造各种工具、刃具、模具和量具。

特殊性能钢：具有某种特殊的物理、化学性能的钢，包括不锈钢、耐热钢、耐磨钢等。

(2)合金钢按合金元素总量可分为低合金钢、中范围合金钢和高合金钢。

低合金钢：合金元素总量低于 5%。

中合金钢：合金元素总量为 5%～10%。

高合金钢：合金元素总量高于 10%。

2.合金钢的牌号

(1)合金结构钢的牌号用“两位数字＋元素符号＋数字”表示。前两位数字表示钢中碳含量的万分数；元素符号表示所含合金元素；后面数字表示如下：合金元素平均含量小于 1.5%时，只标明元素不标明含量，含量等于或大于 1.5%，2.5%，3.5%时，相应地以 2，3，4 等来表示，如 60Si2Mn 表示平均碳含量为 0.6%，硅含量为 2%，锰含量小于 1.5%。

(2)合金工具钢。合金工具钢的碳含量比较高(0.8%～1.5%)，钢中还加入 Cr，Mo，W，V 等合金元素。合金工具钢的牌号与合金结构钢大体相同。不同的是，合金工具钢的碳含量大于 1.5%时不标出，小于 1.5%时用千分数表示。如 9Mn2V 表示平均碳含量为 0.9%，锰含量为 0.2%，钒含量大于 1.5%。

(3)特殊性能钢。特殊性能钢的编号方法基本与合金工具钢相同。如 2Cr13 表示碳含量为 0.2%、铬含量为 13%的不锈钢。

(三)铸铁

1. 铸铁的分类

碳含量大于2.11%的铁碳合金称为铸铁。根据碳在铸铁中存在的形态不同,通常可将铸铁分为白口铸铁、灰铸铁、球墨铸铁及可锻铸铁等。

(1)白口铸铁。这类铸铁中的碳,绝大多数以 Fe_3C 的形式存在,断口呈亮白色,其硬度高、脆性大,很难进行切削加工,主要用来作为炼钢原料或制造可锻铸铁的毛坯。

(2)灰铸铁。铸铁中的碳大部分以片状石墨形式存在,其断口呈暗灰色,故称灰铸铁。

(3)球墨铸铁。铸铁中的绝大部分以球状石墨的形式存在,故称球墨铸铁。

(4)可锻铸件。由白口铸铁经高温石墨化退火而制得,其组织中的石墨呈团絮状。

2. 铸铁的牌号

灰铸铁的牌号由"HT+一组数字"组成,数字表示其最低抗拉强度。可锻铸铁由"KT+两组数字",从前到后分别表示最低抗拉强度和断后伸长率。球墨铸件的牌号由"QT+两组数字"组成,其含义和可锻铸铁完全相同。

四、有色金属及合金

1. 铝及铝合金

(1)纯铝为银白色,熔点为660℃,其导电、导热性好,强度和硬度低。铝的牌号由"L十数字"表示,数字表示顺序号,工业纯铝的牌号为L1～L6,编号越大,纯度越低。

(2)铝合金在铝中加入Cu,Mn,Si,Mg等合金元素即为铝合金。根据加工方法不同,可分为形变铝合金和铸铁铝合金两类。形变铝合金具有良好的塑性,适用于压力加工;铸铁铝合金塑性较差,只适用于成型铸造。

2. 铜及铜合金

(1)纯铜又称紫铜,熔点为1 038℃,具有良好的导电性、导热性和塑性。根据杂质含量的不同,纯铜的牌号有T1,T2,T3和T4四种,编号越大,纯度越低。

(2)铜合金在铜中加入Zn,Sn,Ni,Sb等合金元素即为铜合金。铜合金可分为黄铜和青铜两大类。

五、金属材料的热处理

金属材料的热处理是利用对金属材料进行固态加温、保温及冷却的过程,是使金属材料的内部结构和晶粒的粗细发生变化,从而获得需要的机械性能(强度、硬度、塑性、韧性等)和化学性能(抗热、抗氧化、耐腐蚀等)的工艺方法。常用金属材料的热处理方法有以下几种。

1. 退火

将钢件加热到一定温度并在此温度下进行保温,然后缓冷到室温,这一热处理工艺称为退火。退火可以使材料内部的组织细化、均匀,可以改善其机械性能。退火的主要目的是降低钢的硬度,消除内应力,提高其塑性和韧性,以利于切削加工,为以后热处理做准备。

(1)完全退火:可以降低材料的硬度,消除钢中的不均匀组织和内应力,有利于切削加工。

(2)球化退火:目的在于降低硬度,改善切削加工性能,主要用于高碳钢。

(3)去应力退火:主要用于消除金属材料的内应力,利于以后加工或在以后使用中不易变形或开裂。一般用于铸件、锻件及焊接件。

2. 正火

将钢件加热到一定温度，保温一段时间，然后在空气中冷却至室温的热处理工艺称为正火。正火后可以得到较细的组织，其硬度、强度均高于退火，而塑性和韧性稍低，内应力消除不如退火彻底。正火的主要目的是细化内部组织，消除锻件、轧件和焊接件的组织缺陷，改善钢的机械性能。

3. 淬火

将钢件加热到一定温度，经保温后在水或油中快速冷却的热处理方法称为淬火。淬火的主要目的是提高材料的强度和硬度，增加耐磨性。淬火是一种重要的热处理工艺。

4. 回火

将淬火后的工件重新加热到临界点以下的温度，并保温一段时间，然后以一定的方式冷却到室温的热处理工艺称为回火。回火是淬火的继续，经淬火的钢件需回火处理。回火可减少或消除工件淬火后产生的内应力，降低脆性，使工件获得所需的综合力学性能及稳定组织。常见的“调质处理”就是“淬火＋高温回火”。

5. 表面淬火

表面淬火是通过对工件快速加热（火焰或感应加热），使工件表层迅速达到淬火温度，然后冷却，使表面获得淬火组织，而芯部仍保持原始组织的热处理工艺。

6. 化学热处理

化学热处理是将工件置于一定的活性介质中加热、保温，使一种或几种元素的原子渗入工件表层，以改变其化学成分、组织和性能的热处理工艺。其目的是提高零件的硬度、耐磨性、耐热性和耐腐蚀性，而心部仍然保持原有的性能。其常用的方法有渗碳、渗氮和氰化。

(1)渗碳。渗碳可提高工件表层的含碳量，达到工件表面淬火提高硬度的目的。

(2)渗氮。渗氮是将氮渗入钢件表层，可提高工件表面的硬度及耐磨性。

(3)氰化。在钢件表层同时渗入碳原子和氮原子的过程称为氰化。氰化可提高工件表面硬度、耐磨性和疲劳强度。

六、钢铁材料的鉴别方法

炼钢厂生产的钢锭除一部分用于锻造外，大部分通过压力加工制成各种形状和尺寸的型材供给工厂使用。钢材的品种很多，性能各异，虽然从冶炼、轧制到供货、储藏、使用都有一套严格的管理制度，但如果在材料仓库或车间现场出现钢材混料时，学会对钢材的鉴别是非常重要的。常采用的鉴别方法有涂色鉴别法、断口鉴别法和火花鉴别法。

(一)涂色鉴别法

在管理和使用钢材时，为了避免出错，常在钢材的两端面涂上不同颜色的油漆作为标记，常用钢材的标记如下：

碳素结构钢(Q235 钢)——红色；

优质碳素结构钢(45 钢)——白色＋棕色；

优质碳素结构钢(60Mn 钢)——绿色三条；

合金结构钢(20CrMnTi 钢)——黄色＋黑色；

合金结构钢(42CrMo 钢)——绿色＋紫色；

铬轴承钢(GCr15 钢)——蓝色一条；

高速钢(W187CrV)——棕色一条＋蓝色一条。

(二)断口鉴别法

工厂常用观察被敲断的钢铁材料的断口特征来初步判断钢铁材料的种类。断口分析简便易行,可通过肉眼、放大镜、低倍率光学显微镜来研究断口的特征,检查钢铁材料在冶炼或加工过程中造成的缺陷,如气孔、缩空等。

常用钢铁材料的断口特征大体如下:

低碳钢:一般不易敲断,断口周围有明显的塑性变形现象,断口颗粒均匀,清晰可辨。

中碳钢:断口周围的塑性变形现象没有低碳钢明显,断口颗粒较细。

高碳钢:断口周围无明显塑性变形现象,断口颗粒很细密。

铸铁:极易敲断,断口周围没有塑性变形现象,断口颗粒粗大。

(三)火花鉴别法

火花鉴别法是用一定压力将钢在一定直径和一定转速的砂轮上打磨,根据钢材打磨时所发生的火花形态、色泽变化情况而鉴别钢铁成分的方法。

1. 火花名称及特征

火花束:钢材在砂轮上磨削时发生的火花形式称为火花束。火花束可分为根部火花、中部火花和尾部火化三部分,如图 1-1(a)所示。

流线:磨削颗粒高速飞出时所形成的亮线称为流线,其形状有直线状流线、段絮状流线和波状流线。

爆花:在流线中途发生的爆裂花形状称为爆花,其形状有羽毛状、树枝状和苞花状。爆花是由节点、芒线和花粉构成的。流线中途爆裂的发生点称为节点,有些爆花的节点明亮而肥大,有些则无明显的节点。爆花的流线称为芒线,芒线之间所呈现的点末状火花称为花粉,火花束的组成如图 1-1(b)所示。

爆花可分为一次、二次、三次和多次爆花。一次爆花是指只有一次爆裂的芒线,二次爆花是指在一次爆花的芒线上又一次发生爆裂,若在二次爆花的芒线上继续发生爆裂则称为三次爆花、多次爆花。

尾花:尾花是流线尾部所发生的变态形式,常见的有枪尖尾花、狐尾尾花和钩状尾花。

色泽:色泽指整个火花束或某部分火花的颜色和明暗程度。

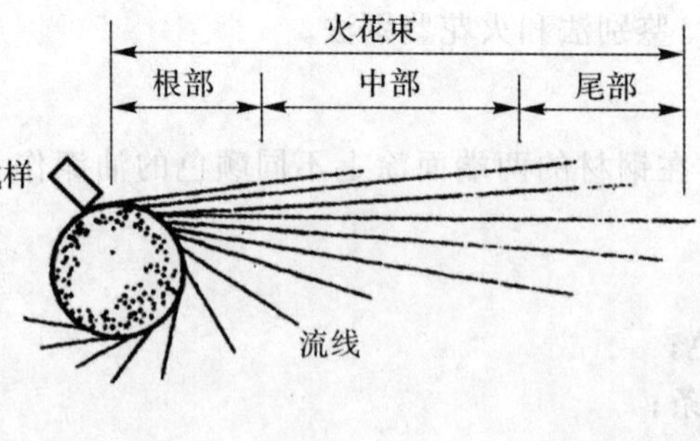

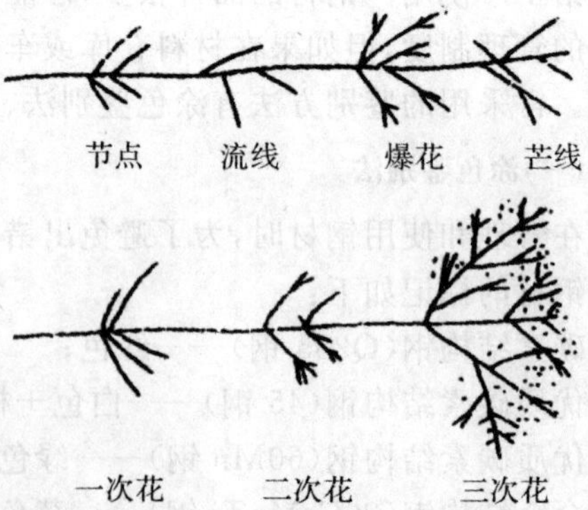

图 1-1　火花束及其组成

(a)火花束;(b)火花束的组成

2.常用钢材的火花特征

碳是火花形成的基本元素,也是火花鉴别法测定的主要成分。由于钢中的含碳量不同,其火花形状也不同。

图 1-2 所示为碳素钢火花特征示意图。碳素钢随含碳量的增加,火花束中流线逐渐增多,长度逐渐缩短并变细。芒线也逐渐变短变细。爆花由一次花转为二次花、三次花。色泽由草黄色带暗红色逐渐转为黄亮色再转为暗红色,光亮度逐渐增高。

15 钢的火花束为粗流线,其流线量少,火束长,一次花较多,色泽呈草黄带红,如图 1-2(a)所示。

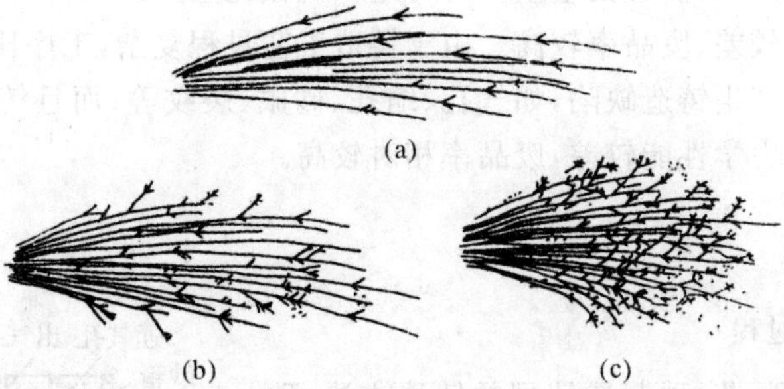

图 1-2　碳素钢的火花特征

(a)15 钢;(b)40 钢;(c)T10 钢

40 钢的流线多而稍细,其火束短,发光大,二次花较多,色泽呈黄色,如图 1-2(b)所示。

T10 钢的流线多而细,有二次花及三次花,色泽呈黄色且明亮,如图 1-2(c)所示。合金钢火花的特征与加入的合金元素有关。例如 Ni,Si,Mo,W 等有抑制火花爆裂的作用,而 Mn,V,Cr 却可以助长爆裂,所以对合金钢火花的鉴别较难掌握。图 1-3 所示为高速钢 W18Cr4V 的火花特征,火花束细长,流线数量少,无火花爆裂,色泽呈暗红色,根部和中部为断续流线。

图 1-3　W18Cr4V 的火花特征

第二节　铸 造 简 介

铸造是指熔炼金属、制造铸型,并将熔融金属浇入铸型,冷却凝固后获得具有一定形状和性能铸件的成形方法。铸造是生产零件或毛坯的主要工艺方法之一。铸造最适合生产形状复杂、特别是内腔复杂,且承受静载荷或压应力的零件或毛坯,如各种箱体、支架及机床床身等。

铸造方法分为砂型铸造和特种铸造两大类,其中砂型铸造应用最为广泛,是生产零件毛坯最主要的工艺方法;特种铸造作为一种实现少余量、无余量加工的精密成形技术,包含除砂型铸造以外的任何一种铸造方法,主要有金属型铸造、陶瓷型铸造、压力铸造、熔模铸造、低压铸造及实型铸造等。

与其他材料成形方法比较，铸造生产具有以下特点：

(1)适应性强。铸造几乎不受铸件大小、厚薄及形状复杂程度的限制；适合铸造的合金比较多，几乎能熔化成液态的合金材料均可用于铸造，其中应用最多的铸造合金有铸铁、铸钢，以及各种铝合金、铜合金、镁合金等。

(2)成本低廉，综合经济性好。铸造使用的原材料来源广泛，可大量利用废旧的金属材料和再生资源；铸件具有一定的尺寸精度，使加工余量小，可节约原材料和加工工时。

(3)生产方式灵活，生产准备周期短。铸造基本不受生产批量的限制，生产方式比较灵活，生产准备过程简单，周期短，而且批量生产时可组织机械化生产。

(4)铸件力学性能较差、废品率较高。由于铸造工艺过程复杂，工序比较多，在生产中某些工序难以控制，铸件易产生铸造缺陷，如气孔、缩孔、砂眼、裂纹等；而且铸件内部组织粗大，成分不均匀，所以铸件的力学性能较差，废品率相对较高。

一、砂型铸造

(一)砂型铸造工艺过程

砂型铸造是指用型(芯)砂制造铸型的铸造方法，砂型铸造生产工艺过程主要包括配制型(芯)砂、制造模样和芯盒、造型(包括制芯和合型)、熔炼金属、浇注、落砂、清理及铸件检验等。

(二)铸型结构和型(芯)砂种类

1.铸型(砂型)结构

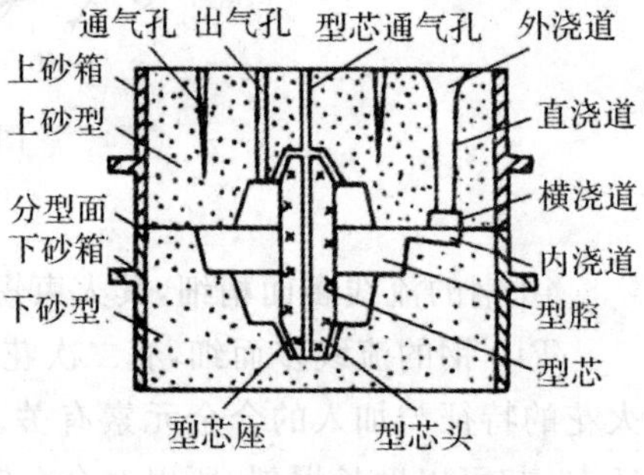

图 1-4　铸型(砂型)的结构组成

砂型铸造的铸型通常也称为砂型。砂型的基本结构如图 1-4 所示，主要由上砂型、下砂型、型腔、砂芯、分型面、浇注系统等组成。铸件的某些铸造缺陷(如砂眼、气孔、裂纹等)主要由砂型的质量引起的，而型(芯)砂的种类和质量对砂型的质量影响很大，因此，高质量的型(芯)砂应具有铸造出高质量铸件所必备的各种性能。

2.常用型(芯)砂的种类

将原砂或再生砂、黏合剂、水及其他附加材料按一定的质量分数混制均匀后所形成的混合材料称为型砂或芯砂。在实际生产中，通常按黏合剂的种类将型(芯)砂进行分类。最常用的黏合剂是黏土，此外，桐油、水玻璃、树脂、纸浆等都可以作为黏合剂。

3.湿型型(芯)砂性能要求

(1)湿度。为了得到所需要的湿态强度和韧性，黏土砂必须含有适量水分，判断型(芯)砂湿度时，对于有实际操作经验的混砂或造型工人，常用手捏一把型(芯)砂，根据型(芯)砂是否容易成团和是否沾手来判断型(芯)砂的干湿度。如果用手捏型(芯)砂时，只有潮湿的感觉但不觉得沾手，且手感柔和，印在砂团上的手指痕迹清晰，砂团掰断时断面不碎裂，说明型(芯)砂的干湿度适宜，性能合格，如图 1-5 所示。

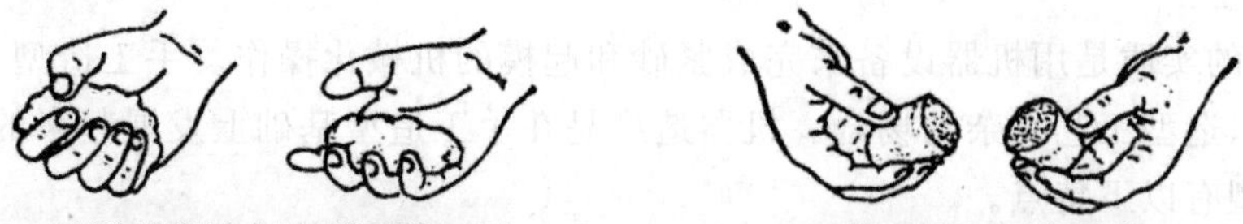
型砂湿度适当时可用手捏成砂
团，手放开后可看出清晰的手纹
折断时断面没有碎裂
状同时有足够的强度

图 1-5　手感法检验型砂

(2)强度。强度是指型(芯)砂抵抗外力破坏的能力。如工作强度不足，在起模、搬动砂型、下芯、合型等过程中，铸型有可能破损、塌落；浇注时，可能承受不住金属液的冲刷和冲击，冲坏砂型而造成砂眼、胀砂或跑火(漏金属液)等缺陷。如果强度过高，因要加入更多的黏土和水分，而使透气性和退让性降低，同时给混砂、紧实和落砂等工序带来困难。

(3)可塑性。可塑性指型(芯)砂在外力作用下变形，外力去除后仍保持变形的能力。可塑性好的型(芯)砂，造型、起模、修型方便，铸件表面质量较高。手工起模时，在模样周围砂型上刷水的作用就是增加局部型砂中的水分，以增加可塑性。

(4)透气性。透气性指紧实的型砂能让气体通过而逸出的能力。因为在液体金属的热作用下，铸型内产生大量的气体，如果型(芯)砂不具有良好的排气能力，浇铸过程中可能发生呛火，使铸件产生气孔、浇不到等缺陷。型(芯)砂的排气能力一方面靠冒口和穿透或不穿透的出气孔来提高；另一方面取决于型(芯)砂的透气性。

(5)退让性。退让性指铸件在凝固和冷却过程中产生收缩时，型(芯)砂能被压缩、退让的性能。型(芯)砂退让性不足，会使铸件收缩受阻，使铸件内部产生内应力、变形和裂纹等缺陷。对于中小型铸件，为了提高退让性，砂型不要舂得过紧；对于大型铸件，可在型(芯)砂中加入附加物，如锯末、焦炭等以增加其退让性。

(6)耐火度。耐火度指型(芯)砂抵抗高温热作用的能力。耐火度主要取决于型(芯)砂中原砂的含量和型(芯)砂颗粒的大小。对于铸铁件，型(芯)砂中原砂的含量大于 85%以上就能满足耐火度的要求。

(7)溃散性。溃散性指型(芯)砂在浇注后容易溃散的性能。溃散性好，型(芯)砂容易从铸件上清除，可以减轻落砂和清砂的劳动强度。溃散性与型(芯)砂配比和黏合剂种类有关。

(8)流动性。流动性指型(芯)砂在外力或重力作用下，沿模样与砂粒间相对移动的能力。流动性好的型(芯)砂，可以形成紧实均匀、无局部疏松、轮廓清晰、表面光洁的型腔，造型时减轻了紧砂劳动强度，提高生产率和便于造型、制芯过程的机械化。

(三)造型方法

用型(芯)砂、模样等工艺装备制造铸型的过程就是砂型铸造的造型。造型是砂型铸造最基本的工序，造型方法对铸件质量、生产率和生产成本有着重要影响。造型方法分手工造型和机器造型两类。

1.手工造型

手工造型方法很多，通常按造型时使用的砂箱特征或模样的结构进行分类。

若按砂箱特征分，有二箱造型、三箱造型、多箱造型、脱箱造型及地坑造型等。

若按模样结构分，有整模造型、分模造型、挖砂造型、假箱造型、成型底板造型、活块模造型和刮板造型等。

2. 机器造型

机器造型的实质是用机器设备来完成紧砂和起模的机械化操作。手工造型方法主要适用于生产批量小、造型工艺复杂的场合。机器造型是在手工造型基础上发展起来的，与手工造型相比，机器造型有以下特点。

(1)生产效率高，劳动强度低，对操作者的技术水平要求不是很高。

(2)砂型质量有保证，铸件尺寸精度和表面质量有所提高。

(3)由于设备、工装投入大，设备及工艺装备费用高，生产准备时间长，仅适用于成批、大量生产的铸件。机器造型一般是两箱造型，采用模板和砂箱在专门的造型机上进行。模板是将铸件及浇注系统的模样与底板装配成一体，并附设有砂箱定位装置的造型工装。按砂型的紧实方式，机器造型可分为振压式造型、高压造型、射压造型、空气冲击造型和静压造型等。

3. 制芯

芯子主要用来形成铸件的内腔或局部外形。绝大部分芯子都是用芯砂制成的，称为砂芯。在浇铸过程中，由于砂芯表面直接受到高温金属液冲刷和烘烤，因此，要求芯砂比型砂具有更高的强度、透气性、耐火度及退让性等。

制芯方法一般分为手工制芯和机器制芯两类。图 1－6 所示为采用垂直对开式芯盒、手工制芯的工艺过程，此砂芯即为滚筒两箱造型中的砂芯。

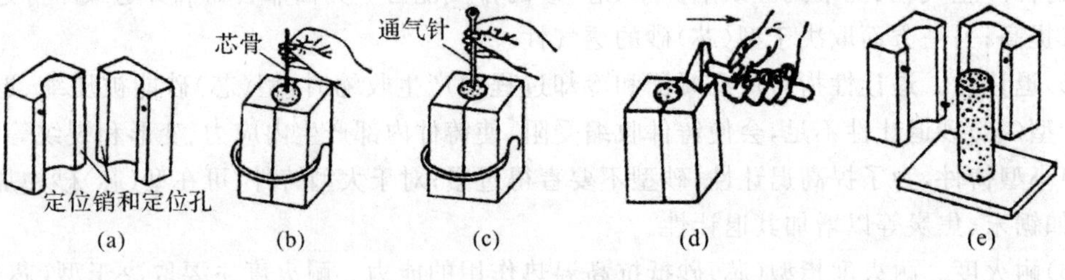

图 1－6　对开式芯盒制芯

(a)准备芯盒；(b)舂砂、放芯骨；(c)刮平、扎气孔；(d)敲打芯盒；(e)打开芯盒(取芯)

(四)铸造工艺设计基础

在铸造生产前，首先由工程技术人员根据零件的结构特点、技术要求、生产批量及车间生产技术条件等进行铸造工艺设计。铸造工艺设计主要包括选择和确定铸型分型面、砂芯结构、浇注系统结构组成、铸造工艺参数及绘制铸造工艺图、编制铸造工艺卡片等。铸造工艺一经确定，模样、芯盒、铸型的结构及造型、造芯方法就随之确定下来。铸造工艺合理与否，直接影响铸件质量及生产率。

1. 选择铸型的分型面

分型面是指相邻铸型之间的结合面。分型面位置选择是否合理，直接影响造型的难易程度及铸件质量的好坏。选择分型面时应遵循以下原则：

(1)分型面应选择在铸件或模样的最大截面处，以便于取模。

(2)要尽量选择平直的分型面，尽量避免挖砂和活块。

(3)应使铸型有最少的分型面，以使造型过程简单。

(4)要尽量使铸件的全部或绝大部分处在同一铸型内，以免产生错箱缺陷。尤其要使加工基准面与大部分加工面在同一砂型内，以使铸件加工精度得到保证。

(5)应使铸件中重要机加面朝下或与分型面垂直,以保证铸件质量。因为浇注时液体金属中的渣子、气泡总是浮在上面,铸件的上表面缺陷较多,而铸件的下面和侧面的质量较好。

2.确定砂芯结构

对于铸件上需要铸出的孔,在确定砂芯结构时,应充分考虑造型、造芯方法及芯子在铸型中如何固定等问题,并尽量简化造芯、下芯等过程。

3.浇注系统及冒口设计

浇注系统是砂型中引导液态金属进入型腔的通道。合理的浇注系统设计,应根据铸件的结构特点、技术条件、合金种类,选择浇注系统的结构类型,确定引入位置、计算截面尺寸等。

(1)浇注系统设计原则。

1)引导金属液平稳、连续地充型,防止强烈冲击砂型。

2)充型过程中流动方向和速度可以控制,保证铸件轮廓清晰、完整。

3)在合适的时间内充满型腔,避免形成夹砂、冷隔、皱皮等缺陷。

4)调节铸型内温度的分布,有利于强化铸件补缩,减少铸造应力,防止铸件出现变形、裂纹等缺陷。有时为增加铸件局部冷却速度,可采取在型腔内或某工作表面安放冷铁的措施。

5)具有挡渣、溢渣能力以净化金属液。

6)浇注系统结构应简单、可靠,减少金属液损耗,便于清理。

(2)典型浇注系统的结构组成及作用。典型浇注系统由外浇道、直浇道、横浇道和内浇道组成,如图1-7所示。

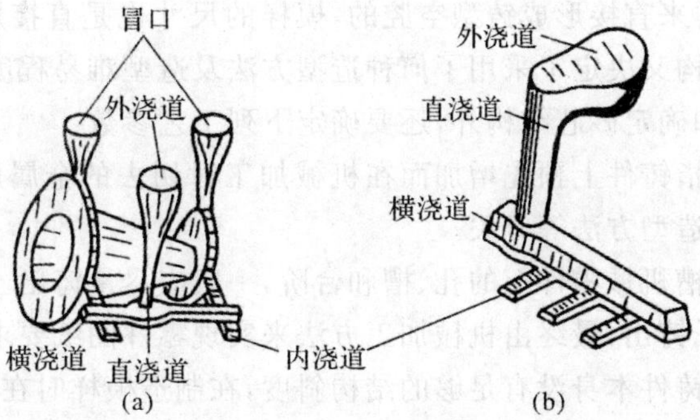

图1-7　浇注系统和冒口

(a)带有浇注系统和冒口铸件;(b)典型浇注系统组成

1)外浇道的作用是容纳注入的金属液,缓解金属液体对铸型的冲击,并有可能溢出部分熔渣。一般小铸件采用漏斗形外浇道,大铸件采用盆式外浇道。

2)直浇道是浇注系统中的垂直通道,通常带有一定的锥度,其截面多为圆形。其作用是使金属液产生一定的静压力后保证金属液能迅速地充满铸型。

3)横浇道是将直绕道的金属液引入内浇道的水平通道,其截面多为高梯形,且必须位于内浇道上面,同时,它的末端要超出内浇道一定距离,其作用是将金属液体分配给各个内浇道并能有效地起到阻挡熔渣的作用。

4)内浇道是直接引导金属液进入型腔的通道,其截面形状一般为扁梯形或三角形。其作用是控制金属液流入型腔的速度和方向。内浇道与型腔(铸件)的结合处常带有缩颈,以便于清理。

(3)冒口。冒口指在铸型内特设的空腔。其主要作用是防止缩孔和缩松。冒口一般开设在铸件顶部或厚实部位。冒口除起补缩作用外,还有排气和集渣的作用。

(4)浇注系统的类型。浇注系统根据内浇道在铸件上引入位置,可分为顶注式、中注式、底注式和阶梯注入式等四种类型,如图1-8所示。

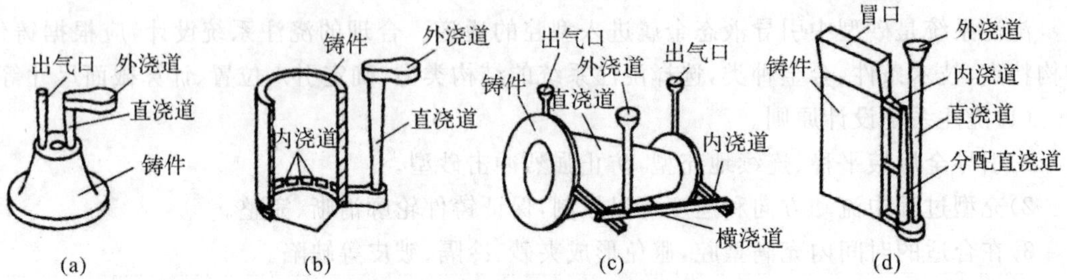

图1-8 浇注系统的类型

(a)顶注式;(b)底注式;(c)中注式;(d)阶梯注入式

4.铸造工艺参数的确定

决定铸件、模样的形状与尺寸的某些工艺参数称为铸造工艺参数,由于影响铸件结构和尺寸精度的因素很多,因此铸造工艺及具体的工艺参数的确定需要一定的专业知识和丰富的实践经验,这里只对几个主要的工艺参数做简单介绍。

砂型铸造是用模样来直接形成铸型空腔的,模样的尺寸也是直接影响铸件尺寸精度的一个因素,同时模样的结构又决定了采用了何种造型方法及造型难易程度,因此,制造模样时,除了选择分型面的位置和确定砂芯结构外,还要确定下列工艺参数:

(1)机械加工余量指铸件上预先增加而在机械加工时切去的金属层的厚度。加工余量与铸件大小、合金种类及造型方法等有关。

(2)最小铸出孔和槽机械零件上的孔、槽和台阶,一般应尽量铸出。而对于过小的孔和槽,由于铸造困难一般不予铸出,最终由机械加工方法来实现零件图纸要求。

(3)起模斜度。当铸件本身没有足够的结构斜度,在制造模样时在平行于起模方向上相应部位要给出足够的起模斜度以保证起模顺利。起模斜度值原则上不应超出铸件的壁厚公差值。

(4)铸造圆角。一般情况下,铸件转角处应设计成合适的圆角,这样可以减少该处产生缩孔、缩松及裂纹等缺陷。

(5)铸件收缩率与模样放大率。铸件收缩率又称铸造收缩率。铸件由于凝固、冷却后的体积收缩,其各部分尺寸均小于模样尺寸,为保证铸件尺寸要求,在模样上必须相应增加一个收缩量,收缩量一般由铸造收缩率来定。铸造收缩率主要取决于合金的种类,同时与铸件的结构、大小、壁厚及收缩时受阻情况有关。

5.绘制铸造工艺图

在铸造工艺设计时,为表达设计意图与要求,需要将一些代表铸造工艺要求的符号及工艺参数标注在铸造工艺图中。铸造工艺图分两类:一类为在蓝图(零件图)上绘制的铸造工艺图,其表示颜色规定为红、蓝两色;另一类为墨线绘制的铸造工艺图,为方便起见,通常在蓝图上直接绘制铸造工艺图。图 1-9 所示为滚筒的铸造工艺简图(节省了浇注系统),供读者参考。

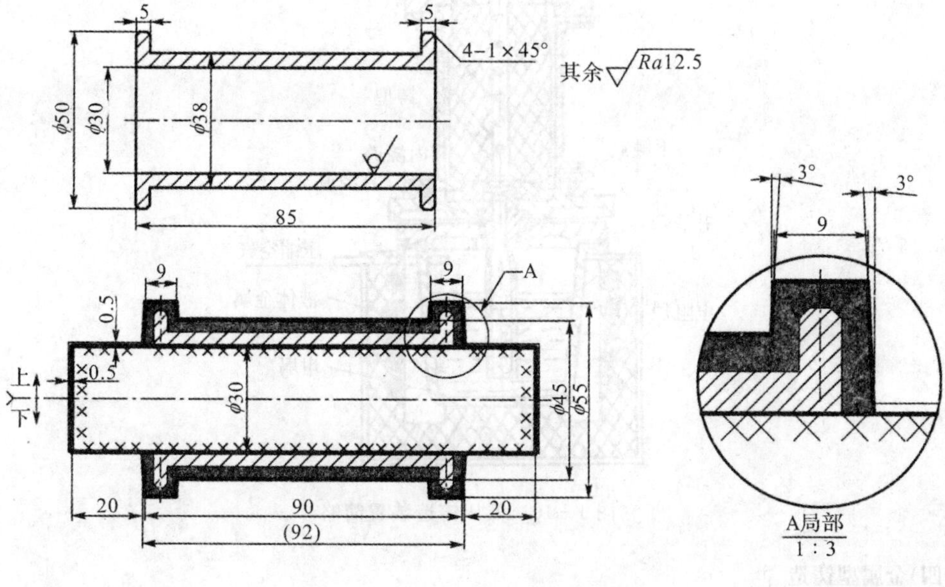

图 1-9　滚筒零件图及铸造工艺图

二、特种铸造

(一)熔模铸造

熔模铸造就是用易熔材料(如蜡料)制成模样(熔模),并在模样表面涂覆多层耐火材料,待硬化干燥后,加热将熔模熔出而获得具有与熔模形状相适应空腔的型壳,再经焙烧之后进行浇注的铸造方法。

(二)压力铸造

压力铸造(简称“压铸”)的实质是将液态或半液态金属在高压的作用下,以极高的速度充填压型,并在压力作用下凝固而获得铸件的一种铸造方法。

高压力和高速度是液体金属充填成型过程的两大特点,也是与其他铸造方法最根本的区别所在。压铸时常用的压射比压在数兆帕至数十兆帕范围内,甚至高达 500MPa;充填速度为 0.5～120 m/s;充填时间为 0.01～0.25 s 之间。压铸是在专用的压铸机上进行的,压型一般采用耐热合金钢制成,并且具有很高的尺寸精度和极低的表面粗糙度。随着压铸生产技术不断发展,压铸机正朝着大型化、系列化、自动化的方向发展。

(三)低压铸造

低压铸造是指液体金属在较低压力(一般为 20～60MPa)作用下,完成充型及凝固过程而获得铸件的一种铸造方法,低压铸造装置如图 1-10 所示。

低压铸造所用的铸型可以是金属型、砂型(干型或湿型)、石膏型、石墨型及熔模壳型等。

低压铸造的铸件形成过程的基本特点:根据铸件的结构特点,铸型的种类及形成过程各个阶段的要求、充填速度及压力可以在一定范围内进行调整。

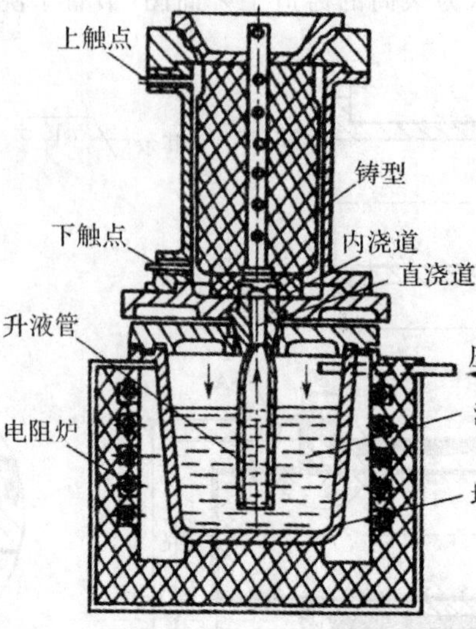

图 1-10　低压铸造装置简略

(四)金属型铸造

金属型铸造是在重力作用下,将液体金属浇入金属铸型内以获得铸件的铸造方法。金属型常用铸铁、铸钢或其他合金制成。

金属型结构一般有整体式、水平分型式、垂直分型式和复合分型式四种,如图 1-11 所示。金属型铸造常用于大批量生产有色金属铸件,也可浇注铸铁件。

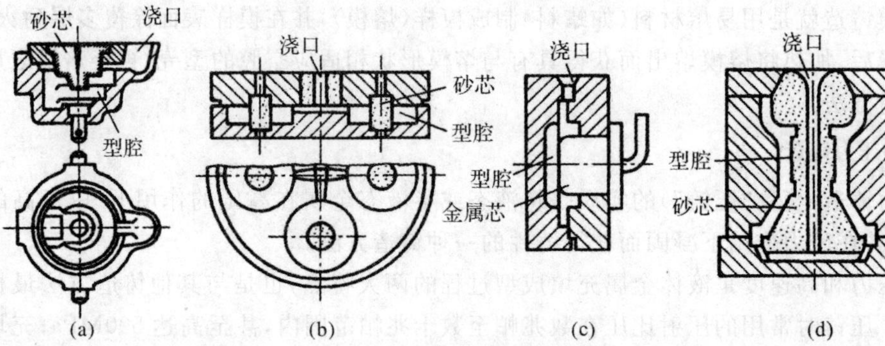

图 1-11　金属型的种类

(a)整体式;(b)水平分型式;(c)垂直分型式;(d)复合分型式

(五)离心铸造

离心铸造是指将金属液浇入高速旋转的铸型中,并在离心力的作用下完成充填和凝固成形的一种铸造方法。离心铸造必须在离心铸造机上进行,其铸型多采用金属型也可为砂型,一般适合铸造回转体铸件。常用的离心铸造机分为立式离心铸造机(见图 1-12)和卧式离心铸造机(见图 1-13)两种。

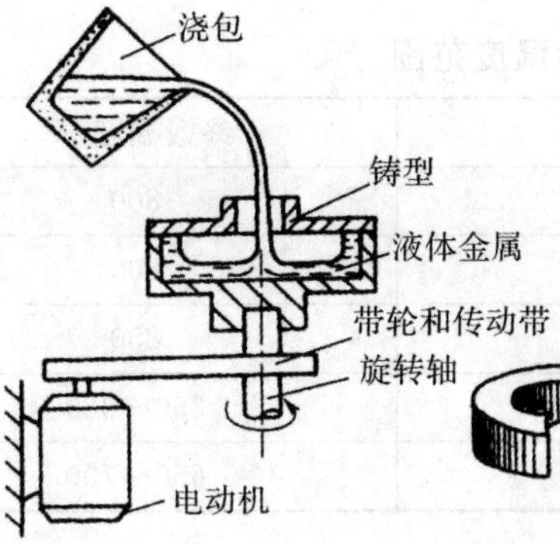

图 1-12　立式离心铸造示意图

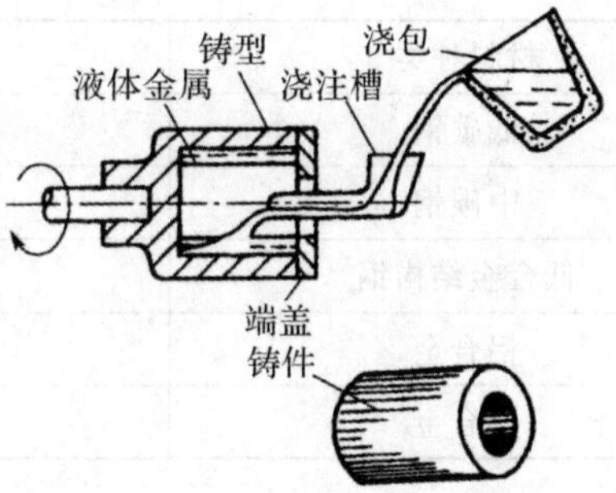

图 1-13　卧式离心铸造示意图

离心铸造可生产各种铜合金套，环类铸件，铸铁水管，辊筒铸件，汽车和拖拉机的汽缸套、轴瓦等铸件。

第三节　锻造简介

锻造主要用来制造承受重载荷、动载荷、变载荷及高压力等重要机械零件或毛坯，如各种机床主轴、电动机曲轴等。因为锻造能压合铸造组织内部缺陷（如气孔、微小裂纹等）且能细化晶粒，显著提高金属的机械性能。锻件一般用低碳钢、中碳钢制造，因为低碳钢锻造性能很好，高碳钢锻造性能较差，高合金钢锻造性能更差，铸铁没有可锻性。锻造一般可分为自由锻造、模型锻造（模锻）和特种锻造三类。

一、锻造工艺基础

锻造通常将坯料加热到再结晶温度以上进行。因为金属材料在常温下变形后，金属的强度和硬度升高，而塑性和韧度下降，这一现象称为加工硬化。加工硬化是一种不稳定的组织状态，常温下恢复到稳定状态极其缓慢，只有将其加热到适当的温度（再结晶温度以上），加工硬化现象才会消失，因此，为了增加金属的塑性并降低变形抗力，改善其锻造性能，通常将金属坯料加热到再结晶温度以上进行锻造。

（一）锻造温度范围

虽然坯料加热后能显著提高其锻造性能，但如果加热温度过高或时间过长，则表面金属氧化和脱碳现象比较严重，甚至产生过热、过烧及裂纹等缺陷，因此，锻造必须严格控制在规定允许的温度范围内进行。

坯料的锻造温度范围是根据其化学成分确定的，不同金属的锻造温度范围是不同的，碳钢的锻造温度范围是根据相图来确定的。金属材料的锻造温度范围一般可查阅锻造手册、国家标准或企业标准。

从始锻温度到终锻温度即为锻造温度范围。始锻温度指坯料锻造时所允许的最高温度；终锻温度指坯料停止锻造的温度。在保证不出现加热缺陷的前提下，始锻温度尽量取高一些，终锻温度应尽量低一些，以便有较充足的时间锻造成形，使坯料在一次加热后完成较大的变形，减少加热次数，降低材料、能源消耗，提高生产率和锻件质量。几种常见材料的锻造温度范围见表1-1。

表1-1　常用材料的锻造温度范围

材料种类	始锻温度/℃	终锻温度/℃
低碳钢	1 200～1 250	800
中碳钢	1 150～1 200	800
低合金结构钢	1 100～1 180	850
铝合金	450～500	350～380
铜合金	800～900	650～700

碳钢在加热及锻造过程中的温度变化，可通过观察火色（即坯料的颜色）的变化大致判断。碳钢的加热温度与其火色的对应关系见表1-2。

表1-2　碳钢的加热温度与火色的对应关系

加热温度/℃	1 300	1 200	1 100	900	800	700	≤600
火色	黄白	淡黄	黄色	淡红	樱红	暗红	赤褐

（二）坯料加热设备

加热设备按其加热过程中所利用的热源不同，可分为火焰式加热炉和电阻炉。

1.火焰式加热炉

火焰式加热炉主要有明火炉（手锻炉）、反射炉和室式炉等。

（1）明火炉。明火炉即为将坯料直接放置在固体燃料上加热的炉子，又称手锻炉。明火炉主要用在手工锻造及小型空气锤上自由锻时的坯料加热。明火炉结构简单、使用方便，但加热不均匀，燃料消耗大，生产效率不高。

（2）反射炉。反射炉为燃料（烟煤）在燃烧室中燃烧，高温炉气（火焰）通过炉顶反射到加热室中进行加热坯料的炉子，其结构如图1-14所示。燃料在燃烧室燃烧，可使加热室的温度达到1 350℃。反射炉的结构较复杂、燃料消耗小、热效率高，是目前我国锻造车间广泛使用的加热设备。

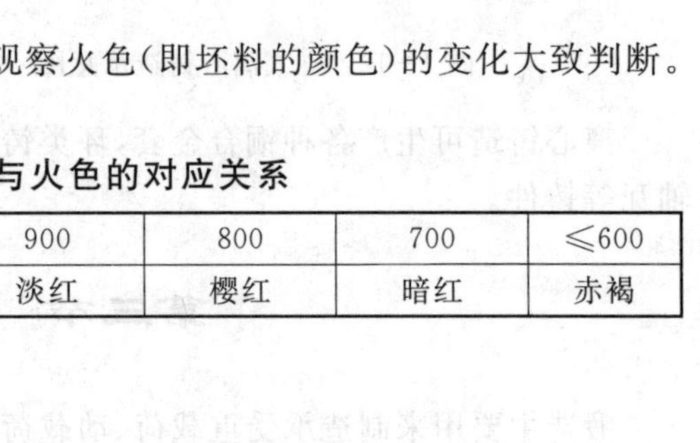

图1-14　反射炉结构示意图

2.电阻炉

电阻炉是利用电阻加热器通电时所产生的电阻热作为热源，以辐射方式加热坯料。电阻炉分为中温电炉（炉内温度1 100℃）和高温电炉（炉内最高温度为1 600℃）两种。图1-15为箱式电阻丝加热炉。箱式电阻丝加热炉结构简单、操作方便，主要用于有色金属、高合金钢及精锻坯料的加热。

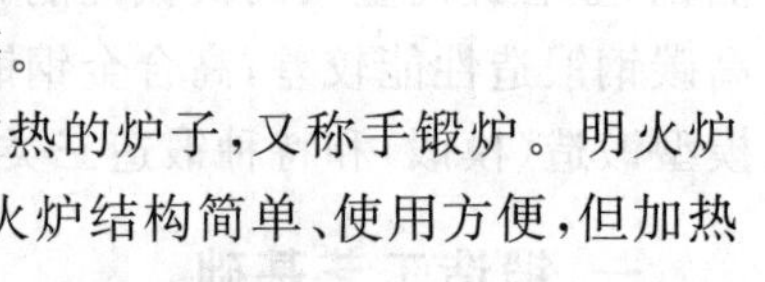

图1-15　电阻炉原理

（三）锻件冷却

锻件的冷却是保证锻件质量的重要环节。为防止锻件表面硬化以及锻件变形和开裂，锻件冷却速度不要太快并尽量使锻件各部分冷却、收缩均匀一致。锻件常用的冷却方法有三种：空冷、坑冷和炉冷。其中空冷是在无风的空气中，将锻件放在干燥的地面上冷却，空冷适用于塑性较好的中、小型低、中碳钢的锻件。坑冷是将锻件放在充填有石棉灰、砂子和炉灰等绝热材料的坑中，以较慢的速度冷却，坑冷适用于塑性较差的高碳钢、合金钢锻件。炉冷是将锻件置于500～700℃的加热炉中，随炉缓慢冷却，炉冷适用于高合金钢、特殊钢的大型锻件及形状复杂的锻件。

二、自由锻造

只采用简单的通用性工具或在锻造设备的上、下砧之间使坯料产生塑性变形而获得锻件的方法称为自由锻造，简称“自由锻”。自由锻分手工自由锻和机器自由锻两种。

(一)自由锻设备

自由锻设备主要有空气锤、蒸汽-空气自由锻锤和自由锻水压机等。其中，空气锤、蒸汽-空气自由锻锤主要用于锻造中、小型锻件；大型、特大型锻件则用自由锻水压机来锻造。

空气锤既用于自由锻，也用于胎模锻。其外形结构及工作原理如图1-16所示。电动机经齿轮减速机构带动曲柄转动；连杆推动活塞在压缩缸内做上、下往复运动压缩空气；控制上、下旋阀，可使压缩空气交替进入工作气缸的上部或下部空间，推动工作气缸内的活塞连同锤杆和上砧铁一起上下运动，以实现金属坯料的锤打。通过操作操纵手柄或操作脚踏杆控制旋阀的位置，可使锤头实现上悬、连续打击、单击、下压及空转等动作。锤头的行程和锤击力的大小可通过改变旋阀转角的大小来控制。

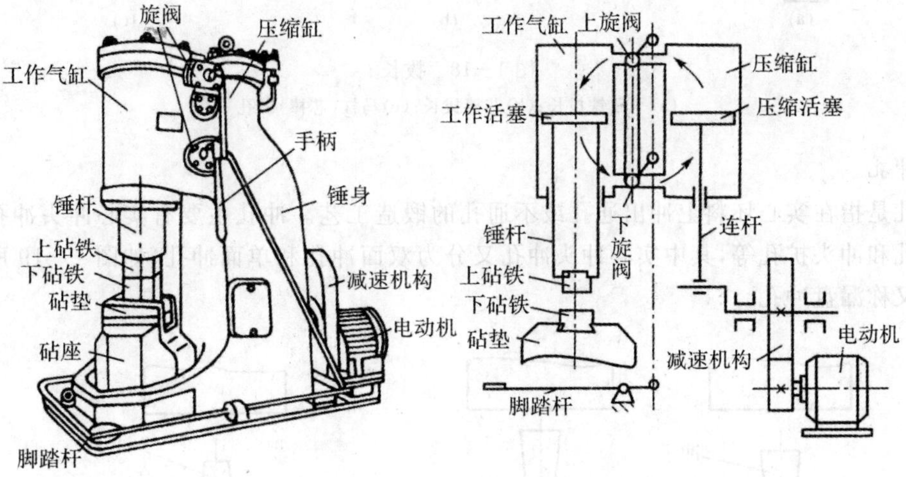

图1-16　空气锤外形结构及工作原理

(二)自由锻基本工序

锻件的自由锻成形过程是通过一系列的变形逐渐形成的。自由锻工序分为基本工序、辅助工序和修整工序三类。基本工序包括墩粗、拔长、冲孔、弯曲、扭转、切割等，其中墩粗、拔长和冲孔最为常用。辅助工序有压肩、压痕等。修整工序主要有滚圆、摔圆、平整、校直等。

1. 墩粗

墩粗是使坯料整体或局部高度降低、截面积增大的锻造工序，如图 1-17 所示，有完全墩粗和局部墩粗两种。完全墩粗是将坯料直立在下砧上进行锻打，使其沿整个高度产生高度降低。局部墩粗分为端部墩粗和中间墩粗，需要借助于工具[如胎模或漏盘(或称垫环)]来进行。

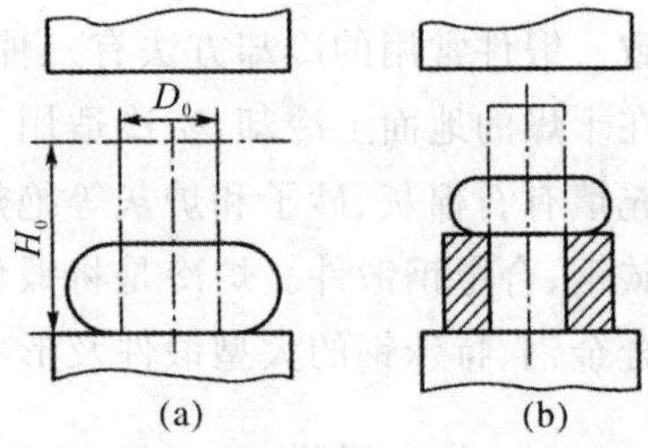

图 1-17　墩粗

(a)完全墩粗；(b)局部墩粗

墩粗适用于制造高度小、截面大的盘类锻件，如齿轮坯、圆盘、叶轮等；也可作为冲孔前的准备工序，使锻坯截面增大和平整，降低冲孔高度；增加某些轴类坯料的拔长锻造比，提高力学性能，减少各向异性。

2. 拔长

拔长是使坯料长度增加、横截面积减小的锻造工序。拔长分为平砧铁拔长、芯棒拔长和马杠(芯棒)扩孔等，如图 1-18 所示。其中，芯棒拔长是指在空心毛坯中加芯轴进行的拔长，以减小空心毛坯外径(壁厚)而增加其长度的锻造工序[见图 1-18(b)]；马杠(芯棒)扩孔指利用上砧铁和马杠(芯棒)对空心坯料沿圆周依次连续压缩而实现扩孔的锻造工序[见图 1-18(c)]。

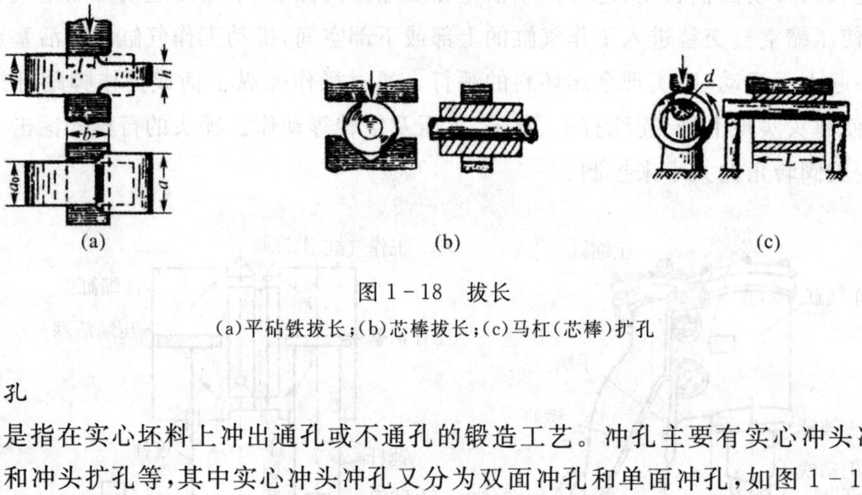

图 1-18　拔长

(a)平砧铁拔长；(b)芯棒拔长；(c)马杠(芯棒)扩孔

3. 冲孔

冲孔是指在实心坯料上冲出通孔或不通孔的锻造工艺。冲孔主要有实心冲头冲孔、空心冲头冲孔和冲头扩孔等，其中实心冲头冲孔又分为双面冲孔和单面冲孔，如图 1-19 所示，单面冲孔又称漏盘冲孔。

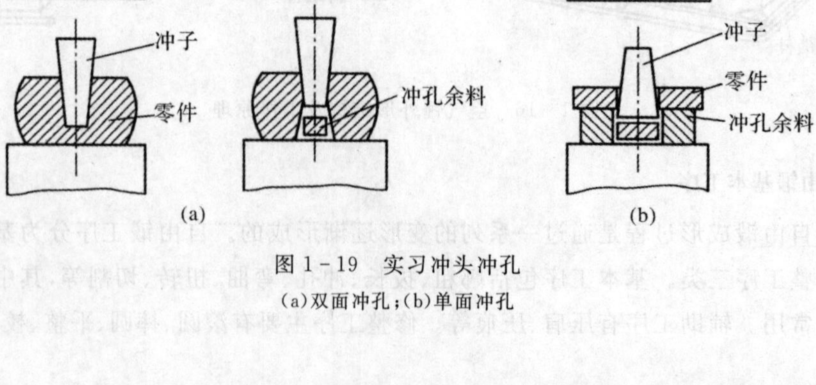

图 1-19　实习冲头冲孔

(a)双面冲孔；(b)单面冲孔

(三)模型锻造

模型锻造简称“模锻”,是将金属坯料放在固定于模锻设备上的上、下锻模的模膛内,施加冲击力或压力,使坯料在模膛所限制的空间内产生塑性变形,从而获得锻件的锻造方法。模锻生产率高,锻件精度高、表面粗糙度低,可以锻出形状复杂的锻件。与自由锻相比,模锻金属消耗大大降低,但模锻设备及锻模费用高,锻件大小受限制,故只适于中、小锻件的大批量生产。

1. 模锻设备

模锻设备主要有模锻锤、热模锻压力机、平锻机、螺旋压力机、高速锤、多向模锻水压机和模锻水压机等,其中以模锻锤应用最为广泛。在模锻锤上进行模锻称为锤上模锻,锤上模锻的主要设备为蒸汽-空气模锻锤。蒸汽-空气模锻锤的工作原理与蒸汽-空气自由锻锤基本相同,主要区别在于模锻锤与砧座形成一体,且锤头与导轨的间隙比较小,保证了锤头上、下运动的准确性,锤击时便于对准上、下锻模。

2. 锻模及锻件成形过程

锻模是用专用模具钢制造的,由带燕尾的上、下锻模组成,并通过紧固楔铁分别固定在锤头和模座上。根据锻件的形状和模锻工艺的安排,上、下锻模中都设有一定形状的凹腔,称为模膛。

锻造形状简单的锻件时,锻模上一般只开设一个模膛,也称为终锻模膛。单模膛锻模及锻件形成过程如图 1-20 所示。终锻模膛四周设有飞边槽,其作用是在保证金属充满模膛的基础上,容纳多余的金属以防止金属溢出模膛。存在的飞边槽会使锻件沿分模面周围形成一圈飞边,最后用压力机将其切除。

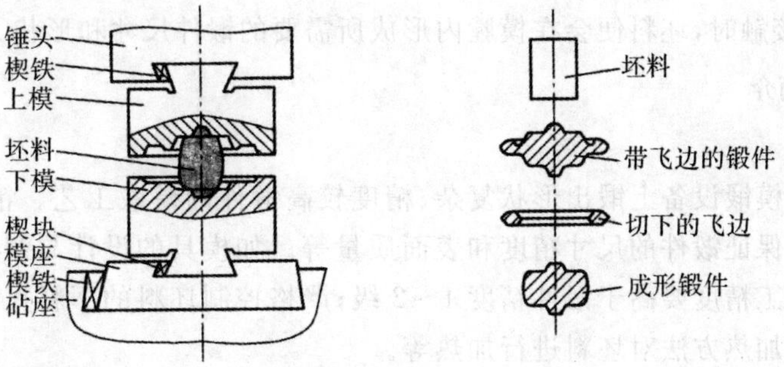

图 1-20　单模膛锻模及锻件成形过程

锻造形状复杂的锻件时,锻模上则需要设置多个模膛,根据模膛的功能,将其分为制坯模膛和模锻模膛两大类,其中制坯模膛又分为拔长(即延伸)模膛、滚压模膛、弯曲模膛、成形模膛、墩粗台阶、压肩面和切断模膛等;而模锻模膛又可分为预锻模膛和终锻模膛。

图 1-21 所示为弯曲连杆在多模膛锻模中进行锤上模锻时的成形过程。其中延伸模膛、滚压模膛、弯曲模膛均属于制坯模膛,坯料依次在这三个模膛内锻打,使其逐步接近锻件的基本形状,然后再将其分别放入预锻模膛和终锻模膛内进行预锻和终锻,最后放入切边模内切去毛边,得到所需形状和尺寸的锻件。

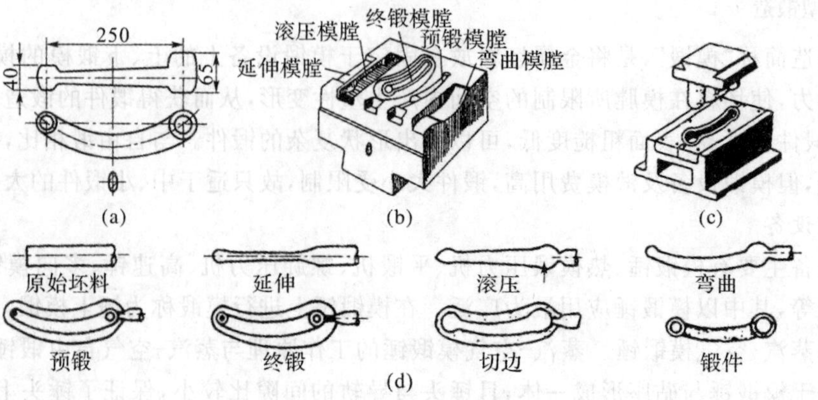

图 1-21　弯曲连杆的多模膛锻模及其成形过程

(a)锻件图;(b)锤锻模;(c)切边模;(d)模锻过程

(四)胎膜锻造

胎膜锻造是介于自由锻和模锻之间的一种锻造方法,是在自由锻设备上使用可移动的简单模具(胎膜)生产锻件的一种锻造方法。

与自由锻相比,胎膜锻锻件形状较准确,尺寸精度高,生产率较高。与模锻相比,胎膜结构简单,制造方便,无须昂贵的模锻设备,成本较低,因此,广泛用于中、小锻件中、小批量的生产。

胎模锻造时,一般先用自由锻造方法将坯料预锻成近似锻件的形状,然后将其放入胎膜模膛中,而胎膜不固定在锤头和砧座上,根据需要用工具夹持着放在锤头下方的砧座上。用锻锤打至上、下模紧密接触时,坯料便会在模膛内形成所需要的锻件尺寸和形状。

(五)特种锻造简介

1. 精密模锻

精密模锻是在模锻设备上锻出形状复杂、精度较高锻件的模锻工艺。精密模锻时必须用相应的工艺措施来保证锻件的尺寸精度和表面质量等。如模具的设计与制造必须精确,一般要求锻模模膛的加工精度要高于锻件精度 1～2 级;严格控制坯料的下料尺寸精度;必须采用无氧化或少氧化的加热方法对坯料进行加热等。

2. 粉末锻造

粉末锻造是将各种粉末压制成预制形坯,加热后再进行模锻,从而获得尺寸精度高、表面质量好、内部组织细密的锻件。粉末锻造是粉末冶金和精密模锻相结合的新工艺,其工艺流程为:制粉→混粉→冷压制坯→烧结加热→模锻→机加工→热处理→成品,如图 1-22 所示。

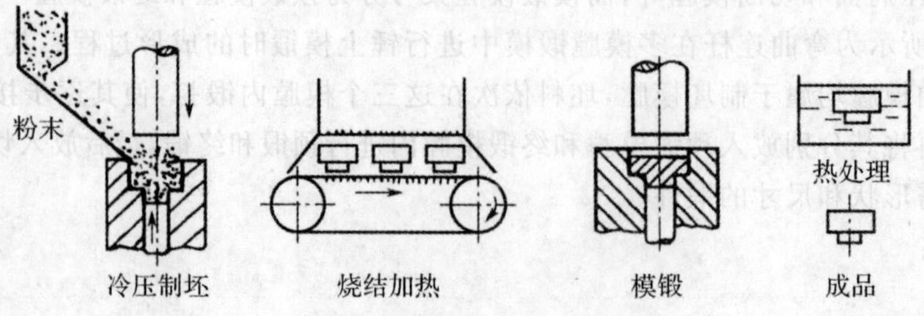

图 1-22　粉末锻造的流程图

3. 超塑性模锻

超塑性模锻是超塑性成形方法之一。所谓超塑性是指当材料具有晶粒度为0.5～5 μm的超细等轴晶粒，并在$T=(0.5\sim0.7)T_{超塑}$℃的成形温度范围和$\varepsilon=(10^{-4}\sim10^{-2})$mm/s的低应变速率下变形时，某些金属或合金呈现出超高的塑性和极低的变形抗力现象。在超塑性状态下使金属或合金成形的工艺方法称为超塑性成形。超塑性成形方法主要有超塑性模锻、超塑性挤压、超塑性板料拉伸、超塑性板料气压成形等。这里只介绍超塑性模锻。

超塑性模锻是指将已具备超塑性的毛坯加热到超塑性变形温度，并以超塑性变形允许的应变速率，在压力机上进行等温模锻，最后对锻件进行热处理以恢复其强度的锻造方法。超塑性模锻可对高温合金、钛合金等难成形或难加工材料锻造出精度高、加工余量小，甚至不需加工的零件。

超塑性模锻已成功应用于军工、仪表、模具等行业中，如制造高强合金的飞机起落架、燃气涡轮零件、注塑模型腔及特种齿轮等，实现了锻件无切削或少切削加工的新途径。

第四节　常用量具

量具是用来测量工件尺寸、角度、形状误差和相互位置误差的工具，为保证加工后的工件各项技术参数符合设计要求，在加工前后及加工过程中，都必须用量具进行测量。

通用量具的种类很多，常用的有钢直尺、卡钳、游标卡尺、千分尺、百分表、角尺、塞尺等。下面介绍几种主要量具的结构、原理及使用方法，以及量具的维护与保养方法。

一、钢直尺

钢直尺是最简单的长度量具，用不锈钢片制成，可直接用来测量工件尺寸，如图1－23所示。钢直尺的测量长度规格有150 mm，200 mm，300 mm，500 mm，1 000 mm等几种。测量工件的外径和内径尺寸时，常与卡钳配合使用，测量精度一般只能达到0.2～0.5 mm。

图1－23　钢直尺

二、卡钳

卡钳是一种间接度量工具，常与钢直尺配合使用，用来测量工件的内径和外径。卡钳分为内卡钳和外卡钳两种，如图1－24所示，其使用方法如图1－25所示。

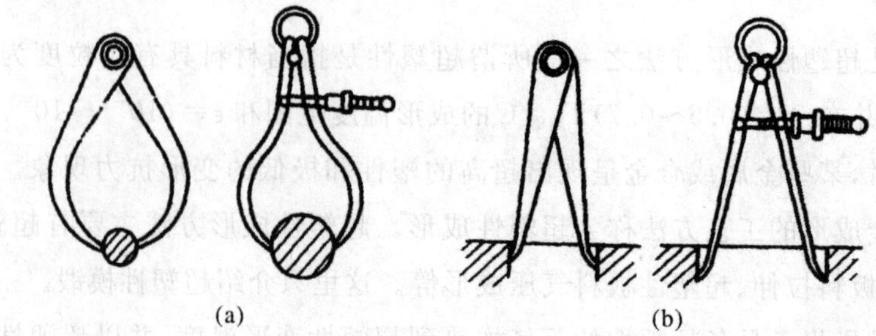

图 1-24　卡钳

(a)外卡钳；(b)内卡钳

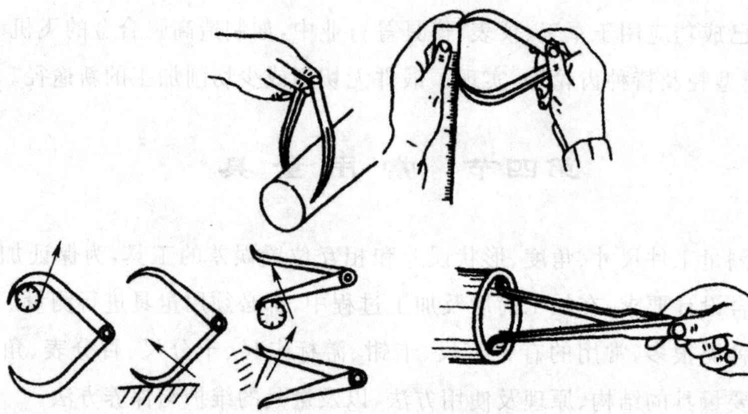

图 1-25　卡钳的使用

三、游标卡尺

游标卡尺是一种中等精度的量具，可以直接测量工件的内径、外径、长度、宽度和深度等尺寸。按用途不同，游标卡尺可分为普通游标卡尺、游标深度尺、游标高度尺等几种。游标卡尺的测量精度有 0.1 mm，0.05 mm，0.02 mm 三种，测量范围有 0～125 mm，0～150 mm，0～200 mm，0～300 mm 等。

如图 1-26 所示为普通游标卡尺，它主要由尺身和游标组成，尺身上刻有以 1 mm 为一格间距的刻度，并刻有尺寸数字，其刻度全长即为游标卡尺的规格。

游标上的刻度间距，随测量精度而定。现以精度值为 0.02 mm 的游标卡尺的刻线原理和读数方法为例简介如下：

如图 1-26 所示，尺身一格为 1 mm，游标一格为 0.98 mm，共 50 格，尺身和游标每格之差为 1－0.98＝0.02 mm。读数方法是游标零位指示的尺身整数加上游标刻线与尺身线重合处的游标刻线数乘以精度值之和。

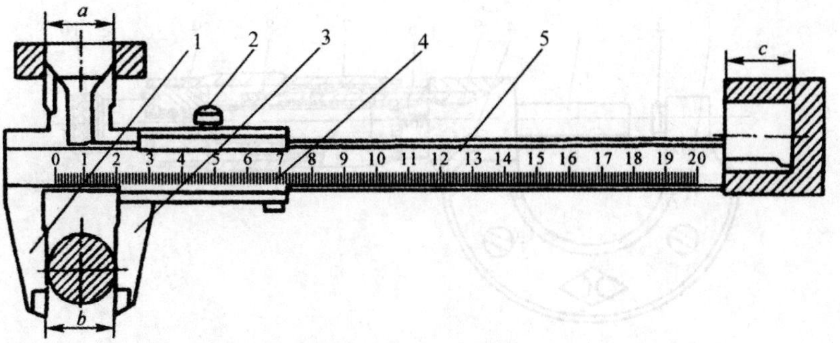

图 1-26　游标卡尺

a—测量内表面尺寸；*b*—测量外表面尺寸；*c*—测量深度尺寸；

1—尺框；2—紧定螺钉；3—内外景爪；4—游标；5—尺身

用游标卡尺测量工件的方法如图 1-27 所示，使用时应注意下列事项：

(1)检查零线。使用前应先检查量具是否在检定周期内，然后擦净卡尺，使量爪闭合，检查尺身与游标的零线是否对齐。若未对齐，则在测量后应根据原始误差修正读数值。

(2)放正卡尺。测量内外圆直径时，尺身应垂直于轴线；测量内孔直径时，应使两量爪处于直径处。

(3)用力适当。测量时应使量爪逐渐与工件被测表面靠近，然后达到轻微接触。不能把量爪用力抵紧工件，以免变形和磨损，影响测量精度。读数时为防止游标移动，可锁紧游标，视线应该垂直于尺身。

(4)勿测毛坯面。游标卡尺仅用来测量已加工的表面，表面粗糙的毛坯件不能用游标卡尺测量。

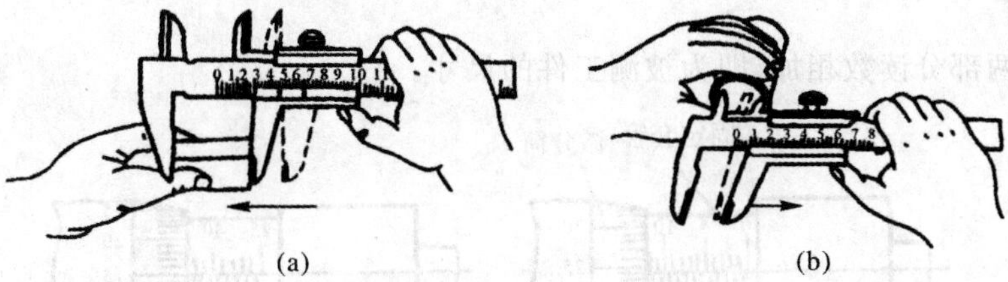

(a)　　(b)

图 1-27　游标卡尺的使用

(a)测外表面尺寸；(b)测内表面尺寸

四、千分尺

千分尺是一种比游标卡尺更精密的量具，测量精度为 0.01 mm，测量范围有 0～25 mm，25～50 mm，50～75 mm 等多种规格。常用的千分尺分为外径千分尺和内径千分尺等。外径千分尺的结构如图 1-28 所示。

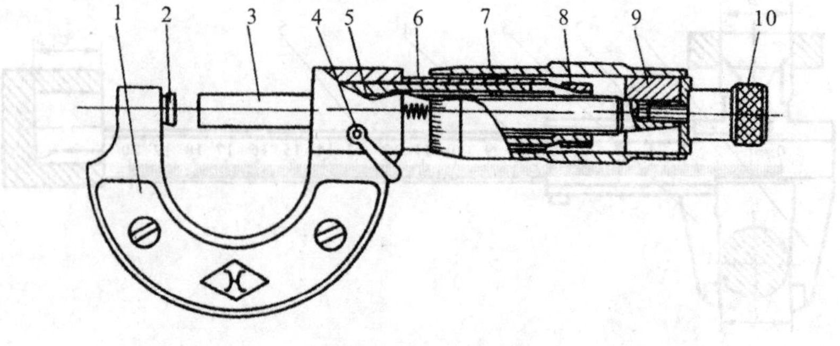

图 1-28　外径千分尺

1—尺架；2—砧座；3—测微螺杆；4—锁紧装置；5—螺纹轴套；
6—固定套管；7—微分筒；8—螺母；9—接头；10—棘轮

千分尺的测微螺杆 3 和微分筒 7 连在一起，当转动微分筒时，测微螺杆和微分筒一起沿轴向移动。内部的测力装置是使测微螺杆与被测工件接触时保持恒定的测量力，以便测出正确尺寸。当转动测力装置时，千分尺两测量面接触工件，超过一定的压力时，棘轮 10 沿着内部棘爪的斜面滑动，发出嗒嗒的响声，就可读出工件尺寸。测量时为防止尺寸变动，可转动锁紧装置 4 通过偏心锁紧测微螺杆 3。

千分尺的读数机构由固定套管和微分筒组成，如图 1-29 所示。固定套管在轴线方向上有一条中线，中线上、下方都有刻度线，互相错开 0.5 mm。在微分筒左端锥形圆周上有 50 等分的刻度线。因测微螺杆的螺距为 0.5 mm，即螺杆旋转一周，同时轴向移动 0.5 mm，故微分筒上每一小格的读数为 0.5/50＝0.01 mm，所以千分尺的测量精度为 0.01 mm。测量时，读数方法分为以下三步：

(1)先读出固定套管上露出的刻线的整毫米和半毫米数(0.5 mm)，注意看清露出的是上方刻线还是下方刻线，以免错读 0.5 mm。

(2)看准微分筒上哪一格与固定套管纵向中线对准，将刻线的序号乘以 0.01 mm，即为小数部分的数值。

(3)上述两部分读数相加，即为被测工件的尺寸。

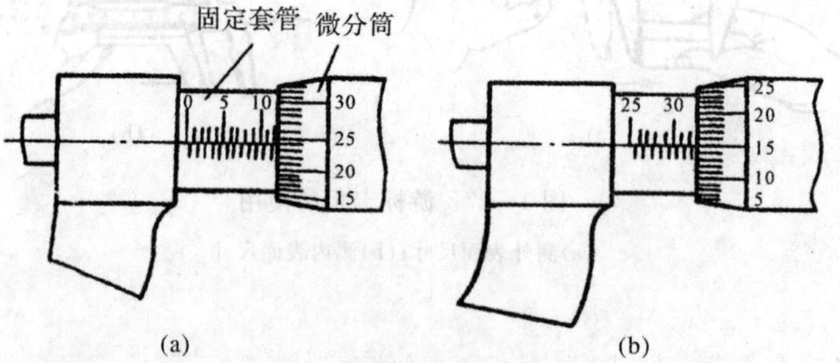

图 1-29　千分尺的刻线原理与读数方法

(a)读数＝(12＋0.24)mm＝12.24 mm；(b)读数＝(32.5＋0.15)mm＝32.65 mm

使用千分尺应注意以下事项：

(1)校对零点。将砧座与螺杆接触，看圆周刻度零线是否与纵向中线对齐，如有误差修正读数。

(2)合理操作。手握尺架，先转动微分筒，当测微螺杆快要接触工件时，必须使用端部棘轮，严禁再次拧微分筒。当棘轮发出嗒嗒声时应停止转动。

(3)擦净工件测量面。测量前应擦净工件测量表面，以免影响测量精度。

(4)不偏不斜。测量时应使千分尺的砧座与测微螺杆两侧面准确放在被测工件的直径处，不能偏斜。图 1－30 所示是测量内孔直径及槽宽等尺寸的内径千分尺，其内部结构与外径千分尺相同。

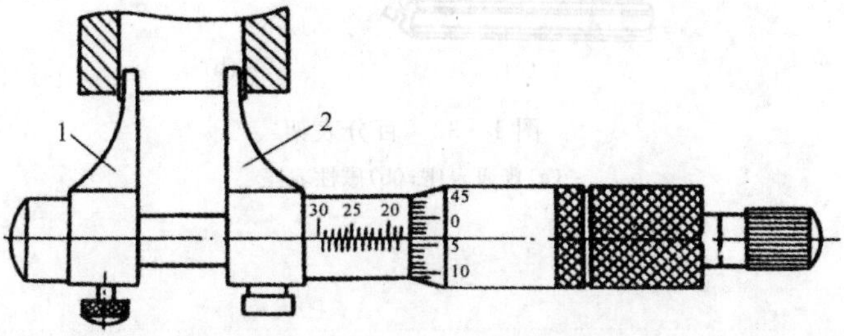

图 1－30　内径千分尺

1—尺框；2—内外量爪

五、百分表

百分表是一种指示量具，主要用于校正工件的装夹位置，检查工件的形状和位置误差及测量工件内径等。百分表的刻度值为 0.01 mm，刻度值为 0.001 mm 的叫千分表。

钟面式百分表的结构原理如图 1－31 所示。当测量杆 1 向上或向下移动 1 mm 时，通过齿轮传动系统带动大指针 5 转一圈，小指针每格读数为 1 mm。测量时指针读数的变动量即为尺寸变化值。小指针处的刻度范围为百分表的测量范围。钟面式百分表装在专用的表座上使用，如图 1－32 所示。

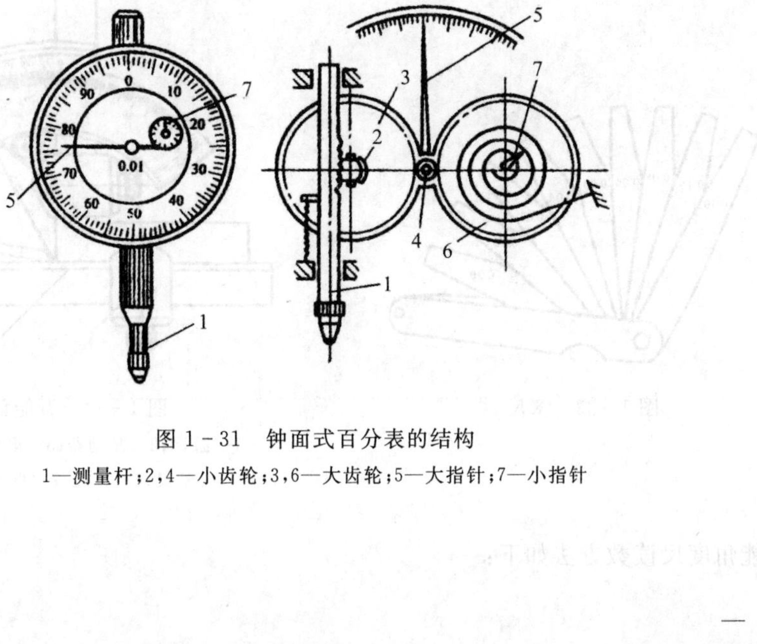

图 1－31　钟面式百分表的结构

1—测量杆；2，4—小齿轮；3，6—大齿轮；5—大指针；7—小指针

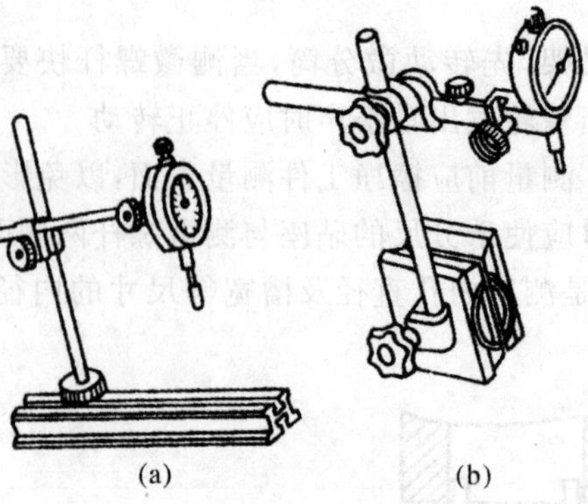

图 1-32　百分表架

(a)普通表座；(b)磁性表座

六、塞尺

塞尺如图 1-33 所示，它由一组薄钢片组成，它们的厚度为 0.03～0.3 mm，用于测量两贴合面之间较小的间距尺寸。

七、万能角度尺

万能角度尺是利用游标原理来测量零件内、外角度的量具，其结构如图 1-34 所示。

万能角度尺的刻线原理和读数方法与游标卡尺相同，主刻度线每格为 1°，游标的刻线是取主尺的 29°等分为 30 格，因此游标刻线 1 格为 29/30＝58′，即主尺一格与游标一格的差值为 2′，因此，万能角度尺的测量精度为 2′。

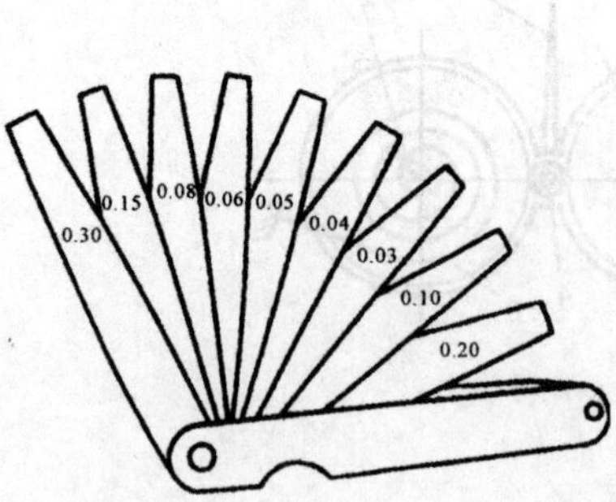

图 1-33　塞尺

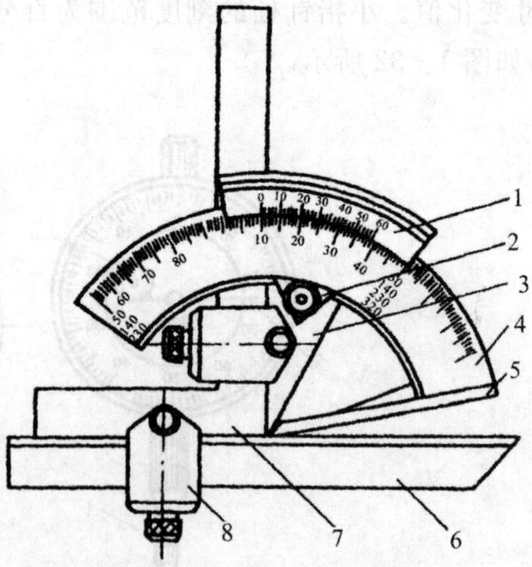

图 1-34　万能角度尺

1—游标；2—制动器；3—扇形板；4—主尺；5—基尺；6—直尺；7—直角尺；8—卡块

万能角度尺读数方法如下：

读数＝游标零线所指刻度盘上整数＋游标上与主尺刻度线对齐的刻度线格数×2′。

使用万能角度尺时应注意以下事项：

(1)使用前，将万能角度尺擦拭干净，检查各部件移动是否平稳可靠。然后校对零位，即装上直角尺与直尺，使直角尺的底边及基尺均与直尺无间隙，检查主尺与游标的“0”线是否对准。

(2)调整好零位后，通过改变基尺、直角尺、钢直尺的相互位置来测量 0°～140°的工件角度。如图 1－35 所示。

如图 1－35(a)所示为将被测件放在基尺和直尺的测量面之间，用于测量 0°～50°的工件角度。

如图 1－35(b)所示为把钢直尺和卡块卸下来，并把直角尺往下移，将被测件放在基尺和直角尺的测量面之间，用于测量 50°～140°的工件角度。

如图 1－35(c)所示为把钢直尺和卡块卸下来，直角尺往上推，并将直角尺和基尺的测量面紧贴在被测件的表面上，用于测量 140°～230°的工件角度。

如图 1－35(d)所示为把钢直尺、直角尺和卡块都卸下来，直接用基尺和扇形板的测量面测量，用于测量 230°～320°的工件角度。

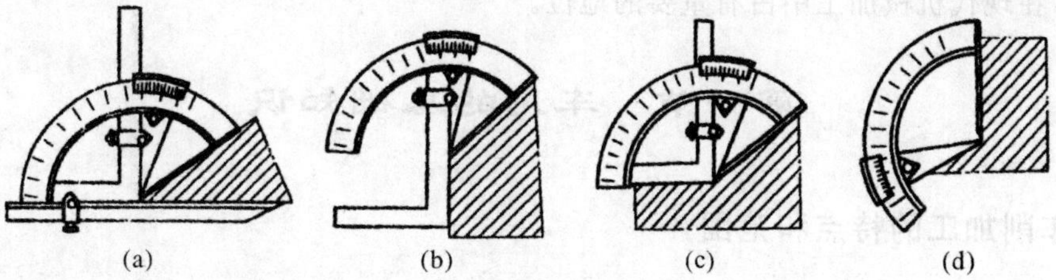

图 1－35　万能角度尺的应用

(3)操作时，应先松开制动器上的螺母，移动主尺坐标进行粗调整，然后转动游标背面的把手进行细调整，直至万能角度尺的两侧量面与被测工件的表面紧密接触，最后拧紧制动器上的螺母并读数。

八、量具的维护和保养

量具是用来测量工件尺寸的工具，在使用过程中应加以精心维护和保养，以便能保证零件的测量精度，延长量具的使用寿命。因此，必须做到以下几点：

(1)使用前应该擦拭干净，用完后也必须擦拭干净，并涂油后放入专用量具盒内。

(2)不能随便乱放、乱扔，应放在规定的地方。

(3)不能用精密量具去测量毛坯尺寸、运动着的工件或温度过高的工件，测量时应用力适当，不能过猛、过大。

(4)量具如有问题，不能私自拆卸修理，应交工具室或指导教师处理。精密量具必须定期送计量部门鉴定。

第二章 车削加工

车削加工是在车床上利用工件的旋转运动和刀具的移动来改变毛坯形状和尺寸，将其加工成所需零件的一种切削加工方法。车削加工所用刀具是车刀、铰刀、丝锥、滚花刀等。车削加工是机械加工中最基本、最常见的工种。车削加工时，主运动是工件的旋转运动，进给运动是刀具做横向、纵向的直线运动。用手同时操作横向和纵向进给手柄时，又可以实现车刀的曲线进给运动。因此，车床可以加工各种零件上的回转表面，应用十分广泛。车削加工既可以加工金属材料，也可以加工塑料、橡胶、木材等非金属材料。车床在机械加工设备中占总数的50％以上，在现代机械加工中占有重要的地位。

第一节 车削的基础知识

一、车削加工的特点和范围

(1)车削加工(简称“车工”)适应范围广，可以加工不同材质、不同精度的各种具有回转表面的零件。

(2)易于保证零件加工表面的位置精度。例如，在一次装夹情况下加工零件各回转面时，可保证各加工表面的同轴度、平行度、垂直度等位置精度的要求。

(3)生产成本低。车刀是刀具中较为简单的一种，制造、刃磨和安装较方便。车床附件较多，生产准备时间短。

(4)生产率较高。车削加工一般是等截面连续切削，因此，切削力变化小，较刨、铣等切削过程平稳。车削加工可选用较大的切削用量，生产率较高。车工的尺寸精度一般可达IT7～IT10，表面粗糙度 Ra 值为 6.3～0.8 μm。尤其是对不宜磨削的有色金属进行精车加工可获得较高的尺寸精度和较小的表面粗糙度值。车工既适合单件小批量零件的生产加工，又适合大批量的零件生产加工。车工能完成的零件类型如图 2-1 所示。

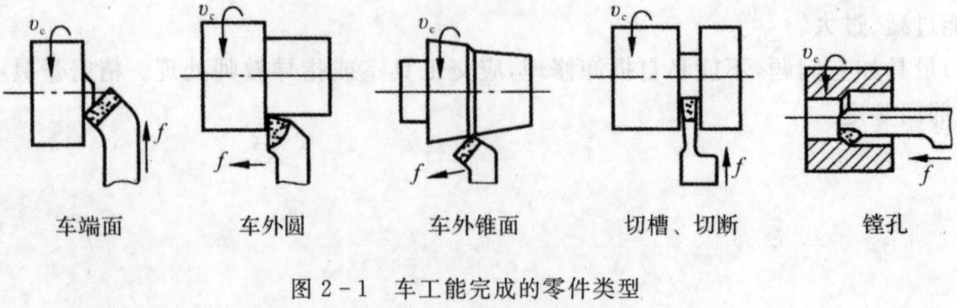

图 2-1 车工能完成的零件类型

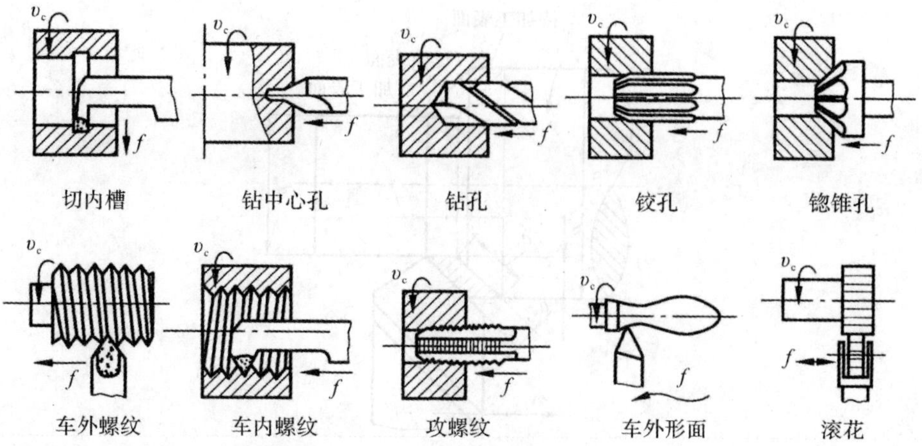

续图 2-1　车工能完成的零件类型

二、车削运动和车削用量

(一)车削运动

无论在哪种机床上进行切削加工时,刀具和工件都必须有相对运动,这种相对运动就称为切削运动。各种切削运动可以分为主运动和进给运动。在车削加工中,主运动是工件的旋转运动,进给运动是刀具相对工件的移动。一般主运动只有一个,而进给运动可能有一个或数个。

(1)主运动与切削速度 v_c(m/min 或 m/s)。主运动是使工件与刀具产生相对运动以进行切削的最基本的运动。其特点是运动速度最高、消耗功率最大。主运动的速度就是切削速度 v_c。

车削加工时,工件随车床主轴的旋转运动是主运动。其他加工方法中,如牛头刨床上刨刀的移动及铣床上铣刀、钻床上的钻头、磨床上的砂轮的旋转等都是主运动。

外圆切削加工时,切削速度的计算公式为

$$v_c = \pi Dn/1\,000(\mathrm{m/min}) \text{ 或 } v_c = \pi Dn/60\,000(\mathrm{m/s})$$

式中:D —— 工件直径(mm);

n —— 工件转速(r/min)。

(2)进给运动与进给量 f(mm/r)。进给运动指不断地将被切削层投入切削,以便逐渐切削出所需工件表面的运动。进给运动的大小用进给量 f(mm/r)表示,指在工件或刀具的每一转或每一往复行程的时间内刀具与工件之间沿进给运动方向的相对位移。单位时间内的进给量称为进给速度,用 v_f 表示,单位为 mm/s 或 mm/min。

车削加工时,车刀沿车床纵向或横向的移动就是进给运动。而铣削和牛头刨削时工件的移动以及磨削外圆时工件的旋转和轴向移动(此时进给运动为两个)也是进给运动。外圆及端面切削时,进给量指工件的每转行程中,刀具沿工件轴向或径向移动的距离。

(3)背吃刀量 a_p(mm)。在通过切削刃基点并垂直于工作表面方向上测量的吃刀量称背吃刀量,用 a_p(mm)表示。背吃刀量即为工件上待加工表面和已加工表面之间的垂直距离,如图 2-2 所示。习惯上也将背吃刀量称为切削深度。

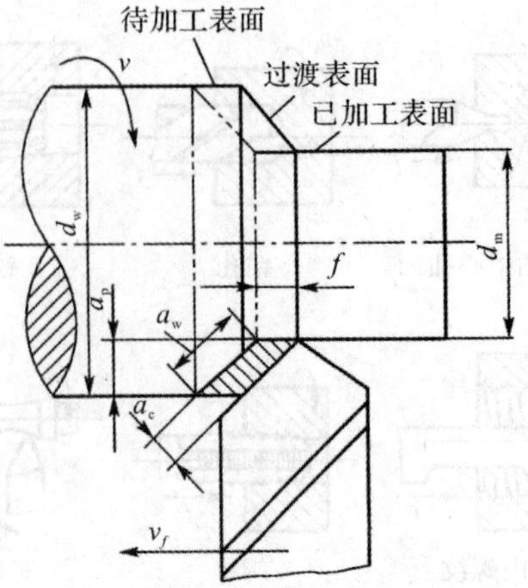

图 2-2　车削时的切削要素

三、车削用量三要素选用原则

切削用量三要素对切削加工质量、生产率、机床的动力消耗及刀具的磨损有着很大的影响，选择切削用量时要综合考虑切削生产率，加工质量和加工成本，所谓合理的切削用量是指在充分利用刀具的切削性能和机床性能及保证加工质量的前提下，能获得高生产率和低加工成本的切削用量。

切削用量三要素对已加工表面粗糙度影响最大的是进给量 f。进给量增大，则表面粗糙度相应增大。对于半精加工和精加工，进给量是限制切削生产率提高的主要因素；对刀具寿命影响最大的是切削速度 v_c，其次是进给量 f，影响最小的是背吃刀量 a_p。因此，选择切削用量的原则是：在机床、刀具和工件的强度及工艺系统刚性允许的条件下，首先选择尽可能大的背吃量 a_p，其次选择在加工条件和加工要求限制下允许的进给量，最后再按刀具寿命的要求确定一个合适的切削速度 v_c。

1. 粗车时切削用量的选择

粗车时，应首先考虑采用较大的背吃刀量，其次考虑采用较大的进给量，最后再根据刀具耐用度的要求选用合理的切削速度。

(1)合理选择背吃刀量。选择背吃刀量时，应根据工件的加工余量和工艺系统的刚性来确定。在保留半精车和精车的余量后，应尽可能将粗车余量一次性切除。只有当加工余量太大、一次切除所有余量会产生明显的振动、刀具强度不够、机床功率不够或断续切削时才考虑分两次或几次走刀，且每次走刀的背吃刀量应逐渐递减。

当粗车铸件和锻件毛坯时，由于毛坯表皮硬度较高，而且由于其上可能有砂眼、气孔等缺陷而造成断续切削，为了保护刀刃，第一次走刀的背吃刀量应取较大值。

(2)合理选择进给量。选择进给量时主要根据工艺系统的刚性和强度来确定。选择进给量时，不考虑进给量对已加工表面粗糙度的影响，只考虑机床进给机构的强度、刀杆尺寸、刀片厚度、工件的直径和长度以及工件装夹的刚度等。在工艺系统刚性和强度好的情况下，可选用大一些的进给量，否则应适当减小进给量。

在实际生产中，进给量常常是按实际经验确定的，一般根据工件材料、车刀刀杆尺寸和工件直径及已选定的背吃刀量，按表 2－1 选取。

表 2－1　用硬质合金车刀粗车外圆及端面时的进给量(经验值)　(单位:mm)

工件材料	车刀刀杆尺寸	工件直径	背吃刀量				
			≤3	>3～≤5	>5～≤8	>8～≤12	>12
			进给量 $f/(mm\cdot r^{-1})$				
碳素钢 合金钢 耐热钢	16×25	20	0.3～0.4	—	—	—	—
		40	0.4～0.5	0.3～0.4	—	—	—
		60	0.5～0.7	0.4～0.6	0.3～0.5	—	—
		100	0.6～0.9	0.5～0.7	0.5～0.6	0.4～0.5	—
		400	0.8～1.2	0.7～1.0	0.6～0.8	0.5～0.6	—
	20×30 25×25	20	0.3～0.4	—	—	—	—
		40	0.4～0.5	0.3～0.4	—	—	—
		60	0.6～0.7	0.5～0.7	0.4～0.6	—	—
		100	0.8～1.0	0.7～0.9	0.5～0.7	0.4～0.7	—
		400	1.2～1.4	1.0～1.2	0.8～1.0	0.6～0.9	0.4～0.6
铸铁 铜合金	16×25	40	0.4～0.5	—	—	—	—
		60	0.6～0.8	0.5～0.8	0.4～0.6	—	—
		100	0.8～1.2	0.7～1.0	0.6～0.8	0.5～0.7	—
		400	1.2～1.4	1.0～1.2	0.8～1.0	0.6～0.9	0.4～0.6
	20×30 25×25	40	0.4～0.5	—	—	—	—
		60	0.6～0.9	0.5～0.8	0.4～0.7	—	—
		100	0.9～1.3	0.8～1.2	0.7～1.0	0.5～0.8	—
		400	1.2～1.8	1.2～1.6	1.0～1.3	0.9～1.1	0.7～0.9

(3)合理选择切削速度。在背吃刀量和进给量选定以后，则可在保证合理的刀具耐用度的前提下，确定合理的切削速度，合理的耐用度和切削速度可根据生产实践经验和有关资料确定，一般不需经过精确计算。背吃刀量、进给量和切削速度三者决定了切削功率，在确定切削速度时，必须考虑到机床的许用功率。具体选择时可查阅机械加工切削手册。

2. 半精车、精车时切削用量的选择

半精车、精车时，首先要保证加工精度和表面粗糙度，同时还要兼顾必要的刀具耐用度和切削效率。

半精车和精车时的背吃刀量是根据加工精度和表面粗糙度的要求，由粗加工留下的余量确定的。但必须注意，当用硬质合金车刀切削时，由于其刃口在砂轮上不易磨得很锋利(刃口圆弧半径较大)，最后一刀的背吃刀量不易太小，否则加工表面的粗糙度达不到要求。

半精车和精车时限制进给量提高的主要因素是表面粗糙度，因此半精车尤其是精车时一般多用较小的背吃刀量和进给量。一般精车(Ra=1.25～2.5 μm)时，可取 a_p=0.05～0.8 mm；半精车(Ra=5.0～10.0 μm)时，可取 a_p=1.0～3.0 mm；同时，用硬质合金车刀时一般多采用较高的切削速度，具体选择时可查阅机械加工切削手册。

第二节 车 床

一、车床的型号简介

车床的型号是用来表示车床系列、性能和特征的代号。我国金属切削车床型号编制方法为：型号的第一个字母表示车床的类别，采用汉语拼音的第一个字母大写来表示；车床的某些特性在代表车床类别的字母后边加一个汉语拼音字母来表示(见图 2－3 的图题)；跟在字母后边的两个数字，分别表示车床的组和型，普通车床用“61”表示；在表示组合型两个数字后面的数字，一般表示车床的基本参数或表示基本参数的 1/10，1/100 等；规格相同而结构不同的车床，或经过改造后结构变化较大的车床，按其设计次序或改进次数分别用字母 A，B，C，D 等附加于尾部，以示区别。

例如：C6140A 表示最大工件回转直径为 400 mm 的普通车床的第一次改进。

1959 年以前已授予型号的车床，其型号不更改。旧型号与新型号的主要差别是，旧型号的组、型代号只用一位数字表示。基本参数不是用最大工件回转直径，而是采用中心高。改进结构不用 A，B，C，D 等表示，而是用“－1”“－2”“－3”附在最后。

例如：C618 是表示中心高度为 180 mm 的普通车床。C618－1 表示中心高度为 180 mm 的普通车床的第一次改进型。另外，还有些车床的型号是在新旧型号编制办法更换期间编排的，不完全符合上述两种型号的编排规律，而介于两者之间。

例如：C618K－1 是在 C618－1 基础上改进后的普通车床。由于其主轴转速提高，在基本参数后面加上“K”，其表示“快”的意思。

二、车床的整体结构

车床的种类很多，最常用的是普通卧式车床，它主要由主轴箱、进给箱、溜板箱、光杠、丝杠、尾座、床身及床腿等组成。图 2－3 所示为 CA6140 卧式车床的外形。

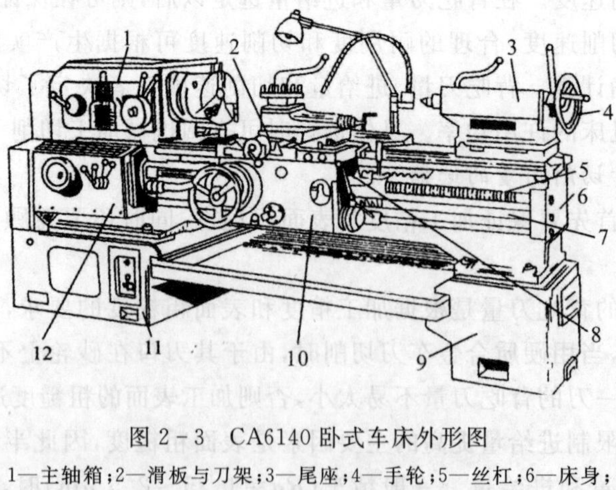

图 2－3 CA6140 卧式车床外形图

1—主轴箱；2—滑板与刀架；3—尾座；4—手轮；5—丝杠；6—床身；
7—光杠；8—主轴正反向手柄；9，11—床腿；10—溜板箱；12—进给箱

1. 主轴箱(床头箱)

它用于安装空心的主轴,通过主轴带动工件旋转,并可利用主轴箱内的齿轮变速。变向机构可改变主轴的转速和转向,以适应各种车削工艺所要求的不同切削速度和转向。主轴右端安装顶尖或卡盘等来装夹工件。主轴的径向及轴向跳动,影响工件的旋转平稳性,是衡量车床精度的主要指标。

2. 进给箱(走刀变速箱)

进给箱是进给的变速机构,它将主轴的旋转运动经过挂轮架上的齿轮传给光杠或丝杠。利用它内部的齿轮变速机构改变光杠或丝杠的转速,从而使刀具获得不同的进给量。

3. 溜板箱(拖板箱)

溜板箱把光杠或丝杠的运动传给刀架,接通光杠时,可使刀架做纵向进给或横向进给运动;接通丝杠时,可车螺纹。此外,还可以手动使刀架做纵向进给运动。有些车床的溜板箱内还装有改变进给方向的机构。

4. 光杠和丝杠

光杠和丝杠将进给箱的传动传给溜板箱。自动进给时使用光杠;车削螺纹时使用丝杠;手动进给时,光杠和丝杠都可以不用。

5. 刀架

刀架用以夹持车刀并随其做纵向、横向或斜向进给运动。刀架的组成如图 2-4 所示,分别由床鞍、中滑板、转盘、小滑板和方刀架组成。

(1)床鞍。它的前端下部与溜板箱相连,带动车刀沿床身导轨做纵向移动。

(2)中滑板。它带动车刀沿床鞍上的导轨做横向移动。

(3)转盘。转盘上有刻度,通过螺栓与刀架相连接,松开螺母可以在水平面内回转任意角度。

(4)小滑板。可以沿转盘上的导轨做短距离移动,如果转盘回转某一角度后,车刀运动便为斜向移动。

(5)方刀架。用以夹持刀具,可同时装夹四把车刀。

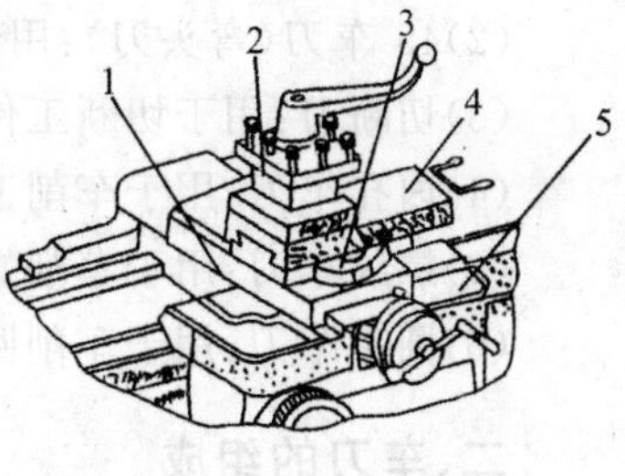

图 2-4　刀架的组成

1—中滑板;2—方刀架;3—转盘;4—小滑板;5—床鞍

6. 尾座(尾架)

尾座用来安装顶尖以支撑较长工件的一端,还可以安装切削刀具,如钻头、铰刀等孔加工刀具。

7. 床身

床身用来支撑和连接车床上各个部件。床身上有两条精确的导轨,大拖板和尾架可沿导轨移动。导轨的直线度、平面度及与主轴线的平行度都对加工精度有密切影响。

8. 床腿

床腿用来支承床身,并与地基相连接。

第三节 车 刀

一、车刀的种类和用途

车刀的种类很多，按其用途和结构可分为外圆车刀、内孔车刀、端面车刀、切断刀、螺纹车刀和成形车刀。如图 2-5 所示。

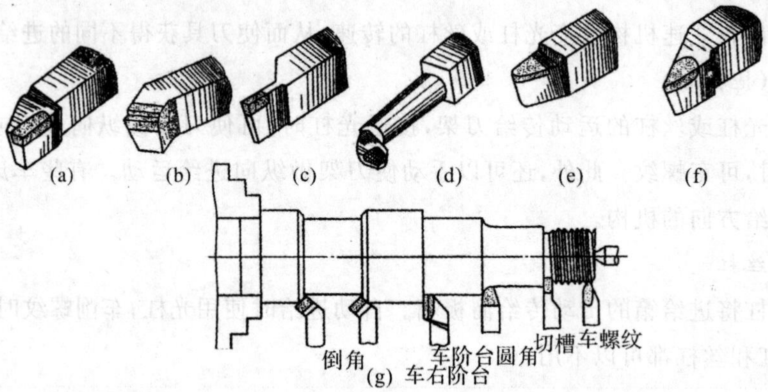

图 2-5 常用车刀及其用途

(a)90°车刀；(b)45°车刀；(c)切断刀；(d)内孔车刀；(e)圆头车刀；(f)螺纹车刀；(g)车刀的用途

(1)90°车刀(偏刀)：用于车削工件的外圆、阶台和端面。

(2)45°车刀(弯头刀)：用于车削工件的外圆、端面和倒角。

(3)切断刀：用于切断工件或在工件上切槽。

(4)内孔车刀：用于车削工件的内孔。

(5)螺纹车刀：用于车削螺纹。

(6)圆头车刀：用于车削圆角、圆槽或成形面。

二、车刀的组成

车刀由刀头和刀柄组成。刀头用来切削，故又称切削部分；刀柄是用来将车刀夹固在刀架上的部分。车刀的切削部分是由三面、两刃、一尖组成，如图 2-6 所示。

(1)前面是指车削时，切削流出时经过的表面。

(2)主后面是指车削时，与加工表面相对的表面。

(3)副后面是指车削时，与已加工表面相对的表面。

(4)主切削刃是指前面与主后面的交线。在切削过程中，主切削刃承担主要切削工作。

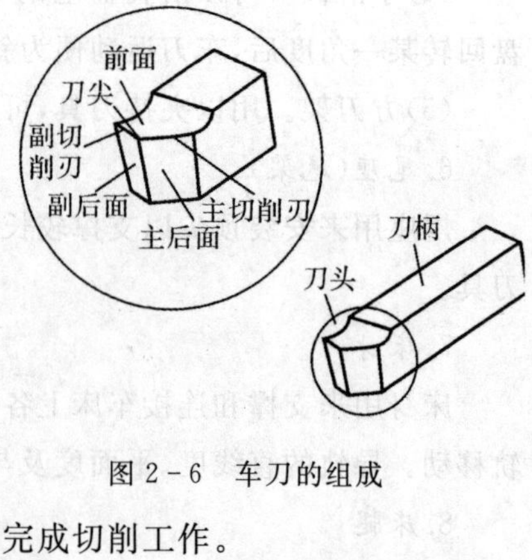

图 2-6 车刀的组成

(5)副切削刃是指前面与副后面的交线，配合主切削刃完成切削工作。

(6)刀尖是主、副切削刃交点。

三、车刀的材料

1.刀具材料的基本要求

车刀在切削工件时，其切削部分受到高温、高压和摩擦作用。因此，车刀材料必须具备以下基本性能，才能满足切削时的要求。

(1)硬度(冷硬性)。刀具材料必须高于工件材料的硬度，常温硬度要求在 HRC60 以上，硬度越高，耐磨性越好。

(2)热硬性(红硬性)。由于切削区温度很高，因此刀具材料应具有高温下保持高硬度的性能。高温时硬度高则热硬度好。

(3)强度和韧性刀具材料应具有足够的强度和韧性，应承受切削力和振动。

(4)耐磨性是材料强度、硬度、抗黏附性和组织结构等因素的综合反映。刀具材料必须具有良好的抵抗磨损的能力(耐磨性好)。

除上述基本性能外，刀具材料还要具备较好的工艺性和导热性。

2.刀具切削部分材料的种类

目前，用作车刀切削部分的材料主要有高速钢和硬质合金两种。

(1)高速钢(又名风钢、锋钢或白钢)，其热硬性、耐磨性比碳素工具钢及合金工具钢有显著提高，切削时能承受 540～600℃的温度，可以 0.5 m/s 左右的切削速度加工碳结构钢。它的抗弯强度、冲击韧性比硬质合金高；加工方便，容易磨成锋利的刃口；可以进行锻造和热处理。制造复杂形状刀具时，主要采用高速钢。因此，高速钢是目前应用范围最广泛的一种刀具材料。

高速钢可分为通用高速钢(牌号有 W18Cr4V，W6Mo5Cr4V2 等)、高矾高速钢(牌号有 W12Cr4V4Mo 等)、高速高碳钢(牌号有 95W18Cr4 等)、超高速钢(牌号有 W12MoCr4V3CoSi，W6Mo5Cr4V2A1，W6Mo5Cr4V5SiN6A1，W10Mo5Cr4V3A1 等)、钴低速钢(牌号有 W6Mo5Cr4V2Co8 等)、粉末冶金高速钢(一般多是高矾含钴的高性能高速钢)。

(2)硬质合金，其硬度为 HRC69～82(HRA86～91)，能承受工作温度为 800～1000℃，因此采用的切削速度比高速钢要多得多，这是硬质合金被广泛采用的主要原因。

硬质合金可分为钨钴类硬质合金(牌号有 YG3X，YG6X，YG3，YG6，YG8 等)、钨钦类硬质合金(牌号有 YT5，YT15，YT30 等)、通用类硬质合金(牌号有 YW1，YW2 等)、碳化钦基硬质合金(牌号有 YN10 等)、亚微细粒硬质合金(牌号有 YG10H 等)和其他类型硬质合金刀片(有涂层和夹层刀片等，涂层刀片的涂层主要有 TiC，TiN，TiC 与 TiN 复合，陶瓷等。陶瓷涂层刀片加工普通结构钢时的切削速度为 2～5.8m/s)。

除上述几种刀具材料外，还有陶瓷、金刚石及立方氮化硼等几种高硬度的刀具材料。

四、车刀的几何角度

为了确定和测量车刀的几何角度，需要假想以下三个辅助平面为基准：基面、切削平面和正交平面，如图 2-7 所示。基面是指通过主切削刃上一点，且垂直于该点切削速度方向的平面；切削平面是指通过主切削刃上一点，与主切削刃相切并垂直于基面的平面；正交平面是指通过主切削刃上一点，且同时垂直于基面和切削平面的平面。

车刀车削部分共有 5 个主要角度，如图 2-8 所示。

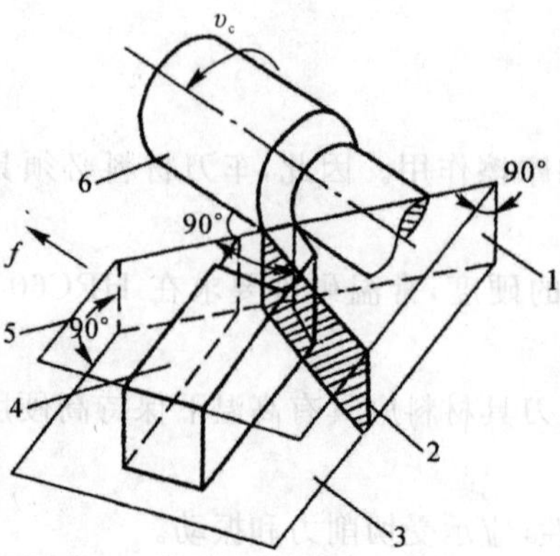

图 2-7　车刀的辅助平面

1—主切削平面；2—正交平面；3—底平面；4—车刀；5—基面；6—工件

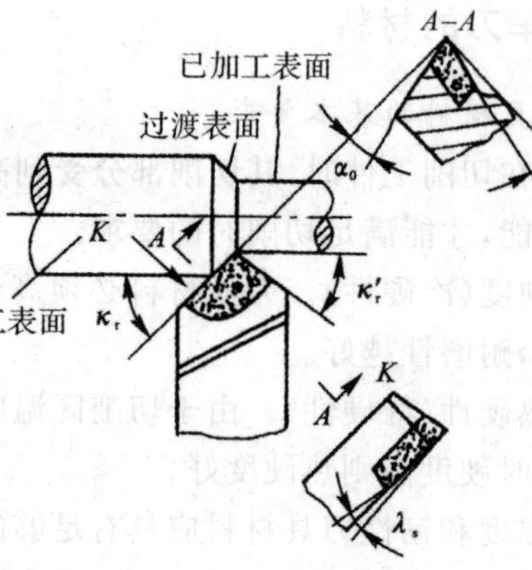

图 2-8　车刀的主要角度

(1)前角 γ_0：是在正交平面中测量的前面与基面之间的夹角。其作用是使车刀刃口锋利，减小车削变形，并使切屑容易排出。

(2)后角 α_0：是在正交平面中测量的后面与切削平面之间的夹角。其作用是减少车刀后面与工件之间的摩擦，减少刀具磨损。

(3)主偏角 κ_r：是在基面中测量的主切削刃与假定进给方向之间的夹角。其作用是改变主切削刃和刀头的受力和散热情况。

(4)副偏角 κ'_r：是在基面中测量的副切削刃与假定进给方向之间的夹角。其作用是减小副切削刃与工件已加工表面之间的摩擦。

(5)刃顷角 λ_s：是在切削平面中测量的主切削刃与基面之间的夹角。其作用是控制切削的排出方向。

五、车刀的刃磨

车刀用钝后必须刃磨以恢复其原来的形状和合理的几何角度。车刀刃磨的方法有机械刃磨和手工刃磨，手工刃磨车刀是车工的基本功之一。

1. 砂轮的选择

刃磨车刀是在砂轮机上进行的。目前，工厂里常用来磨刀的砂轮有两种：一种是氧化铝砂轮，另一种是碳化硅砂轮。氧化铝韧性好，但硬度较低；碳化硅(分为黑色碳化硅和绿色碳化硅两种)硬度高并且颗粒锋利，但脆性大。因此，氧化铝砂轮用来磨高速钢刀具，绿色碳化硅砂轮主要用来磨硬质合金刀具。

2. 刃磨的步骤

手工刃磨车刀的步骤和姿势如图 2-9 所示。

(1)磨主后面。按主偏角大小使刀柄向左偏斜，并将刀头向上翘，使主后面自下而上慢慢地接触砂轮。

(2)磨副刀面。按副偏角大小使刀柄向右偏斜，并将刀头向上翘，使副后面自下而上慢慢地接触砂轮。

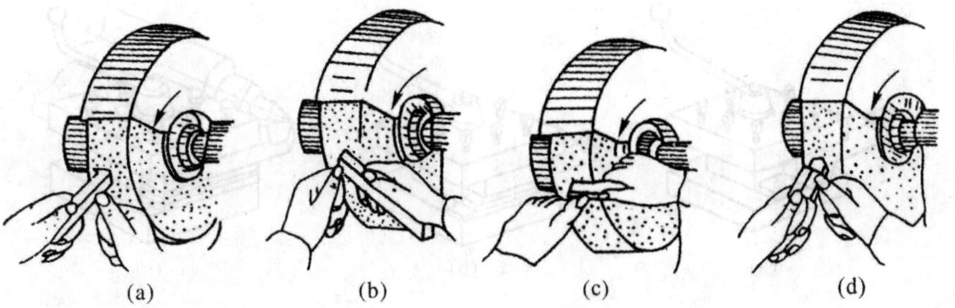

图 2-9　车刀的刃磨

(a)磨主后面；(b)磨副后面；(c)磨前面；(d)磨刀刃圆弧

(3)磨前面。先将刀柄尾部下倾，再按前角大小倾斜前面，使主切削刃与刀柄底部平行或倾斜一定高度，再使前面自下而上慢慢地接触砂轮。

(4)磨刀刃圆弧。刀尖向上翘，使过渡刃有后角，防止圆弧刃过大，需轻靠或轻摆刃磨。

(5)研磨。经过刃磨的车刀，用油石加少量机油对切削刃进行研磨，直到车刀表面光洁看不出痕迹为止。这样可以使刀刃锋利，增加刀具的耐用度。车刀用钝后也可以用油石修磨。

六、车刀刃磨的注意事项

(1)根据刀具材料正确选用砂轮。

(2)新装的砂轮必须经过严格检查并运转试验后方可使用。

(3)手工磨刀时应站在砂轮侧面，双手握稳刀具，车刀与砂轮接触时用力要均匀，压力不宜过大。

(4)在盘形砂轮上磨刀时，应使用砂轮圆周面磨刀并左右移动刀具，禁止在砂轮的侧面用力粗磨车刀。

(5)磨高速钢刀具时要经常用水冷却，以防刀具退火变软；刃磨硬质合金刀具时，不得沾水冷却，以免刀片破碎。

(6)刃磨工作完毕，应随手关闭电源。

七、车刀的安装

车刀使用时必须正确安装(见图 2-10)，具体要求如下：

(1)车刀伸出刀架部分不能太长，否则切削时刀杆刚度减弱，容易产生振动，影响表面质量，甚至会使车刀损坏。一般车刀伸出距离以不超过刀杆厚度的两倍为宜。

(2)车刀刀尖应对准工件中心。若刀尖高于工件中心，会使车刀的实际前角减小，后面与工件之间摩擦增大；若刀尖低于工件中心，会使车刀的实际前角减小，切削刀尖对准工件中心的方法有：根据尾座顶尖高度进行调整；根据车床主轴中心高直尺测量装刀；把车刀靠近工件端面，目测车刀刀尖的高度，然后紧固车刀，试车端根据端面的中心进行调整。

(3)车刀刀柄轴线应与工件轴线垂直，否则会使主偏角和副偏角的数值发生变化。

(4)调整车刀时，刀柄下面的垫片要平整整洁，垫片要与刀架对齐，且垫片数量不宜太多，以防止振动。

(5)车刀的位置调整完毕，要紧固刀架螺钉，一般用两个螺钉，并交替拧紧。

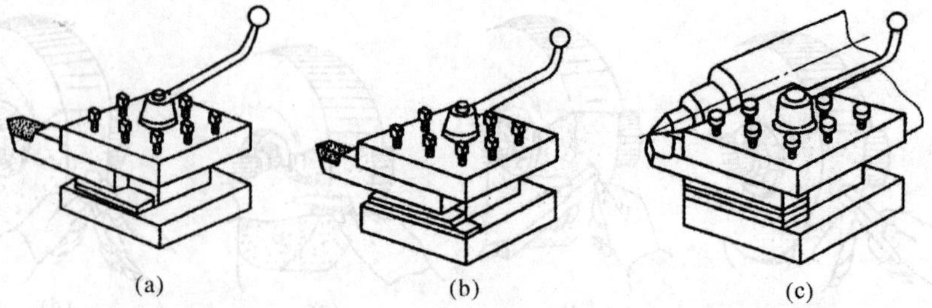

图 2-10 车刀的安装
(a)伸出太长;(b)垫刀片不整齐;(c)合适

第四节 工件的装夹及所用的附件

在车床上安装工件所用的附件有三爪卡盘、四爪卡盘、顶尖、花盘、心轴、中心架和跟刀架等。安装工件的主要要求是位置准确、装夹牢固。

一、三爪卡盘装夹工件

在车床上装夹工件的基本要求是定位准确,夹紧可靠。车削时必须把工件夹在车床的夹具上,经过校正、夹紧使它在整个加工过程中始终保持正确的位置。在车床上安装工件应使被加工表面的轴线与车床主轴回转轴线重合,保证工件处于正确的位置;同时要将工件夹紧,以防止在切削力的作用下工件松动或脱落,保证工作安全和加工精度。

车床上安装工件的通用夹具(车床附件)很多,其中三爪卡盘用得最多,如图 2-11 所示。由于三爪卡盘的三个爪是同时移动自行对中的,故适宜安装短棒或盘类工件。反三爪用以夹持直径较大的工件。由于制造误差和卡盘零件的磨损等原因,三爪卡盘的定心准确度为 0.05～0.15 mm。工件上同轴度要求较高的表面,应在一次装夹中车出。

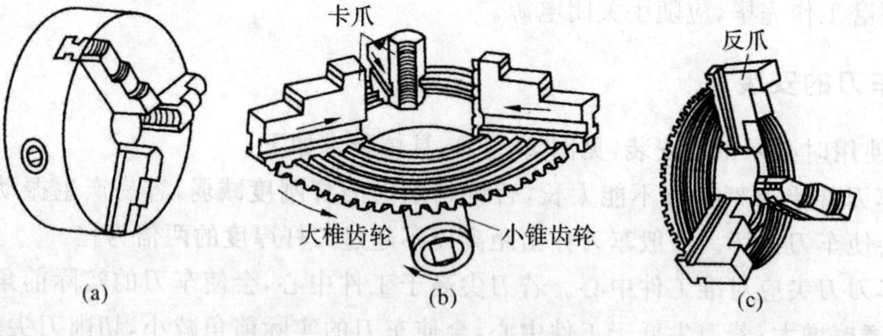

图 2-11 三爪自动定心卡盘

三爪卡盘是靠其连接盘上的螺纹直接旋装在车床主轴上的。

卡爪张开时,其露出卡盘外圆部分的长度不能超过卡爪的一半,以防卡爪背面螺旋脱扣,甚至造成卡爪飞出事故。若需夹持的工件直径过大,则应采用反爪夹持,如图 2-12 所示。

三爪卡盘安装工件的步骤如下:

(1)将工件在卡爪间放正,轻轻夹紧。

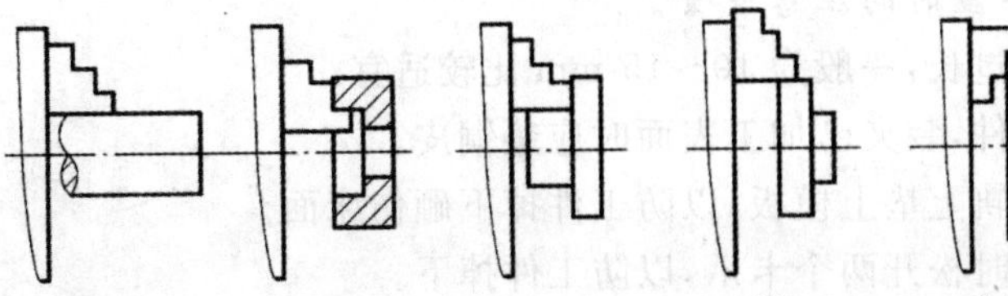

图 2-12　三爪卡盘安装工件的举例

(a)正爪装夹；(b)正爪装夹；(c)正爪装夹；(d)正爪装夹；(e)反爪装夹

(2)开机，使主轴低速旋转，检查工件有无偏摆。若有偏摆，应停车，然后轻敲工件校正，拧紧三个卡爪，固紧后，须立即取下扳手，以保证安全。

(3)移动车刀至车削行程纵向的最左端，用手转动卡盘，检查横向进刀时是否与刀架相撞。

二、四爪卡盘装夹工件

1. 四爪单动卡盘的特点

四爪单动卡盘(见图 2-13)有 4 个互不相关的卡爪(见图 2-13中的 1～4)，各卡爪的背面有一半瓣内螺纹与一螺杆啮合。螺杆端部有一方孔，当用卡盘扳手转动某一螺杆时，相应的卡爪即可移动。如将卡爪调转 180°安装，即成反爪。

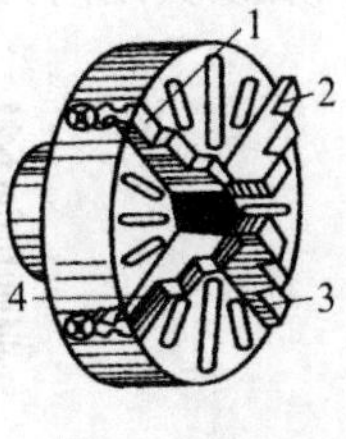

图 2-13　四爪单动卡盘

四爪卡盘由于 4 个卡爪均可独立移动，因此可安装截面为正方形、长方形、椭圆以及其他不规则形状的工件。同时，四爪卡盘比三爪卡盘的夹紧力大，所以常用来安装较大的圆形工件。

由于四爪单动卡盘的 4 个卡爪是独立移动的，在安装工件时须进行仔细的找正工件，一般用划针盘按工件内外圆表面或预先划出的加工线找正，其定位精度较低，为 0.2～0.5 mm。用百分表按工件精加工表面找正，其定位精度可达 0.01～0.02 mm。

2. 工件的找正

(1)找正外圆。先使划针靠近工件外圆表面，如图 2-14(a)所示，用手转动卡盘，观察工件表面与划针间的间隙大小，然后根据间隙大小调整卡爪位置，调整到各处间隙均等为止。

(2)找正端面。先使划针靠近工件的边缘处，如图 2-14(b)所示，用手转动卡盘，观察工件端面与划针间的间隙大小，然后根据间隙大小调整工件端面，调整时可用铜锤或铜棒敲击工件端面，调整到各处间隙均等为止。

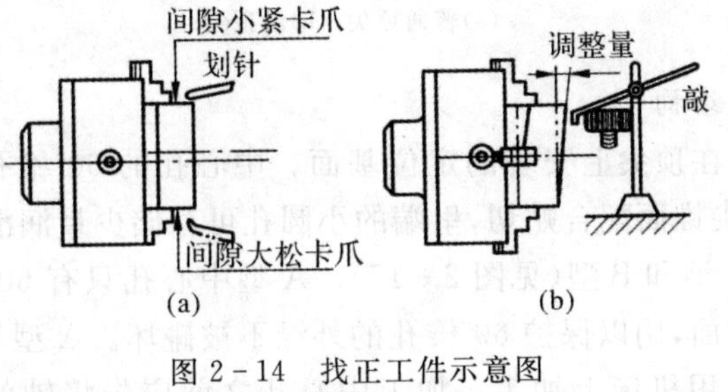

图 2-14　找正工件示意图

(a)找正外圆；(b)找正端面

3.使用四爪单动卡盘时的注意事项

(1)夹持部分不宜过长,一般为10～15 mm比较适宜。

(2)为防止夹伤工件,装夹已加工表面时应垫铜皮。

(3)找正时应在导轨上垫上模板,以防工件掉下砸伤床面。

(4)找正时不能同时松开两个卡爪,以防工件掉下。

(5)找正时主轴应放在空挡位置,使卡盘转动轻便。

(6)工件找正后,4个卡爪的夹紧力要基本一致,以防车削过程中工件移位。

(7)当装夹较大的工件时,切削用量不宜过大。

三、双顶尖安装工件

较长的(长径比 $L/D=4\sim10$)或加工工序较多的轴类工件,常采用双顶尖安装。工件装夹在前、后顶尖之间,由卡箍(又称鸡心夹头)、拨盘带动工件旋转,如图2-15所示。

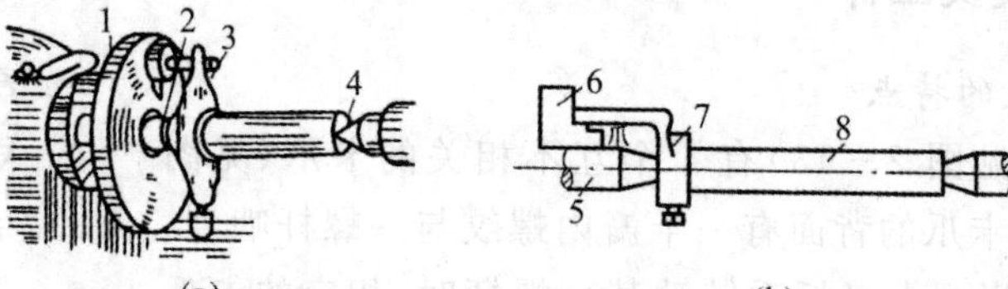

图2-15 双顶尖安装工件

1—拨盘;2,5—前顶尖;3,7—鸡心夹;4—后顶尖;6—卡爪;8—工件

常用顶尖有普通顶尖(死顶尖)和活顶尖两种,如图2-16所示。在高速切削时,为了防止后顶尖与中心孔由于摩擦发热过大而磨损或烧坏,常采用活顶尖。由于活顶尖的准确度不如死顶尖高,故一般用于轴的粗加工或半精加工。轴的精度要求比较高时,后顶尖也应用死顶尖,但要合理选择切削速度。

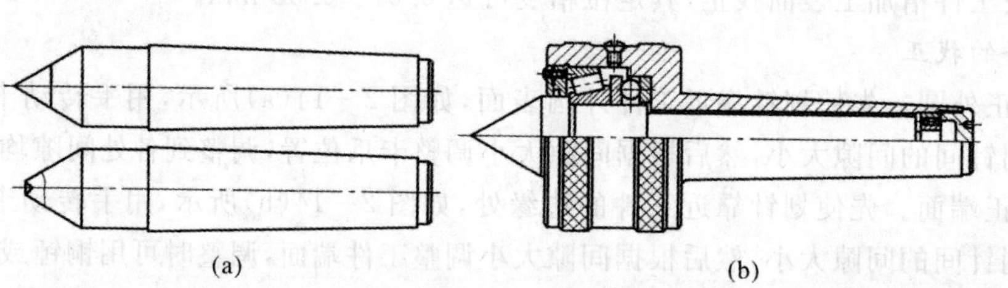

图2-16 顶尖

(a)普通顶尖;(b)活顶尖

1.中心孔的作用及结构

中心孔是轴类工件在顶尖上安装的定位基面。中心孔的60°锥孔与顶尖上的60°锥面相配合,为保证锥孔与顶尖锥面配合贴切,里端的小圆孔可存储少量润滑油(黄油)。

中心孔常见的有A型和B型(见图2-17)。A型中心孔只有60°锥孔。B型中心孔外端的120°锥面又称保护锥面,用以保护60°锥孔的外缘不被碰坏。A型和B型中心孔,分别用相应的中心钻在车床或专用机床上加工。加工中心孔之前应先将轴的端面车平,防止中心钻折断。

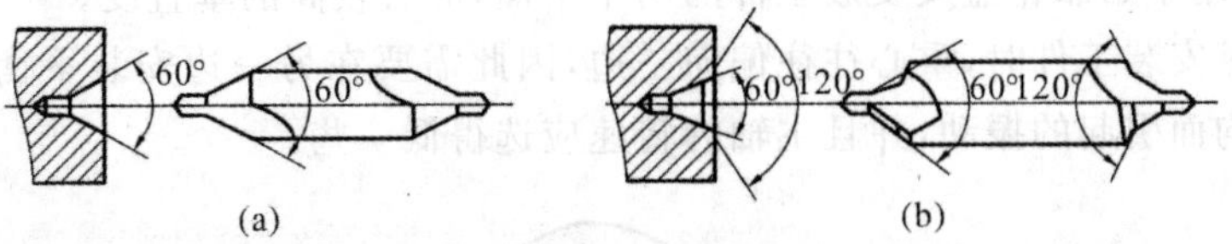

图 2－17　中心钻与中心孔

(a)A 型；(b)B 型

2. 顶尖的安装与校正

顶尖尾端锥面的圆锥角较小，所以前、后顶尖是利用尾部锥面分别与主轴锥孔和尾架套筒锥孔的配合而装紧的。因此，安装顶尖时必须先擦净顶尖锥面和锥孔，然后用力推紧。否则，装不正也装不牢。

校正时，将尾架移向主轴箱，使前、后两顶尖接近，检查其轴线是否重合。如不重合，需将尾架体作横向调节，使之符合要求。否则，车削的外圆将成锥面。

在两顶尖上安装轴件，两端是锥面定位，安装工件方便，不需校正，定位精度较高，经过多次调头或装卸，工件的旋转轴线不变，仍是两端 60°锥孔的连线。因此，可保证在多次调头或装卸中所加工的各个外圆有较高的同轴度。

四、卡盘和顶尖配合装夹工件

由于双顶尖装夹刚性较差，因此车削轴类零件，尤其是较重的工件时，常采用一夹一顶装夹。为了防止工件轴向位移，须在卡盘内装一限位支承，如图 2－18(a)所示，或利用工件的台阶限位，如图 2－18(b)所示。由于一夹一顶装夹刚性好，轴向定位准确，且比较安全，能承较大的轴向切削力，因此应用广泛。

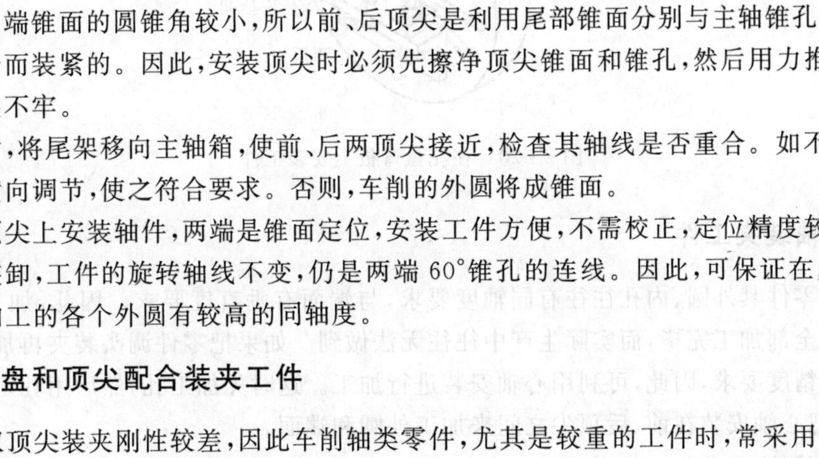

图 2－18　一夹一顶装夹工件

(a)采用限位支承；(b)利用工件台阶限位

五、花盘装夹工件

花盘是安装在车床主轴上的一个大圆盘，其端面有许多长槽，用以穿放螺栓，压紧工件。花盘的端面需平整，且应与主轴中心线垂直。

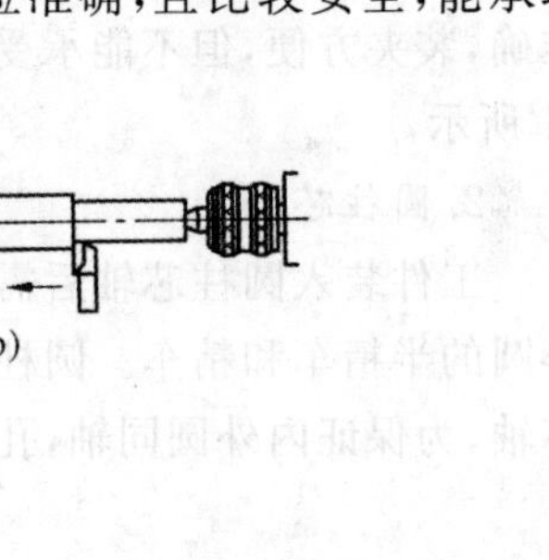

图 2－19　在花盘上安装工件

花盘安装适于不能用卡盘装夹且形状不规则或大而薄的工件。当零件上需加工的平面相对于安装平面有平行度要求或需加工的孔和外圆的轴线相对于安装平面有垂直度要求时，则可以把工件用压板、螺栓安装在花盘上加工，如图 2－19 所示。当零件上需加工的平面相对于安装平面有垂直度要求或需加工的孔和外圆的轴线相对于安装平面有平行度要求时，则可以用花盘、角铁(弯板)安装工件，如图 2－20 所示。角铁要有一定的刚度，用于贴靠花盘及安放工件的两个平面，应有较高的垂直度。

当使用花盘安装工件时，重心往往偏向一边，因此需要在另一边安装平衡块，以减小旋转时的离心力不均而引起的振动，并且主轴的转速应选得低一些。

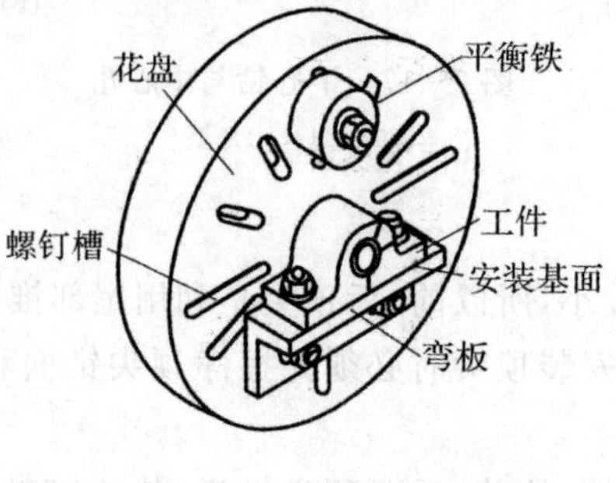

图 2-20　在花盘弯板上安装工件

六、芯轴装夹工件

盘套类零件其外圆、内孔往往有同轴度要求，与端面有垂直度要求。因此，加工时要求在一次装夹中全部加工完毕，而实际生产中往往无法做到。如果把零件调头装夹再加工，则无法保证其位置精度要求，因此，可利用心轴安装进行加工。这时先加工孔，然后用孔定位，安装在心轴上，再把心轴安装在前、后顶尖之间来加工外圆和端面。

1. 锥度芯轴

锥度芯轴的锥度为 1:5 000～1:2 000，工件压入后，靠摩擦力与芯轴固紧。锥度芯轴对中准确，装夹方便，但不能承受较大的切削力，多用于盘套类零件外圆和端面的精车。如图 2-21 所示。

2. 圆柱芯轴

工件装入圆柱芯轴后需加上垫圈，用螺母锁紧。其夹紧力较大，可用于较大直径盘类零件外圆的半精车和精车。圆柱心轴外圆与孔配合有一定间隙，对中性较锥度芯轴差。使用圆柱芯轴，为保证内外圆同轴，孔与芯轴之间的配合间隙应尽可能小，如图 2-22 所示。

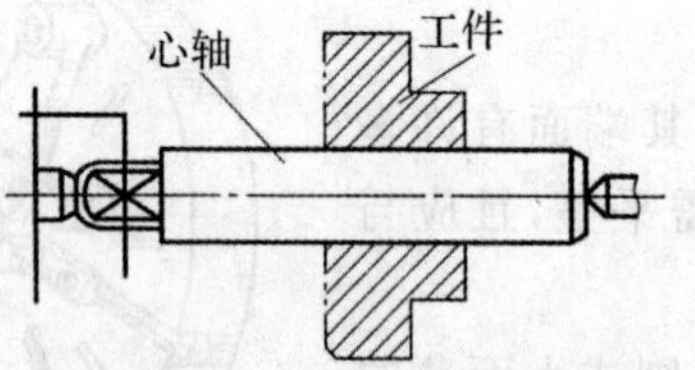

图 2-21　锥度芯轴上装夹工件

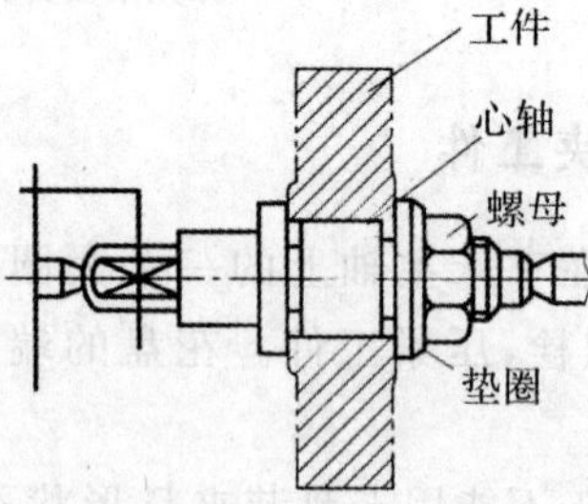

图 2-22　圆术芯轴上装夹工件

七、中心架和跟刀架的应用

加工细长轴(长径比 $L/D>15$)时，为了防止工件受径向切削力的作用而产生弯曲变形，常用中心架或跟刀架作为辅助支承，以增加工件刚性。

1. 中心架

固定在床身导轨上使用，有三个独立移动的支承爪，并可用紧固螺钉予以固定。使用时，将工件安装在前、后顶尖上，先在工件支承部位精车一段光滑表面，再将中心架紧固于导轨的适当位置，最后调整三个支承爪，使之与工件支承面接触，并调整至松紧适宜。

中心架的应用如图 2－23 所示有两种情况。

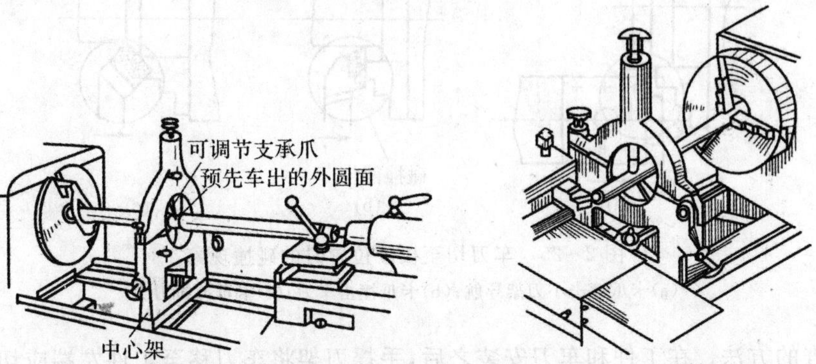

(a)　　(b)

图 2－23　中心架的应用

(a)用中心架车外圆；(b)用中心架车端面

(1)加工细长阶梯轴的各外圆，一般将中心架支承在轴的中间部位，先车右端各外圆，调头后再车另一端的外圆。

(2)加工长轴或长筒的端面，以及端部的孔和螺纹等，可用卡盘夹持工件左端，用中心架支承右端。

2. 跟刀架

跟刀架(见图 2－24)一般固定在大拖板侧面上，随刀架纵向运动。跟刀架有两个支承爪，紧跟在车刀后面起辅助支承作用。因此，跟刀架主要用于细长光轴的加工。使用跟刀架需先在工件右端车削一段外圆，根据外圆调整两个支承爪的位置和松紧，然后即可车削光轴的全长。

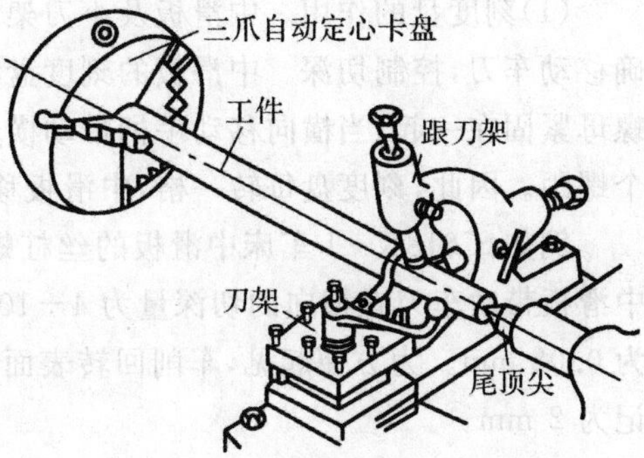

图 2－24　跟刀架的应用

使用中心架和跟刀架时，工件转速不宜过高，并须对支撑爪加注机油润滑。

第五节　车床的操作及表面加工

一、车床的操作

1. 刀架极限位置检查

(1)检查目的。检查刀架极限位置的目的是防止车刀切至左端极限位置时卡盘或卡爪碰撞刀架或车刀刃，如图 2－25 所示。图 2－25(a)所示是车刀切至小外圆根部时，卡爪撞击小刀架导轨的情况，其原因是车刀伸出较短，小刀架向右位移太多。图 2-25(b)及图 2-25(c)是卡爪撞击车刀的情况。

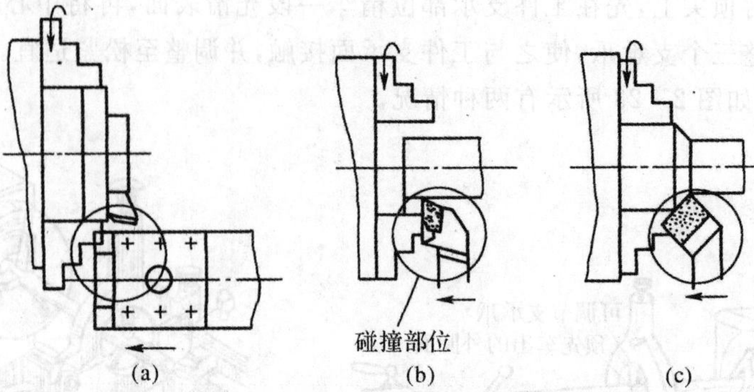

图 2-25　车刀切至极限位置时的碰撞现象

(a)卡爪撞击小刀架导航；(b)卡爪撞击车刀；(c)卡爪撞击刀尖

(2)检查的方法。在工件和车刀安装之后，手摇刀架将车刀移至工件左端应切削的极限位置；用手缓慢转动卡盘，检查卡盘或卡爪有无撞击刀架或车刀的可能。若不会撞击，即可开始加工；否则，应对工件、小刀架或车刀的位置做适当的调整。

2.刻度盘及其正确使用

(1)刻度盘的作用。中滑板及小刀架均有刻度盘，刻度盘的作用是为了在车削工件时能准确移动车刀，控制切深。中滑板的刻度盘与横向手柄均装在横丝杠的端部，中滑板和横丝杠的螺母紧固在一起，当横向移动手柄带动横丝杠和刻度盘转动一周时，螺母即带动中滑板移动一个螺距。因此，刻度盘每转一格，中滑板移动的距离＝丝杠螺距/刻度盘格数(mm)。

例如，C618K-1 车床中滑板的丝杠螺距为 4 mm，其刻度盘等分为 100 格，故每转一格，中滑板带动车刀在横向的切深量为 4÷100＝0.04 mm，从而使回转表面车削后直径的变动量为 0.08 mm。为方便起见，车削回转表面时，通常将每格的读数记为的 0.08 mm，25 格的读数记为 2 mm。

加工外圆表面时，车刀向工件中心移动称为进刀，手柄和刻度盘是顺时针旋转；车刀由中心向外移动称为退刀，手柄和刻度盘是逆时针旋转。加工内圆表面时情况则相反。

(2)刻度盘的正确使用。由于丝杠与螺母之间有一定间隙，如果刻度盘摇过几格[见图 2-26(a)]，不能直接退回几格[见图 2-26(b)]，必须反向摇回约半圈，消除全部间隙后再转到所需的位置[见图 2-26(c)]。

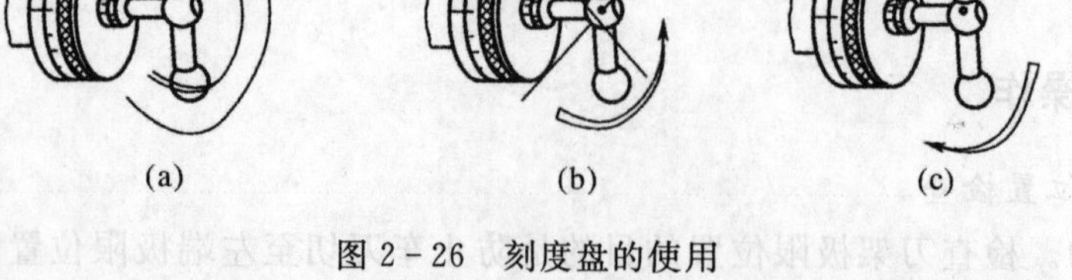

图 2-26　刻度盘的使用

(a)摇过三格；(b)错误：直接退回三格；(c)正确：反转半圈，再转至所需位置

小刀架刻度盘的作用、读数原理及使用方法与中滑板刻度盘相同。不同的是小刀架刻度盘一般用来控制工件端面的切深量，利用刻度盘移动小刀架的距离就是工件长度的变动量。

3. 正确的车削步骤

车削时正确的车削步骤如图 2-27 所示。先开车再对车刀与工件的接触点，是为了寻找毛坯面的最高点，也为防止工件在静止状态下与车刀接触，容易顶坏刀尖。如果只需走刀切削一次，即可省略图中(e)～(g)步；如需走刀切削三次、四次……则要重复进行(e)～(g)步。

车端面的切削步骤与上述相同，只是车刀运动方向不同。

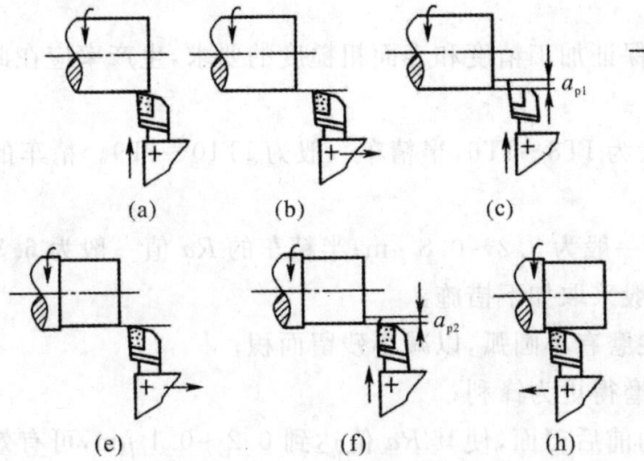

图 2-27　车外圆时正确的切削步骤

(a)开车对接触点；(b)向右退出车刀；(c)横向进刀(切深为 a_{p1})；(d)纵向切削至终点；(e)向右退出车刀；(f)再次横向进刀(切深 a_{p2})；(g)再次纵向切削；(h)横向退刀再纵向退刀

4. 试切的作用与方法

(1)试切的作用。由于刀架丝杠和螺母的螺距及刻盘的刻线均有一定的制造误差，只按刻度盘定切深难以保证精车时所需的尺寸公差。因此，需要通过试切来准确控制尺寸。此外，试切也可防止进错刻度而造成废品。

(2)试切的方法。车外圆的试切方法及步骤如图 2-28 所示。

图 2-28 中 1～5 步是试切的一个循环。如果尺寸合格即可开车按切深车削整个外圆；如果未到尺寸，应在第 6 步之后再次横向进刀定切深，重复第 4 步和第 5 步直到尺寸合格为止。各次所定的切深 a_{p1}，a_{p2}，…均应小于各次直径余量的 1/2。如果尺寸车小了，可按图 2-26 所示的方法，按刻度将车刀横向退出一定的距离再行试切直至尺寸合格为止。

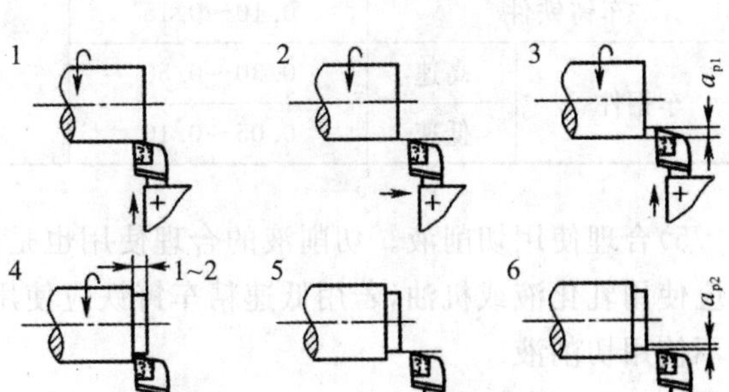

图 2-28　外圆的试切方法与步骤

1—开车对接触点；2—向右退出车刀；3—横向进刀切深为 a_{p1}；4—纵向车削 1～2 mm；5—退刀、停车、度量；6—如未到尺寸，再进切深 a_{p2}

5. 粗车和精车

为了保证加工质量和提高生产率，零件加工应分为若干步骤。中等精度的零件，一般按粗车—精车的方案进行；精度较高的零件，一般按粗车—半精车—精车或粗车—半精车—磨削的方案进行。

(1)粗车。粗车的目的是尽快地从毛坯上切去大部分加工余量，使工件接近要求的形状和尺寸。粗车应给半精车和精车留有合适的加工余量(一般为 1～2 mm)，而对精度和表面粗糙度无严格的要求。为了提高生产率和减小车刀磨损，粗车应优先选用较大的切深，其次适当加大进给量，而只采用中等或中等偏低的切速。使用硬质合金车刀进行粗车的切削用量推荐如下：切深 a_p 取 2～4 mm，进给量 f 取 0.15～0.4 mm/r，切速 v 取 40～60m/min(切钢)或 30～50m/min(切铸铁)。当卡盘夹持的毛坯表面凸凹不平或夹持的长度较短时，切削用量应适当减小。

(2)精车。精车的关键是保证加工精度和表面粗糙度的要求，生产率应在此前提下尽可能提高。

精车的尺寸公差等级一般为 IT8～IT6，半精车一般为 IT10～IT9。精车的尺寸公差等级主要靠试切来保证。

精车的表面粗糙度 Ra 值一般为 3.2～0.8 μm；半精车的 Ra 值一般为 6.3～3.2 μm。精车时，为保证表面粗糙度值一般采取如下措施：

1)适当减小副偏角或刀尖磨有小圆弧，以减小残留面积；

2)适当加大前角，将刀刃磨得更为锋利；

3)用油石仔细打磨车刀的前后刀面，使其 Ra 值达到 0.2～0.1 μm，可有效减小工件表面的 Ra 值；

4)合理选用切削用量。选用较小的切深和进给量 f 可减小残留面积，使 Ra 值减小。车削钢件时采用较高的切速($v \geqslant 100$ m/min)或很低的切速($v \leqslant 100$ m/min)都可以获得较小 Ra 值，低速精车生产率很低，一般只用于小直径的工件。精车铸铁件时切速较粗车时稍高即可。因为铸铁导热性差，切速过高将使车刀磨损加剧。精车切削用量参考数据见表 2-2。

表 2-2　精车切削用量参考数据

		切深 a_p/mm	进给量 f/(mm·r^{-1})	切速 v/[×100(m·min^{-1})]
车铸铁件		0.10～0.15	0.05～0.20	60～70
车钢件	高速	0.30～0.50		100～200
	低速	0.05～0.10		3～5

5)合理使用切削液。切削液的合理使用也是降低表面粗糙度 Ra 值的重要方法。低速精车应使用乳化液或机油，若用低速精车铸铁应使用煤油；高速精车钢件和较高速精车铸铁件一般不使用切削液。

二、各种表面车削

车削工作有车外圆及台阶、车端面、镗孔、车锥面、车螺纹、车成形面、切槽及切断等。

(一)车外圆及台阶

1. 车外圆

车外圆是车削中最基本、最常见的加工方法。车外圆及其常用的车刀如图 2-29 所示。尖刀主要用于车外圆，45°弯头刀和右偏刀既可车外圆又可车端面，应用较为普遍。右偏刀车外圆时径向力很小，常用来车削细长轴的外圆。圆弧刀的刀尖具有圆弧，可用来车削具有圆弧台阶的外圆。各种车刀一般均可用于倒角。

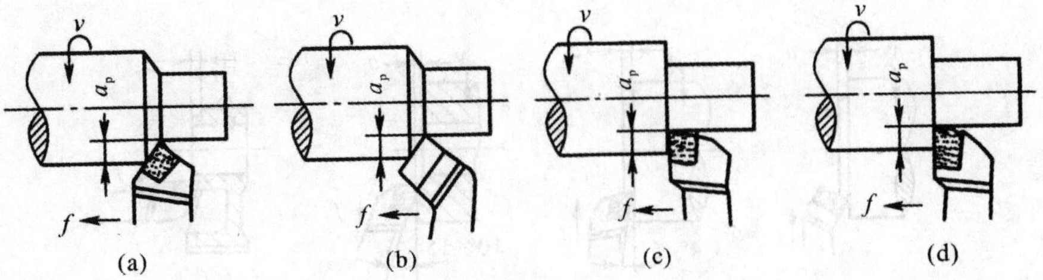

图 2-29　车外圆及常用的车刀

(a)尖刀车外圆；(b)45°弯头刀车外圆；(c)右偏刀车外圆；(d)圆弧刀车外圆

外圆可视其精度和粗糙度的要求分为粗车、半精车和精车。

2. 车台阶

车台阶与车外圆没有显著区别，只是车台阶需要兼顾外圆的尺寸和台阶的位置。根据相邻两圆柱直径之差，台阶可分为低台阶(高度小于 5 mm)与高台阶(高度大于 5 mm)两种。

低台阶可一次走刀车出，应按台阶形式选用相应的车刀(见图 2-29)。

高台阶一般与外圆成直角，需用偏刀分层纵向切削。在最后一次纵向进给后应转为横向进给，将台阶面精车一次，如图 2-30 所示。偏刀主切削刃与纵向进给方向应成 95°左右。

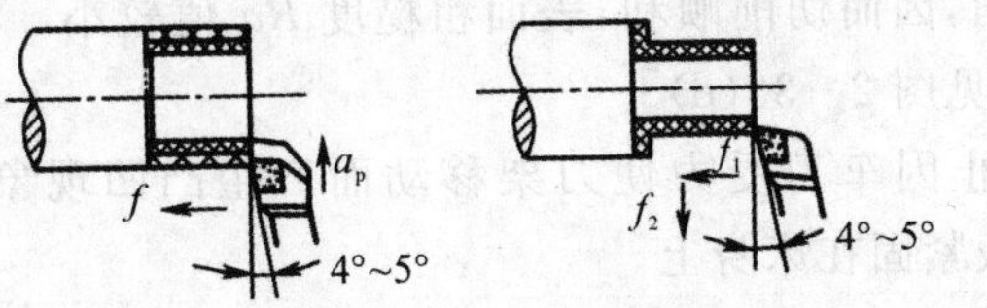

图 2-30　高台阶车削方法

台阶的位置，在单件生产时，用钢直尺控制，用刀尖刻线来确定[见图 2-31(a)]。在成批生产时，可用样板控制[见图 2-31(b)]。

台阶的长度一般用钢直尺测量，长度要求精确的台阶常用深度游标尺来测量(见图 2-32)。

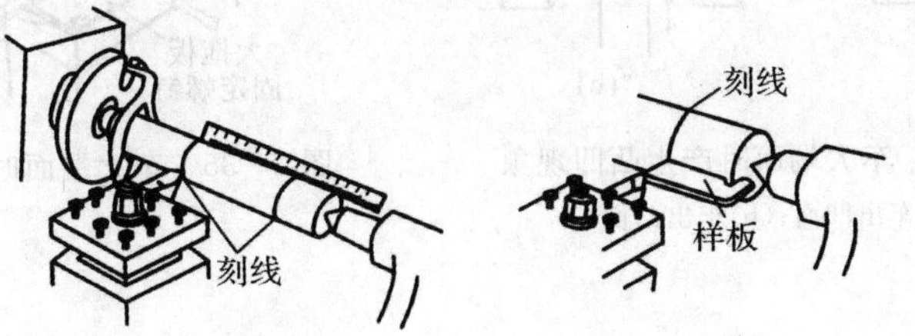

图 2-31　台阶位置的确定

图 2-32　用钢直尺的深度游标尺测量长度

(二)车端面

端面车削方法及所用车刀如图 2-33 所示。

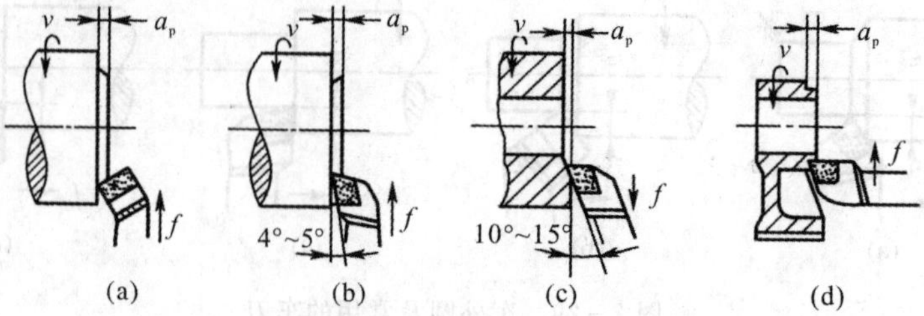

图 2-33 车端面

(a)弯头刀车端面;(b)面偏刀车端面(由外向中心);(c)右偏刀车端面(由中心向外);(d)左偏刀车端面

车端面时,刀尖必须准确对准工件的旋转中心,否则将在端面中心处车出凸台,极易崩坏刀尖。车端面时,切削速度由外向中心逐渐减小,会影响端面的表面粗糙度,因此工件切速应比车外圆时略高。

45°弯头刀车端面[见图 2-33(a)],中心的凸台是逐步车掉的,不易损坏刀尖。右偏刀由外向中心车端面[见图 2-33(b)],凸台是瞬时车掉的,容易损坏刀尖,因此切近中心时应放慢进给速度。对于有孔的工件,车端面时常用右偏刀由中心向外进给[见图 2-33(c)],这样切削厚度较小,刀刃有前角,因而切削顺利,表面粗糙度 Ra 值较小。零件结构不允许用右偏刀时,可用左偏刀车端面[见图 2-33(d)]。

车削大的端面,防止因车刀受力使刀架移动而产生凸凹现象(见图 2-34),应按见图 2-35所示方法将大拖板紧固在床身上。

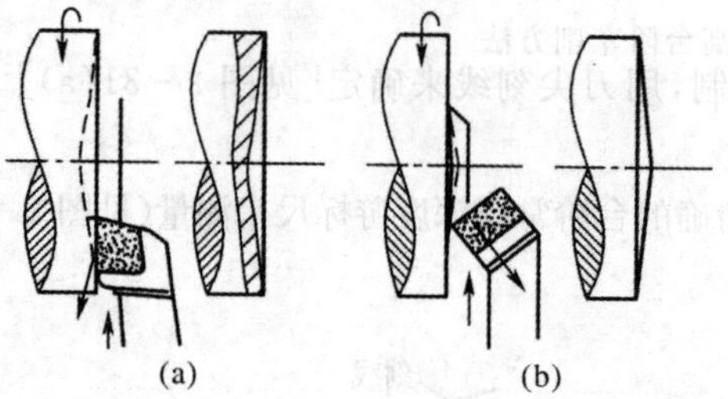

图 2-34 车大端面时产生凸凹现象

(a)车出凹面;(b)车出凸面

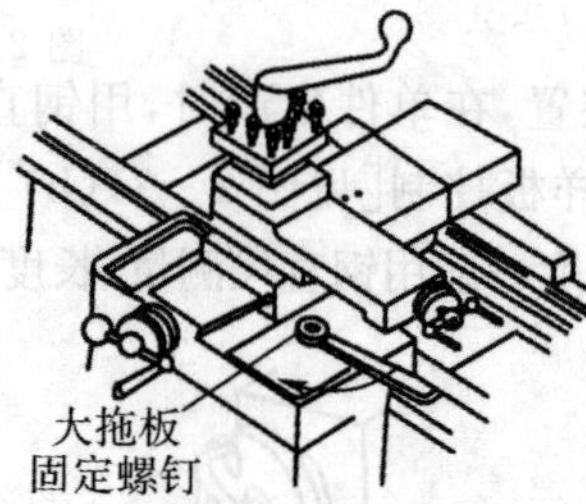

图 2-35 车大端面时锁紧大拖板

(三)孔加工

在车床上可用钻头、镗刀、扩孔钻和铰刀分别进行钻孔、镗孔、扩孔和铰孔。

1. 镗孔

镗孔是用镗刀对已经铸出、锻出和钻出的孔做进一步加工,以扩大孔径,提高精度,降低粗糙度 Ra 值和纠正原孔的轴线偏斜。镗孔可分为粗镗、半精镗和精镗。精镗可达到的尺寸公差等级为 IT8~IT7,表面粗糙度 Ra 值为 1.6~0.8 μm。镗孔及所用的镗刀如图 2-36 所示。

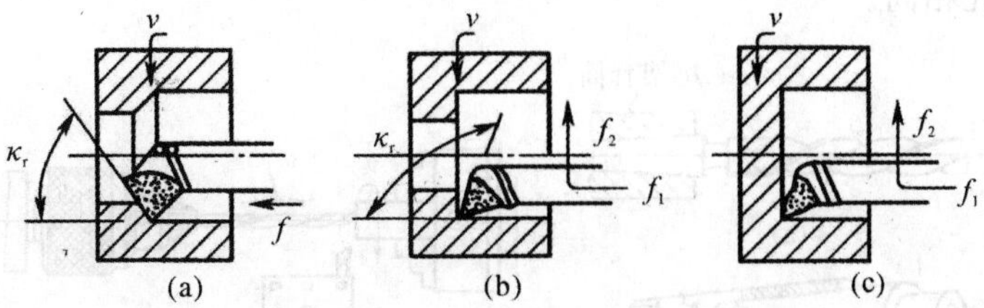

图 2 - 36　车床镗孔及所用管刀

(a)镗通孔;(b)镗台阶孔;(c)镗不通孔

镗通孔用普通镗刀,为了减小径向切削分力以减小刀杆弯曲变形,一般取主偏角 $\kappa_r=60°\sim70°$。镗台阶孔和不通孔用不通孔镗刀(俗称清根镗刀),主偏角 κ_r 取 95°左右。镗台阶孔和不通孔,在纵向进给至孔的末端时,再转为横向进给,即可使镗出的内端面与孔壁垂直并得到良好的衔接。

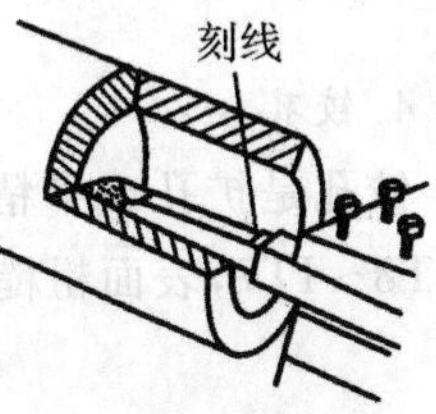

图 2 - 37　刀杆刻线控制孔深

镗台阶孔和不通孔,应在刀杆上用粉笔或划针作出记号,以控制镗刀进入的长度,如图 2 - 37 所示。

镗刀的刀杆截面应尽可能大些,伸出长度应尽量减小,以增加刚性,避免刀杆弯曲变形使孔发生锥形误差。镗刀刀尖一般应略高于工件旋转中心,以减少颤动,避免扎刀,防止刀杆下弯而碰伤孔壁。

为了保证镗孔质量,精镗一定要应用试切方法,并选用比精车外圆更小的切深 a_p 和进给量 f_p。测量孔径时需用棉丝擦净孔中的屑末。

2. 钻孔

在车床上钻孔如图 2 - 38 所示。工件旋转为主运动,摇动尾架手柄使钻头纵向移动为进给运动。钻孔的尺寸公差等级为 IT14～IT11,表面粗糙度 Ra 值为 25～6.3 μm。

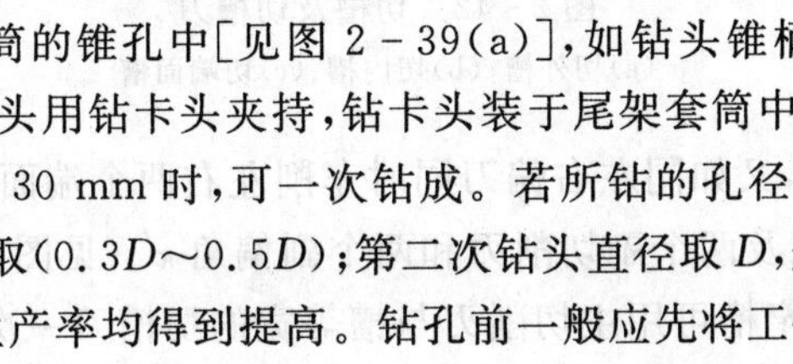

图 2 - 38　在车床上钻孔

锥柄钻头装在尾架套筒的锥孔中[见图 2 - 39(a)],如钻头锥柄号数小,可加用过渡锥套[见图 2 - 39(b)]。直柄钻头用钻卡头夹持,钻卡头装于尾架套筒中[见图 2 - 39(c)]。

当所钻的孔径 D 小于 30 mm 时,可一次钻成。若所钻的孔径 D 大于 30 mm 时,可分两次钻削。第一次钻头直径取($0.3D\sim0.5D$);第二次钻头直径取 D,这样钻削较为轻快,可用较大的进给量,孔壁质量和生产率均得到提高。钻孔前一般应先将工件端面车平,并用中心钻钻出中心孔作为钻头的定位孔。钻削时,要加注冷却液;孔较深时应经常退出钻头,以便排屑。

3. 扩孔

扩孔是用扩孔钻进行钻孔后的半精加工(见图 2 - 40)。扩孔可达到的尺寸公差等级为 IT10～IT9,表面粗糙度 Ra 值为 6.3～3.2 μm,扩孔的余量为 0.5～2 mm。扩孔钻的安装和扩孔的方法与钻孔相同。

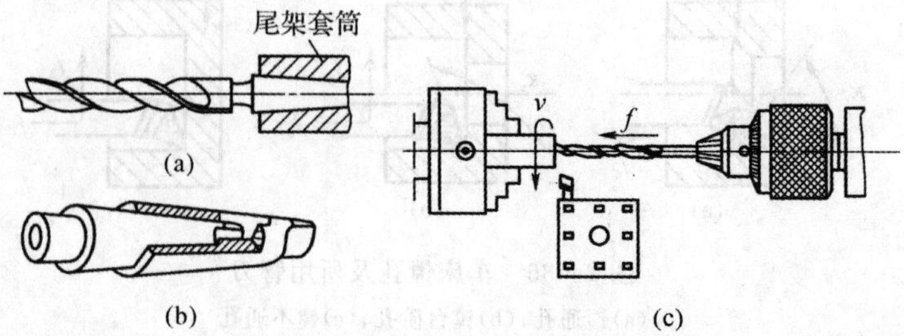

图 2-39　钻头的安装

4. 铰孔

铰孔是扩孔或半精镗后用铰刀进行的精加工(见图 2-41)。铰孔可达到的尺寸公差等级为 IT8～IT7,表面粗糙度 Ra 值为 1.6～0.8 μm,加工余量为 0.1～0.3 mm。

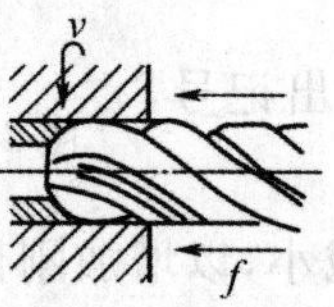

图 2-40　车床扩孔图

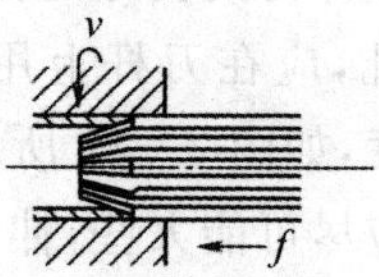

图 2-41　车床铰孔

钻—扩—铰连用是孔加工的典型方法之一,多用于成批生产,亦常用于单件小批生产中加工细长孔。

(四)切槽与切断

1. 切槽

车床上可切外槽、内槽与端面槽,如图 2-42 所示。

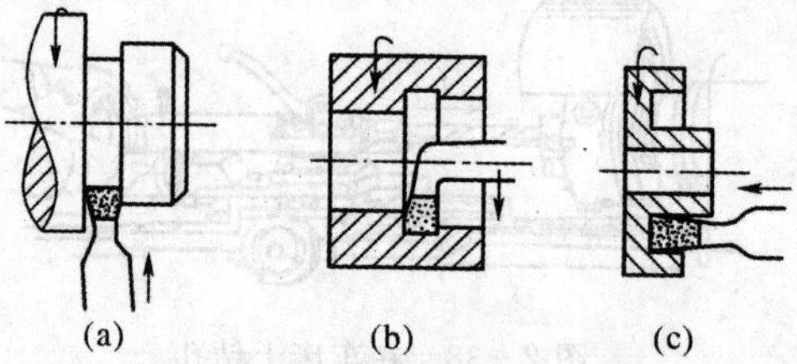

图 2-42　切槽及切槽刀

(a)切外槽;(b)切内槽;(c)切端面槽

切槽与车端面很相似,又如同左右偏刀同时车削左右两个端面。因此,切槽刀具有一个主切削刃和一个主偏角 κ'_r 以及两个副切削刃和两个副偏角 κ'_r(见图 2-43)。宽度为 5 mm 以下的窄槽可用主切削刃与槽等宽的切槽刀一次切出。

2. 切断

切断与切槽类似。但是,当切断工件的直径较大时,切断刀刀头较长,切屑容易堵塞在槽内,刀头容易折断。因此,往往将切断刀刀头的高度加大,以增加强度;将主切削刃两边磨出斜刃以利于排屑(见图 2-44)。

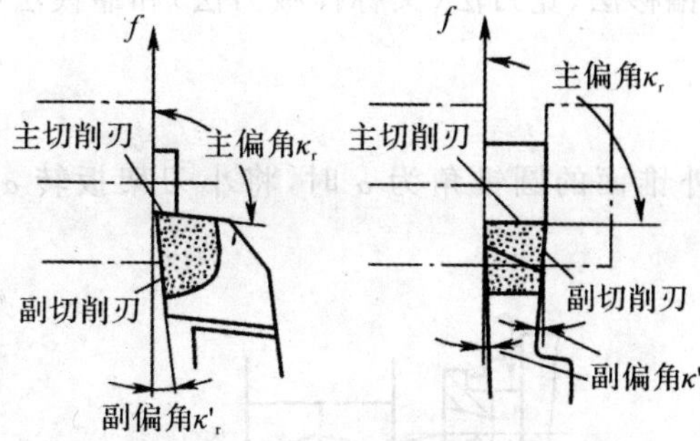

图 2-43　切槽刀与偏刀结构的对比

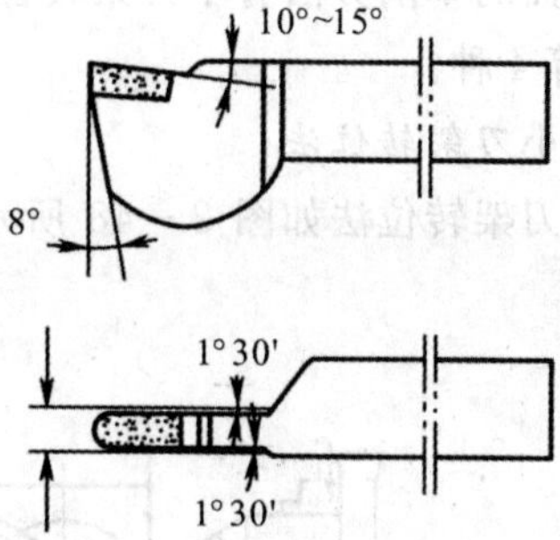

图 2-44　切削刀

切断一般在卡盘上进行，切断处应尽可能靠近卡盘。切断刀主切削刃必须对准工件旋转中心，较高或较低均会使工件中心部位形成凸台，并损坏刀头（见图 2-45）。切断时进给要均匀，即将切断时需放慢进给速度，以免刀头折断。切断不宜在顶尖上进行。

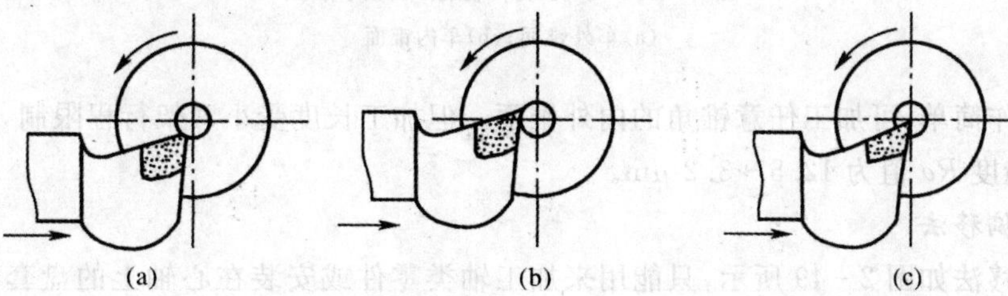

图 2-45　切断刀刀尖应与工件旋中心等高

(a)凸台易压坏刀头；(b)凸台易顶坏刀头；(c)正常

(五)车锥面

锥面分外锥面和内锥面（即锥孔）。锥面配合紧密，拆卸方便，多次拆装仍能保持精确的对中性。因此，锥面广泛用于要求定位准确、能传递一定扭矩和经常拆卸的配合件上。例如，车床主轴锥孔与顶尖的配合，钻头锥柄与车床尾架套筒锥孔的配合等（见图 2-46）。

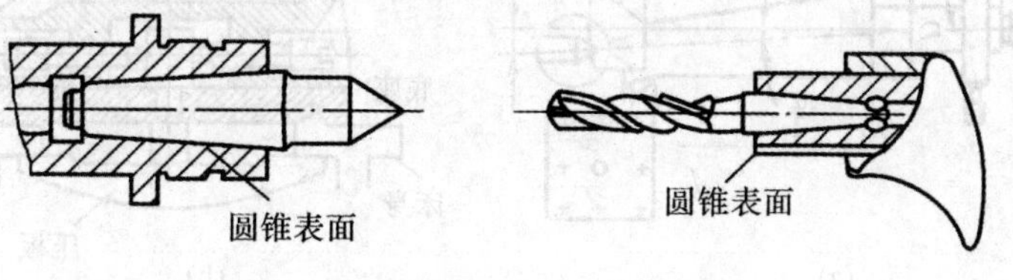

图 2-46　锥面配合的应用实例

圆锥面的尺寸和参数如图 2-47 所示。

圆锥角为 α；圆锥斜角 $\alpha/2$。

大端直径：　　$D = d + 2l\tan\frac{\alpha}{2}$

小端直径：　　$d = D - 2l\tan\frac{\alpha}{2}$

$$c = (D-d)/l = 2\tan\frac{\alpha}{2}$$

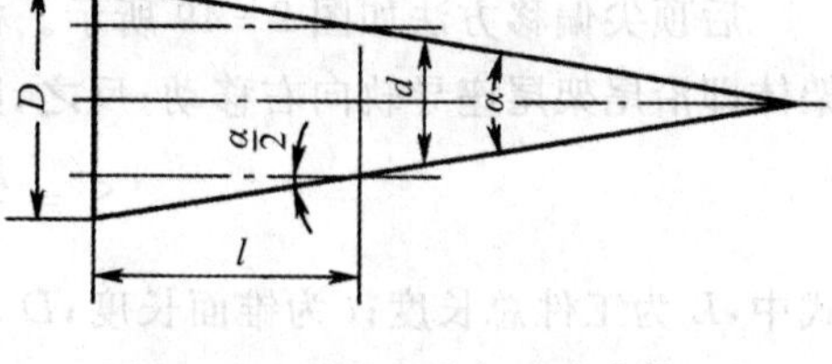

图 2-47　圆锥面的尺寸和参数

锥面的车削方法有小刀架转位法、尾架偏移法、宽刀法(又称样板刀法)和靠模法(又称锥尺法)等4种。

1. 小刀架转位法

小刀架转位法如图2-48所示,当内外锥面的圆锥角为α时,将小刀架扳转$\alpha/2$即可加工。

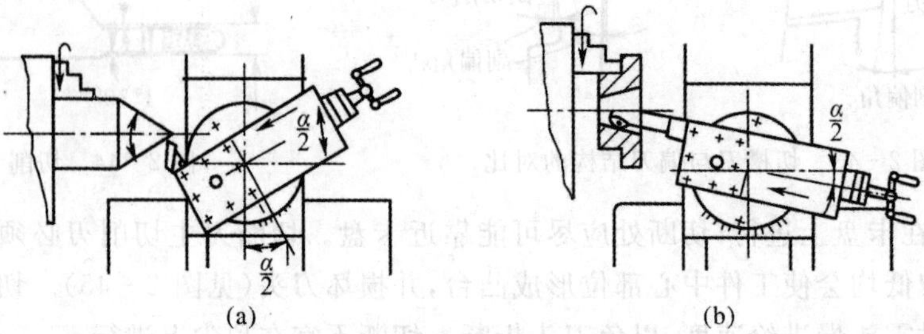

图2-48 小刀架转位法车内外锥面

(a)车外锥面;(b)车内锥面

此法操作简单,可加工任意锥角的内外锥面。但加工长度受小刀架行程限制,只能手动进给,表面粗糙度Ra值为12.5～3.2 μm。

2. 尾架偏移法

尾架偏移法如图2-49所示,只能用来加工轴类零件或安装在心轴上的盘套类零件的锥面。工件或心轴安装在前后顶尖之间,将后顶尖向前或向后偏移一定距离S,使工件回转轴线与车床主轴轴线的夹角等于工件圆锥斜角$\alpha/2$,当刀架自动或手动纵向进给时,即可车出所需的锥面。此法加工的表面粗糙度Ra值为6.3～3.2 μm。

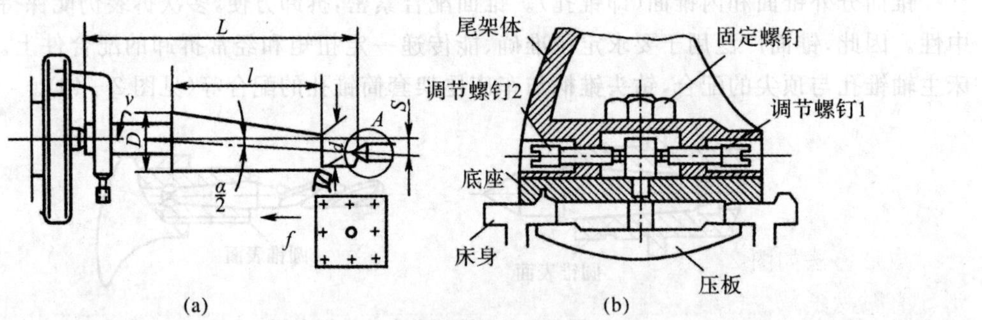

图2-49 偏移尾架法车锥面

(a)车削方法;(b)尾架体偏移的结构

后顶尖偏移方法如图2-49所示。松开固定螺钉,当拧松调节螺钉2,拧紧调节螺钉1,尾架体即沿尾架尾座导轨向右移动;反之,则向左移动。尾架体偏移量S为

$$S=\frac{D-d}{2l}L=L\tan\frac{\alpha}{2}$$

式中,L为工件总长度;t为锥面长度;D与d为锥面大端和小端的直径;α为锥面的圆锥角。

3. 宽刀法

宽刀法如图 2-50 所示，主要用于成批生产中车削较短的锥面。刀刃应平直，前后刀面应用油石打磨使粗糙度 Ra 值达到 0.01 μm。安装时，应使用刀刃与工件回转轴线呈圆锥斜角。用此法加工的工件表面粗糙度 Ra 值可达 3.2～1.6 μm。

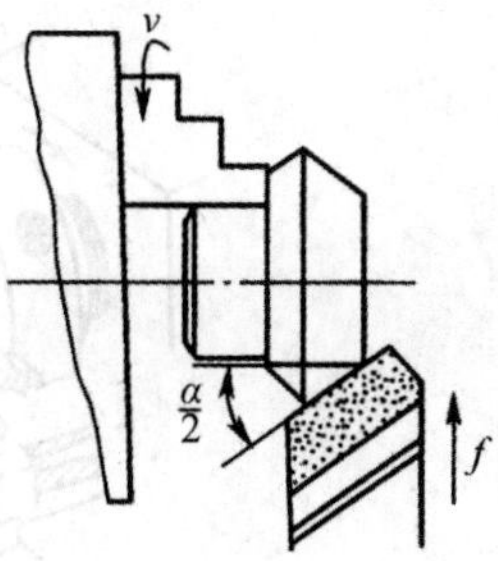

图 2-50　宽刀法车锥面

4. 靠模法

靠模法车锥面与靠模法车成形面（后文将讲述）的原理和方法类似。车锥面只要将成形面靠模改为斜面靠模即可。

（六）车成形面

手柄、圆球及手轮等零件上的曲线回转表面称为成形面。成形面的车削方法有以下三种。

1. 双向车削法

双向车削法如图 2-51 所示，先用普通尖刀按成形面形状精车许多台阶[见图 2-51(a)]；再用双手控制圆弧车刀同时做纵向和横向进给，车去台阶峰部并使之基本成形[见图 2-51(b)]；再用样板检验[见图 2-51(c)]，并需经过多次车削修整和检验方能符合要求。形状合格后尚需用砂纸和砂布做适当打磨。加工的粗糙度 Ra 值可达 12.5～3.2 μm。

此法操作技术要求较高，但无须特殊设备与工具，多用于单件小批生产中加工精度不高的成形面。

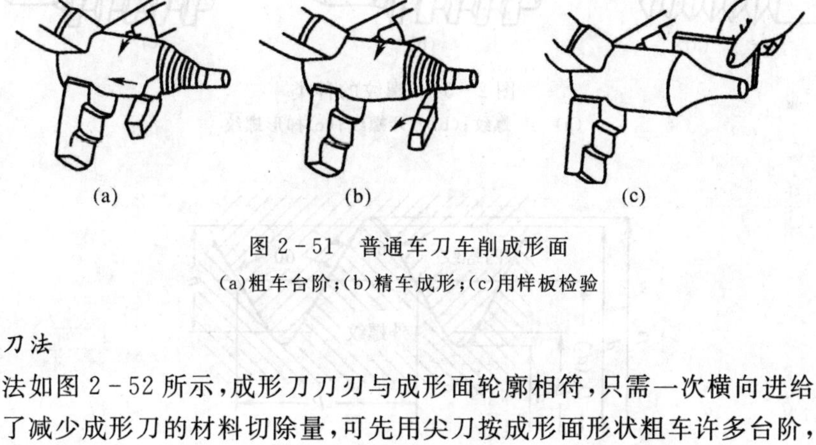

(a)　(b)　(c)

图 2-51　普通车刀车削成形面

(a)粗车台阶；(b)精车成形；(c)用样板检验

2. 成形刀法

成形刀法如图 2-52 所示，成形刀刀刃与成形面轮廓相符，只需一次横向进给即可车削成形。有时为了减少成形刀的材料切除量，可先用尖刀按成形面形状粗车许多台阶，再用成形刀精车成形。

此法生产效率较高，但刃磨困难，车削时容易振动，故只用于批量较大的生产中车削刚性较好，长度较短且较简单的成形面。

3. 靠模法

图 2-53 所示为靠模法车削成形面。靠模安装在床身后面，车床横滑板需与横丝杠脱开，其前端连接板上装有滚柱。当大拖板纵向自动进给时，滚柱即沿靠模的曲线槽移动，从而带动中滑板和车刀做曲线走刀而车出成形面。车削前小刀架应转 90°，以便用它做横向移动，调整车刀位置和控制切深。此法操作简单，生产率较高。但需制造专用靠模，故只用于大批量生产中车削长度较大、形状较为简单的成形面。

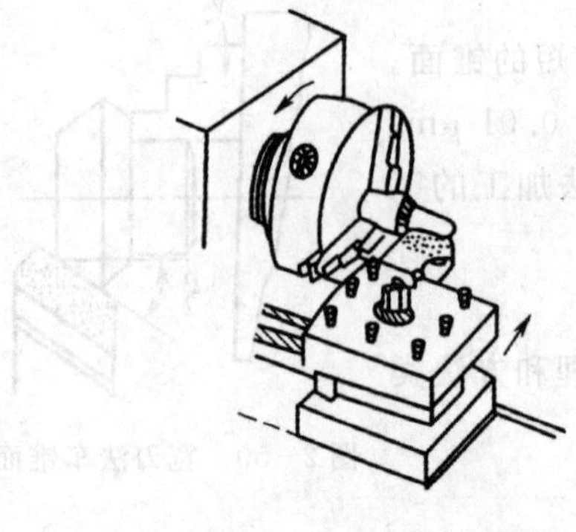

图 2-52　用成形刀车成形面

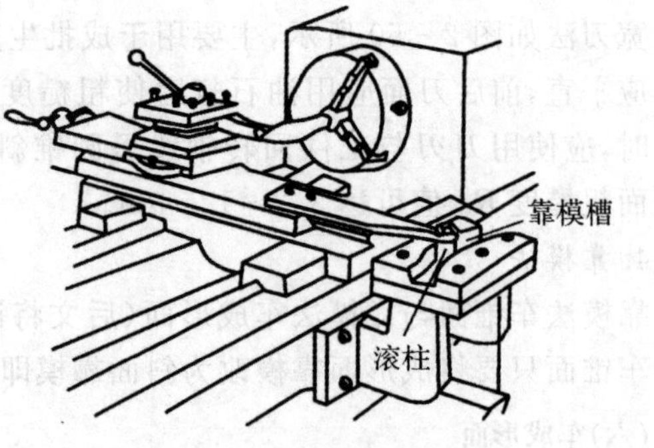

图 2-53　靠模法车成形面

(七)车螺纹

螺纹的应用很广，按牙型分类有三角螺纹、方牙螺纹和梯形螺纹等(见图 2-54)。三角螺纹作连接和紧固之用，方牙螺纹和梯形螺纹作传动之用。各种螺纹又有右旋、左旋及单线、多线之分。其中以单线右旋的普通螺纹(即公制三角螺纹)应用最广。

1. 螺纹的基本要素

如图 2-55 所示相配的内外螺纹，除旋向与线数需一致外，螺纹的配合质量主要取决于牙型角 α、螺距 P 和中径 $D_2(d_2)$ 三个基本要素的精度。

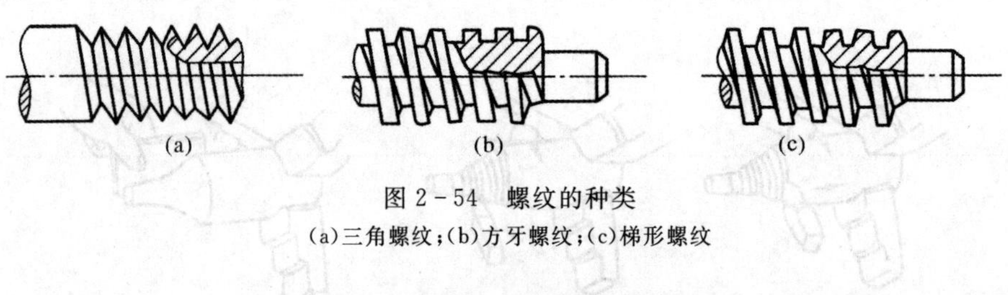

图 2-54　螺纹的种类

(a)三角螺纹；(b)方牙螺纹；(c)梯形螺纹

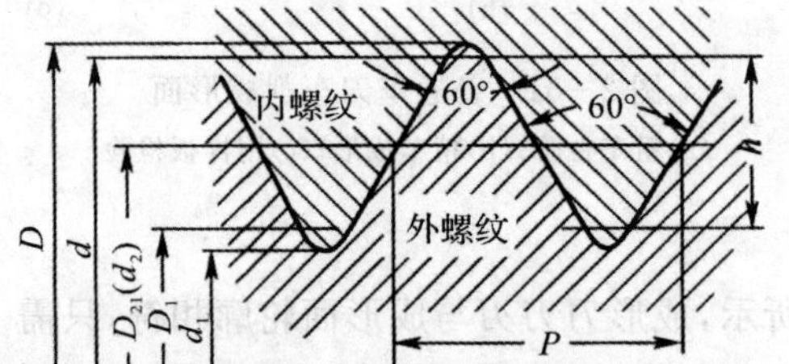

图 2-55　普通螺纹的基本要素

D,d— 螺纹大径；D_1,d_1— 下螺纹小径；D_2,d_2— 螺纹中径

(1)牙型角 α 是螺纹轴向剖面上相邻两牙侧之间的夹角。普通螺纹的牙型角 $\alpha=60°$。

(2)中径 $D_2(d_2)$ 是一个假想圆柱的直径，该圆柱的母线通过螺纹牙厚与槽宽相等的地方。

(3)螺距 P 是相邻两牙在中径线上对应两点之间的轴向距离。

螺纹加工必须保证上述三个基本要素的精度。

2. 螺纹的车削加工

(1)牙型角的大小取决于车刀的刃磨和安装。车刀刃磨的要求如图 2-56 所示，两侧刃的夹角应等于螺纹轴向剖面的牙型角 α，且应前角 $\gamma_0=0°$。

螺纹车刀安装时，刀尖必须与工件旋转中心等高；刀尖角的平分线必须与工件轴线垂直。因此，要用对刀样板对刀(见图2-57)。

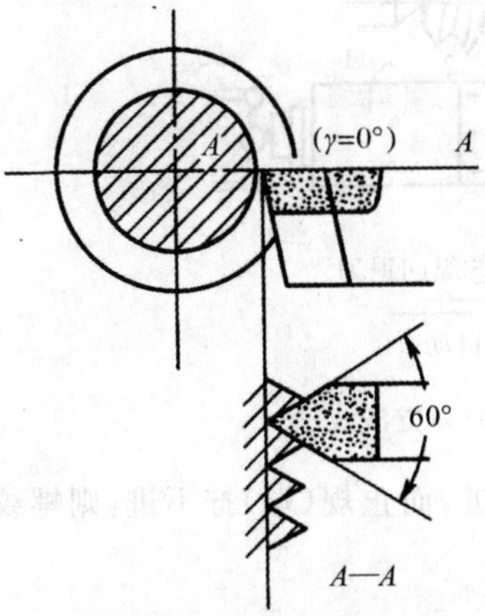

图2-56　普通螺纹车刀的刃磨角度

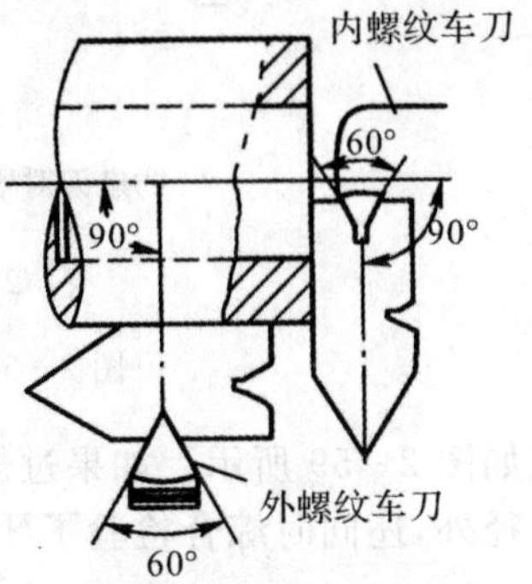

图2-57　内外螺纹车刀的对刀方法

(2)螺距P的保证。保证螺距的基本方法为：在工件旋转一周时，车刀准确移动一个螺距。也就是要保证以下等式成立，即

$$n_{丝}\ P_{丝} = n_x P$$

即丝杠与工件之间的速比为

$$i = n_{丝}/n_x = P/P_{丝}$$

式中，$n_{丝}$与n_x分别为丝杠和工件的转速(r/min)；$P_{丝}$与P分别为丝杠和工件的螺距(mm)。

上述关系是通过更换“配换齿轮”和调整进给箱手柄而得到的。车削各种螺距的螺纹，进给箱手柄所需放置及所需配换齿轮的齿数均标注在车床的标牌上，按此查阅和调整即可。

车削右螺纹时，车刀自右向左移动；车削左螺纹，车刀需自左向右移动。因此，车床进给系统应有一个反向机构，反向机构由几个齿轮所组成，当它改变啮合状态时，实际上是在传动链中增加或减少一个齿轮，从而使后面的传动件均自行反向。由于反向机构本身速比为1:1，故不影响工件与丝杠之间的速比，也就是说，并不影响螺距大小。

车螺纹需经多次纵向走刀才能完成。在多次切削中，必须保证车刀总是落在已切的螺纹槽中，否则就“毛扣”，工件即报废。如果车床丝杠的螺距是工件螺距P的整数倍，即$P_{丝}/P=$整数，则每次切削之后，可打开“对开螺母”纵向摇回刀架，而不会乱扣；如果即$P_{丝}/P\neq$整数，则不能打开“对开螺母”摇回刀架，只能打反车(即主轴反转)使刀架纵向退回。

车螺纹时为了避免乱扣，还应注意以下几点：

1)中拖板和小刀架与导轨之间不宜过松，否则，应调整镶条。

2)不论在卡盘上还是顶尖上，工件与主轴之间的相对位置不能变动。

3)在车削过程中如果换刀或磨刀，均应重新对刀。对刀方法如图2-58所示。先闭合对开螺母，使车刀处于位置1；开车将刀架向前移一段距离，使车刀处于位置2，以消除丝杠与螺母之间的间隙；再摇动小刀架和中拖板使车刀落入原来的螺纹槽中，车刀处于位置3；最后将车刀移至螺纹右端相距数毫米处，以便继续切削。

(3)中径$d_2(D_2)$的保证。螺纹中径是靠控制多次进刀的总切深量来保证的。一般根据螺纹牙高$n=0.54P$由刻度盘大致控制，并用螺纹量规进行检验。

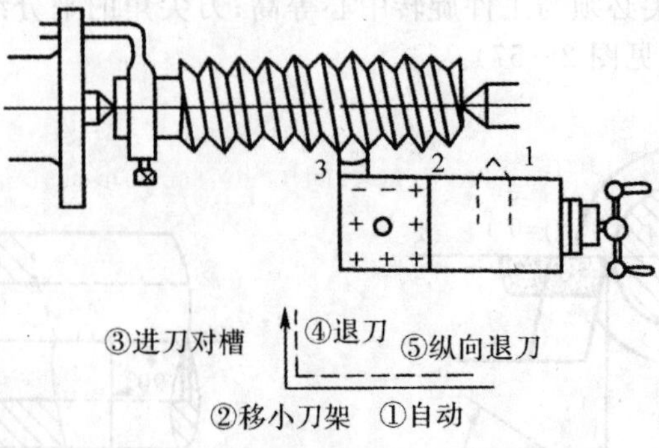

图 2-58 换刀后的对刀方法

螺纹量规如图 2-59 所示。如果过规(端)能拧进,而止规(端)拧不进,则螺纹合格。这种方法除检验中径外,还同时综合检验了牙型和螺距。

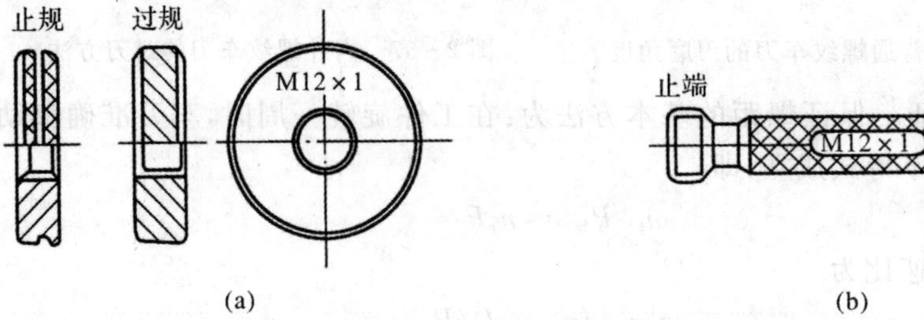

图 2-59 螺纹量规

(a)测外螺纹的环规;(b)测内螺纹的塞规

3.螺纹的车削方法与步骤

以外螺纹车削为例,如图 2-60 所示。内螺纹镗削的方法步骤与外螺纹车削类似,但需先镗出螺纹小径 D_1,再镗内螺纹。

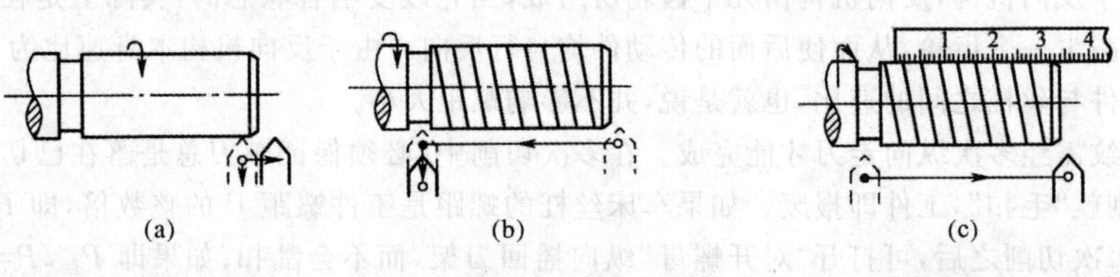

图 2-60 外螺纹的车削方法与步骤

(a)开车,使车刀与工件轻微接触,记下刻度盘读数,向右退出车刀;

(b)合上对开螺母,在工件表面上车出一道螺旋线,横向退出车刀、停车;

(c)开反车使车刀退到工件右端,停车,用钢尺检查螺距是否正确;

(d)利用刻度盘调整切深,开车切削,车钢料时加冷却润滑液;

(e)车刀将到行程终了时应做刀退刀停车准备,再快速退出车刀,再反退回刀架;

(f)再次横向进刀,继续切削,其切削过程的路线如图所示

(八)滚花

工具和零件的手握部分,为了美观和加大摩擦力,常在表面上滚压出花纹。例如,螺纹量规和活顶尖的手握外圆部分都进行滚花。

滚花是在车床上用滚花刀挤压工件,使其表面产生塑性变形而形成花纹的(见图 2-61)。滚花刀安装在方刀架上。滚花时,工件低速旋转,滚花轮径向挤压后,再做纵向进给。为避免破坏滚花刀和防止细屑滞塞在滚花刀内而产生乱纹,应充分供给冷却润滑液。

滚花花纹有直纹和网纹两种,每种又分为粗纹、中纹和细纹。滚花刀如图 2-62 所示,单轮滚花刀是滚直纹的;双轮滚花刀是滚网纹的,两轮分别为左旋斜纹与右旋斜纹;六轮滚花刀是由三对粗细不等的斜纹轮组成,以备选用。

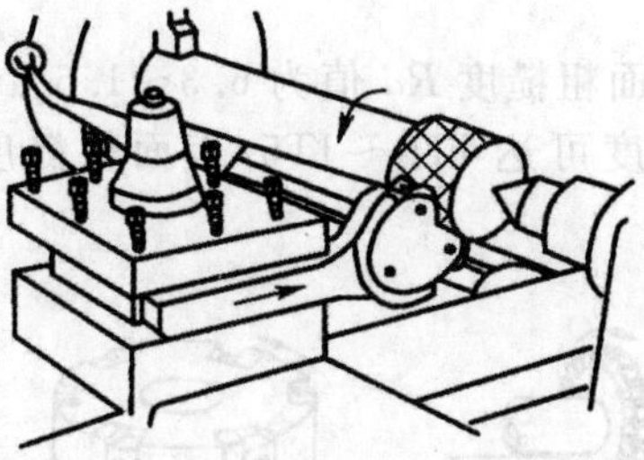

图 2-61　滚花

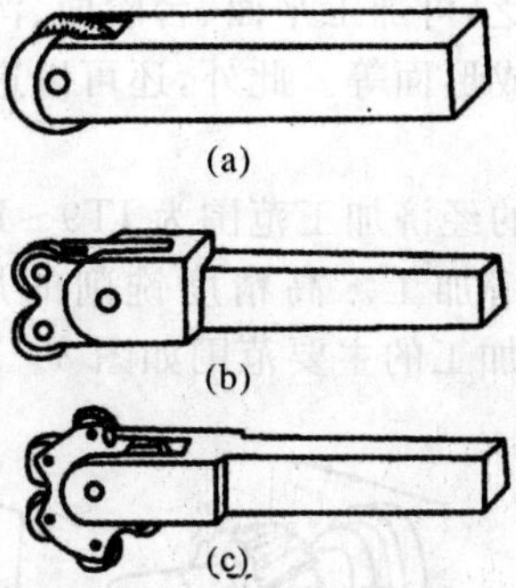

图 2-62　滚花刀的种类

(a)单轮滚花刀;(b)双轮滚花刀;(c)六轮滚花刀

第三章 铣削加工

铣削加工是在铣床上利用铣刀的旋转和工件的移动(转动)来加工工件的方法。铣削加工的范围非常广泛,可加工平面、台阶面、沟槽(包括键槽、直角槽、角度槽、燕尾槽、T 形槽、圆弧槽、螺旋槽)和成形面等。此外,还可以进行孔加工(钻孔、扩孔、铰孔、镗孔)和分度工作(铣花键、齿轮等)。

一般铣削的经济加工范围为 IT9～IT7,表面粗糙度 Ra 值为 6.3～1.6 μm。铣削一般属于粗加工或半精加工。高精度铣削的加工精度可达 IT6～IT5,表面粗糙度 Ra 的值可达 0.2 μm。铣削加工的主要范围如图 3-1 所示。

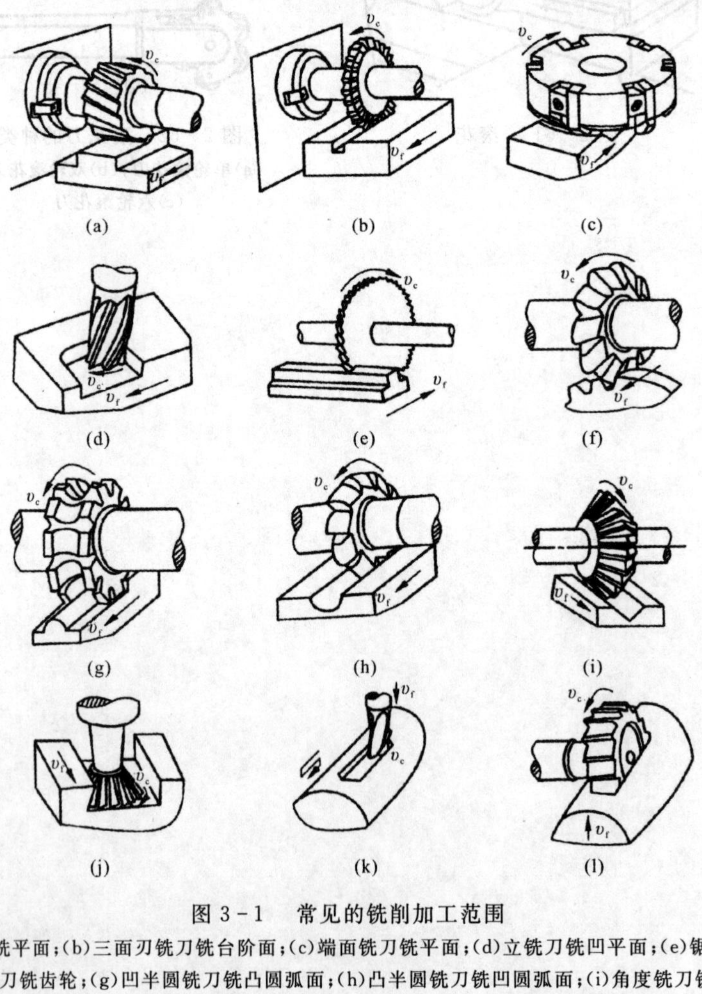

图 3-1 常见的铣削加工范围

(a)圆柱铣刀铣平面;(b)三面刃铣刀铣台阶面;(c)端面铣刀铣平面;(d)立铣刀铣凹平面;(e)锯片铣刀切断;(f)齿轮铣刀铣齿轮;(g)凹半圆铣刀铣凸圆弧面;(h)凸半圆铣刀铣凹圆弧面;(i)角度铣刀铣 V 形槽;(j)燕尾槽铣刀铣燕尾槽;(k)键槽铣刀铣键槽;(l)半圆键槽铣刀铣半圆键槽

铣削加工具有以下特点：

(1)由于铣削的主要运动是铣刀旋转，铣刀又是多齿刀具，故铣削的生产效率高，刀具的耐用度高。

(2)铣床及其附件的通用性广，铣刀的种类很多，铣削的工艺灵活，因此铣削的加工范围较广。

总之，无论是单件小批量生产，还是成批大量生产，铣削都是非常适用、经济、多样的加工方法。它在切削加工中得到了较为广泛的应用。

第一节　铣削加工的基础知识

一、铣削要素和切削层要素

1. 铣削要素

铣削要素是指铣削速度、进给量、铣削宽度和铣削深度等 4 个。

(1)铣削速度 v 是指铣刀最大直径处切削刃的圆周速度，是铣削的主运动，有

$$v = \pi Dn/1\,000\ (\mathrm{m/min})$$

式中，D ——铣刀直径(mm)；

n ——铣刀转速(r/min)。

在实际生产中，一般是根据刀具的材料和耐用度在切削手册中找出切削速度，然后用公式求出主轴转速。

(2)进给量。单位时间内工件对刀具移动的距离叫作进给量。进给量可分为铣刀每转进给量 f、铣刀每齿进给量 a_f 和每分钟进给量 v_f 三种。若铣刀每分钟的转数为 n，铣刀的齿数为 Z，则与进给量三者的关系为

$$v_f = fn = a_f Zn$$

式中，v_f——每分钟进给量(mm/min)；

f ——每转进给量(mm/r)；

a_f——每齿进给量(mm/齿)。

(3)铣削深度(a_p)指待加工表面与已加工表面的垂直距离。

(4)铣削宽度(a_e)指既垂直于铣削深度，又垂直于进给方向测量出被铣削金属层的尺寸。

2. 切削层几何要素

所谓切削层是指工件上相邻两刀齿的切削表面之间所夹的一层金属。确定切削层断面的几何形状的要素有以下几种：

(1)切削厚度(a_0)。它是相邻两刀齿切削表面之间的垂直距离，用 a_0 表示，单位为 mm。铣削中切削厚度 a_0 是在不断变化的，这是铣削的一个特点。

(2)切削宽度(b_0)。它是沿铣刀主切削刃长度上的切削层尺寸，也是主切削刃的工作长度，单位为 mm。用直齿圆柱铣刀切下的切削宽度是不变的。

(3)切削面积(A)。铣刀每一个刀齿的切削面积等于该刀齿的切削厚度和切削宽度的乘积，即 $A_c = b_0 a_0$。铣刀的总切削面积等于同时工作刀齿的切削面积总和。

由此可见，平均切削面积 A_{cav}，与铣削用量中的 a_f，a_p，a_e 及铣刀齿数 Z 成正比，而与铣刀

直径 d_0 成反比。

二、铣削用量的选择

合理的铣削用量也是由各方面因素决定的。选择时不仅要考虑工件的加工要求以及刀具、夹具和工件材料等因素，还要考虑切削速度、进给量、铣削深度三者之间的相互影响。把选出的铣削用量再通过"实践、认识、再实践、再认识"多次循环才能得出合理的铣削用量。下面就分析一下铣削用量选择的原则。

一般铣削用量选择的原则有三种：

(1)粗铣时，为了提高生产效率，减少进给次数，在保证铣刀有一定的耐用度，并且铣床、夹具、刀具系统刚性足够的条件下，一般这样选：首先选用大的切削深度 a_p，再选较大的进给量 v_f，然后选适当的铣削速度 v。铣削宽度 a_e 一般等于工件宽度。

(2)精铣工件时，因为工件表面质量要求较高，所以选法与粗铣不同。首先选用较大的铣削速度 v，再选较小的进给量 v_f，然后选用适当小的铣削深度 a_p。，铣削宽度 a_e 仍等于工件宽度。

(3)高速铣削就是利用硬质合金铣刀在很高的主轴转速下，也就是用高的铣削速度，利用铣削中产生的高温(600～800℃)使工件加工表面软化，且能充分发挥刀具性能的一种高效率加工方法。这种方法在条件许可下铣削速度可达 60～300 m/min。其他用量的选择要比一般铣削用量高 1 倍，铣削宽度 a_e 仍等于工件宽度。

三、铣削方式

铣削时，按铣削旋转方向和工件进给方向的异同可分为顺铣和逆铣。

1. 顺铣和逆铣

铣刀与工件接触处铣刀旋转方向与工件的进给方向相同的为顺铣，反之为逆铣。如图 3-2所示。

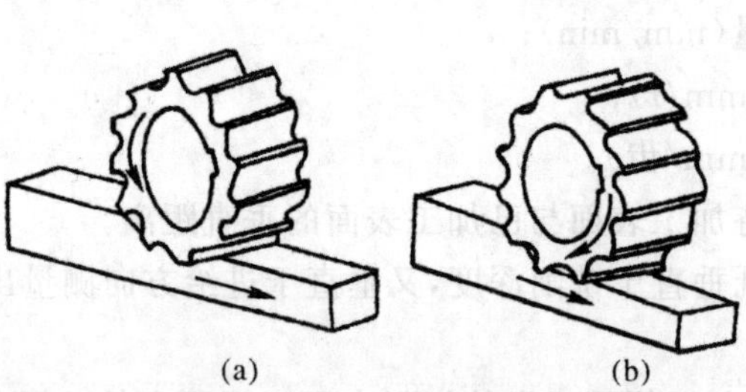

图 3-2 顺铣和逆铣

(a)顺铣；(b)逆铣

2. 两种铣削方式的比较

顺铣时，铣削力与工件进给方向相同。由于铣刀旋转速度远远大于工件进给速度，铣刀刀齿会把工件连同工作台向前拉动，造成进给不匀，铣刀被工件冲击甚至损坏。逆铣与此相反，工件不会被拉向前，进给平稳。因此，通常多用逆铣。但顺铣也有优点，例如刀齿切入工件比较容易，铣刀寿命较长，工件不会因为铣削力的作用被向上抬起等。如能设法消除工作台丝杠、螺母之间的间隙，特别是在精铣时，也用顺铣。综上所述，逆铣和顺铣各有利弊，但逆铣时工作台不会在铣削力的作用下窜动,不会崩刃,不会损坏机床,所以一般在没有丝杆螺母间隙调整机构下采用逆铣居多。精加工和薄板加工时铣削力小,可采用顺铣。

四、铣工操作的安全技术

(1)工作时应穿好工作服,女生应戴安全帽,严防衣角、带子和头发卷进机床。

(2)工作时,头不能过分靠近铣削部位,防止铁屑飞入眼内或烫伤皮肤。必要时,应戴防护眼镜。

(3)在铣削过程中,不准用手抚摸或测量工件,不准用手清除铁屑。停车后,不准用手制动铣刀旋转。

(4)装卸工件、调整部件时必须停车。

(5)工作时,不准戴手套。

(6)不准拆卸机床电器设备,发生电器故障时,应请电工解决。

第二节　铣　床

铣床的工作范围很广,生产效率较高,是机械加工机床的重要组成部分。利用不同的铣刀可以加工出各种形式的平面、成形面和各种形式的沟槽等。

一、铣床的分类

铣床的类型很多,具有完整的机床系统。按工作台是否升降铣床分为升降台式铣床和固定台式铣床。前者使用灵活,通用性强,适用于加工复杂的小型零件;后者结构刚性好,适用于大型工件的加工。按运动特点,铣床可分为卧式铣床和立式铣床。铣床的传动方式与车床基本相似,都是由滑动齿轮、离合器等来改变速度,所不同的是主轴转动和工作台移动的传动系统是分开的,分别由单独的电动机驱动。铣床的种类很多,常用的有以下 4 种:

(1)升降台式铣床。它的主要特点是有沿床身垂直导轨运动的升降台,工作台可随着升降台做上下(垂直)运动,工作台本身在升降台上面又可做纵向和横向运动,适宜于加工中小型零件。这类铣床按主轴位置可分为卧式和立式两种。

(2)卧式铣床。其主要特征是主轴与工作台台面平行,成水平位置。铣削时,铣刀和刀轴安装在主轴上,绕主轴轴心线做旋转运动,工件和夹具装夹在工做台上做进给运动。

(3)立式铣床。其主要特征是主轴与工作台台面垂直,主轴呈垂直状态。立式铣床安装主轴的部分称为立铣头。立铣头与床身结合处呈转盘状,并有刻度。立铣头可按工作需要左右扳转一定角度。

(4)龙门铣床。龙门铣床属于大型铣床。铣削动力机构安装在龙门导轨上,可做横向和升降运动。工作台安装在固定床身上,只能做纵向移动,适宜加工大型工件。

二、X6132 型卧式铣床

X6132 型铣床是一种应用广泛的卧式万能升降台铣床,它具有转速高、功率大、刚性好及操作方便等特点,适用于单件小批量生产。

X6132 型铣床如图 3-3 所示,其主要部件的作用简略介绍如下:

(1)床身。床身是机床的主体,是用来安装和连接机床其他部件的,其刚性、强度和精度对铣削效率和加工质量影响很大。

(2)横梁。横梁安装在床身的顶部,可沿顶部导轨横向移动。横梁上装有挂架,其主要作用是支持刀轴的外端,以增加刀轴的刚性。

(3)主轴。主轴是前端带锥孔的空心轴,锥孔的锥度一般是 7∶24,铣刀刀轴就安装在锥孔中。主轴是铣床的主要部件,要求旋转时平稳、无跳动和刚性好。

(4)主轴变速机构。主轴变速机构该机构安装在床身内,其作用是将主电机的额定转速通过齿轮,变换成 18 种不同转速传递给主轴,以适应铣削的需要。

(5)纵向工作台。纵向工作台用来安装夹具和工件,并带动工件做纵向移动,工作台上有三条 T 形槽,用来安放 T 形螺钉以固定夹具或工件。

(6)横向工作台。横向工作台在纵向工作台下面,用于带动纵向工作台横向运动。万能铣床的横向工作台与纵向工作台之间设有回转盘,可供纵向工作台在±45°范围内扳转所需要的角度。

(7)升降台。升降台安装在床身前侧的垂直导轨上,中部有丝杠与底座螺母相连。升降台主要用来支撑工作台,并带动工作台上下移动。工作台及进给系统中的电动机、变速机构、操纵机构等都安装在升降台上,因此,升降台的刚性和精度要求很高,否则在铣削过程中会产生很大的振动,影响工件的加工质量。

(8)进给变速机构。该机构安装在升降台内,其作用是将进给电动机的额定转速通过齿轮变速,变换成 18 种转速传递给进给机构,实现工作台移动的各种不同速度,以适应铣削的需要。

(9)底座。底座是整部机床的支撑部件,具有足够的刚性和强度。升降丝杠的螺母也安装在底座上,其内腔盛装切削液。

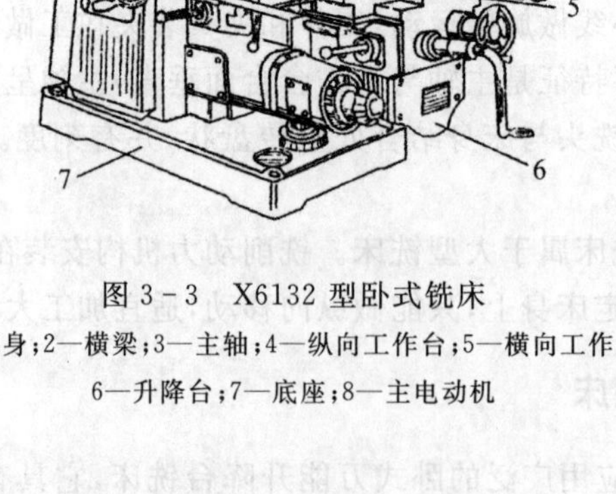

图 3-3　X6132 型卧式铣床

1—床身;2—横梁;3—主轴;4—纵向工作台;5—横向工作台;6—升降台;7—底座;8—主电动机

三、立式铣床

立式铣床的主轴与工作台面垂直。立式铣床上安装主轴的部分称为立铣头。按立铣头与床身的连接关系，立式铣床分为整体式和回转式两种。整体式立式铣床的立铣头与床身连成一体，铣床的刚性好，可采用较大的切削用量，但加工范围小。回转式立式铣床的立铣头主轴与工作台面在垂直平面内可做±45°调整，可加工各种斜面、椭圆孔等，使用方便灵活，加工范围广。

第三节 铣 刀

铣刀是一种多刃刀具，可用来加工各种平面、沟槽、斜面和成形面。常用铣刀的形状如图3-4所示。在铣削时，铣刀每个刀刃不像车刀和钻头那样连续地进行切削，而是每转中只参加一次切削，其余大部分时间处于停歇状态，因此有利于散热。加之铣刀在切削过程中是多刃进行切削，故生产效率高。

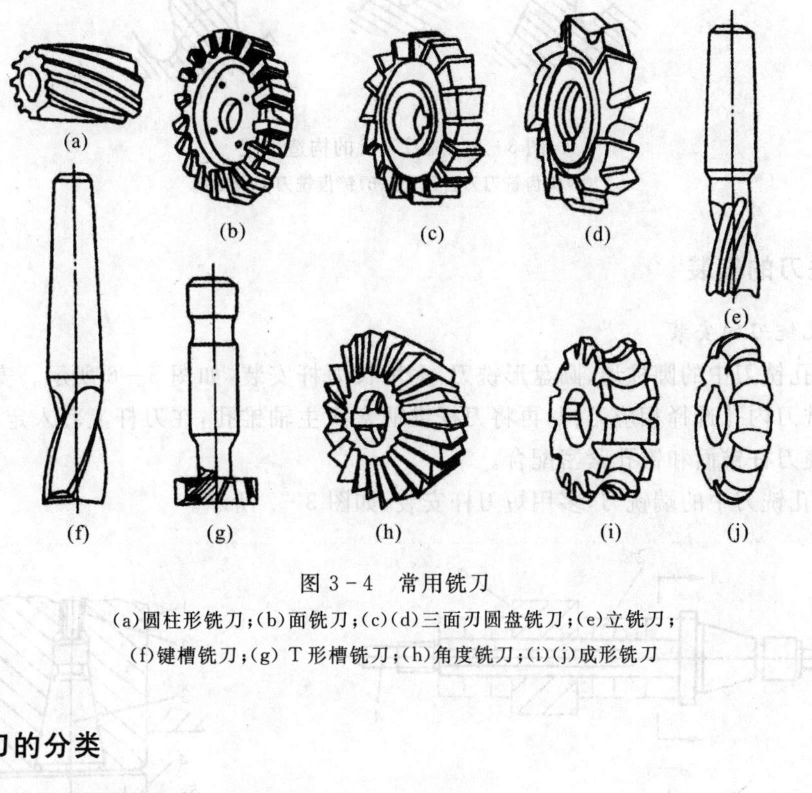

图 3-4 常用铣刀

(a)圆柱形铣刀；(b)面铣刀；(c)(d)三面刃圆盘铣刀；(e)立铣刀；(f)键槽铣刀；(g) T形槽铣刀；(h)角度铣刀；(i)(j)成形铣刀

一、铣刀的分类

铣刀的种类很多，通常的分类方法有以下3种。

1. 按铣刀切削部分的材料分类

(1)高速钢铣刀。这类铣刀有整体的和镶齿的两种。一般形状比较复杂的铣刀大多用高速钢制造。尺寸较小的铣刀做成整体的，较大的铣刀做成镶齿的。

(2)硬质合金铣刀。这类铣刀大都不是整体的，硬质合金刀片以焊接或机械夹固的方式镶装在铣刀刀体上。

2. 按铣刀的用途分类

(1)加工平面用的铣刀。这类铣刀主要有端铣刀和圆柱铣刀。加工较小的平面也可用立铣刀和三面刃铣刀。

(2)加工沟槽用的铣刀。这类铣刀主要有立铣刀、三面刃铣刀、键槽铣刀、盘形槽铣刀和锯片铣刀等。加工特型槽的有T形槽铣刀、燕尾槽铣刀和角度铣刀等。

(3)加工特型面用的铣刀。这种铣刀是根据特形面的形状而专门设计的成形铣刀，所以又称为特形铣刀。

3. 按铣刀刀齿的构造分类

(1)尖齿铣刀。尖齿铣刀在垂直刀刃的截面上，其齿背的截形是由直线或折线组成的，如图3-5(a)所示，齿背必须在铲齿机上铲出。这类铣刀刃磨后，只要前角不变，齿形也不变。

(2)铲齿铣刀。这种铣刀在刀齿截面上，其齿背的截形是一条阿基米德螺旋线，如图3-5(b)所示，齿背必须在铲齿机上铲出。这类铣刀刃磨后，只要前角不变，齿形也不变。

图3-5 铣刀刀齿的构造形式

(a)尖齿铣刀刀齿截面；(b)铲齿铣刀刀齿截面

二、铣刀的安装

1. 带孔铣刀的安装

(1)带孔铣刀中的圆柱形、圆盘形铣刀，多用长刀杆安装，如图3-6所示。安装带孔铣刀时应先按铣刀内孔选择相应刀杆，再将刀杆锥柄塞入主轴锥孔，在刀杆上套入定位套和铣刀，收紧拉杆使刀杆锥面和锥孔紧密配合。

(2)带孔铣刀中的端铣刀，多用短刀杆安装，如图3-7所示。

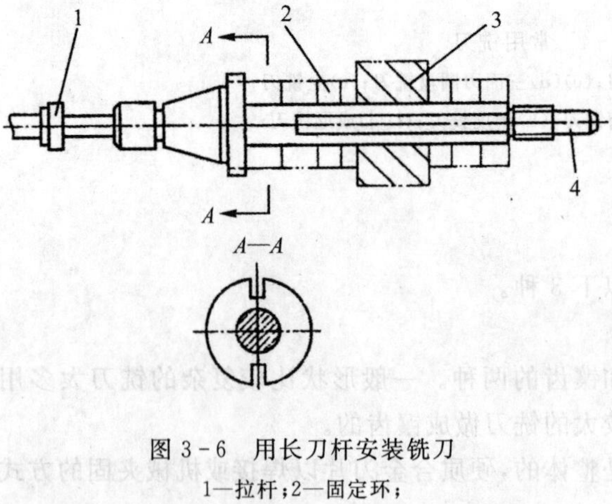

图3-6 用长刀杆安装铣刀

1—拉杆；2—固定环；

3—圆柱铣刀；4—轴颈

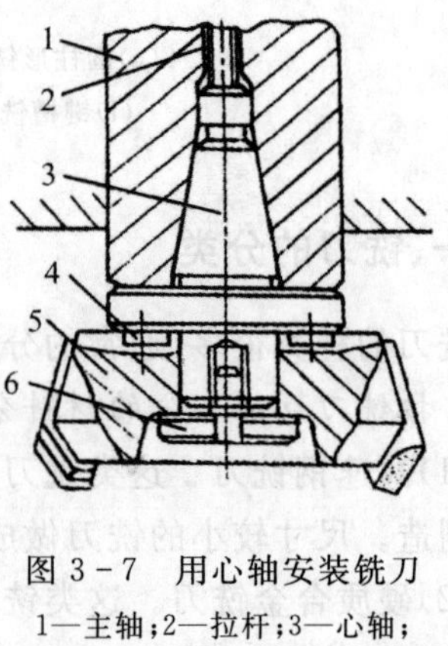

图3-7 用心轴安装铣刀

1—主轴；2—拉杆；3—心轴；

4—传动键；5—铣刀；6—螺钉柱铣刀

2. 带柄铣刀的安装

立铣刀、键槽铣刀和T形槽铣刀都是带柄铣刀。按柄部结构的不同可分为直柄铣刀和锥柄铣刀，其安装方法如下：

(1)直柄立铣刀的安装。这类铣刀多为小直径铣刀，一般不超过 20 mm，多用弹簧夹头进行安装，如图 3-8 所示。

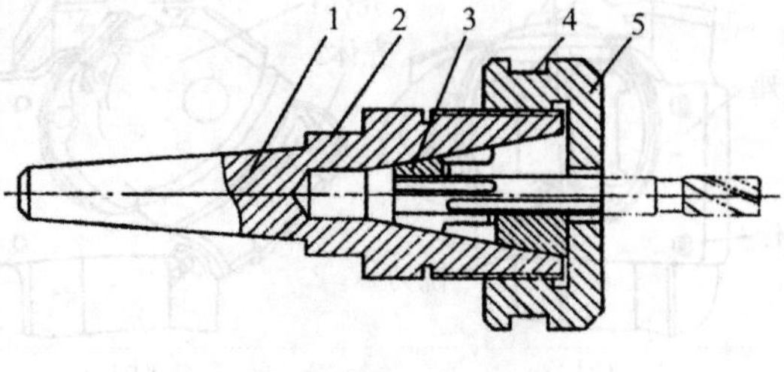

图 3-8 用弹簧夹头安装直柄铣刀

1—锥柄；2—铣扁；3—弹簧夹头；4—六方；5—螺母

(2)锥柄立铣刀的安装。当锥柄铣刀柄部锥度与铣床主轴锥孔锥度相同时，可直接安装在主轴锥孔内，如图 3-9(a)所示。当柄部锥度与铣床主轴锥孔锥度不同时，可用过渡套安装，如图 3-9(b)所示。安装锥柄铣刀时应用螺杆拉紧。

三、铣刀在安装中应注意的问题

(1)安装前要把刀杆、固定环和铣刀擦拭干净，防止污物影响刀具安装精度。装卸铣刀时，不能随意敲打；安装固定环时，不能互相撞击。

(2)在不影响加工的情况下，尽量使铣刀靠近主轴轴承，使吊架尽量靠近铣刀，以提高刀杆的刚度，安装铣刀时，应使铣刀旋转方向与刀齿切削刃方向一致。安装螺旋齿铣刀时，应使铣削时产生的轴向分力指向床身。

(3)铣刀装好后，先把吊架安装好，再紧固螺母，压紧铣刀，防止刀杆弯曲。

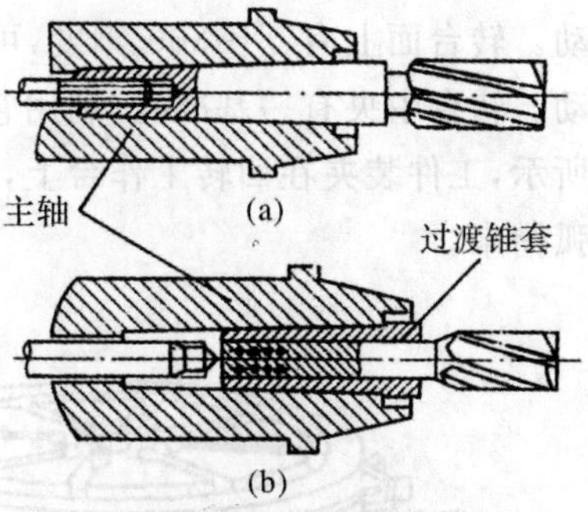

图 3-9 锥柄铣刀的安装

(4)安装铣刀后，缓慢转动主轴，检查铣刀径向跳动量。如果径向跳动量过大，应检查刀杆与主轴、刀杆与铣刀、固定环与铣刀之间结合是否良好，如发现问题，应加以修复。最后，还要检查各紧固螺母是否紧牢。

第四节 铣床附件及工件的安装

铣床的主要附件有平口钳、万能铣头、回转工作台和分度头等。

1. 万能铣头

万能铣头装在卧式铣床上，不仅能完成各种立铣的工作，而且可以根据铣削的需要，将铣头主轴扳转成任意角度。其底座用四个螺栓固定在铣床垂直导轨上，如图 3-10(a)所示。铣床主轴的运动可以通过铣头内的两对齿数相同的锥齿轮传递到铣头主轴，因此铣头主轴的转速级数与铣床的转速级数相同。

如图 3-10(b)所示，铣头的壳体 1 可绕铣床主轴轴线偏转任意角度，铣床主轴的壳体 2

还能在壳体1上偏转任意角度。因此,铣头主轴就能在空间偏转成所需要的任意角度,这样就可以扩大卧式铣床的加工范围。

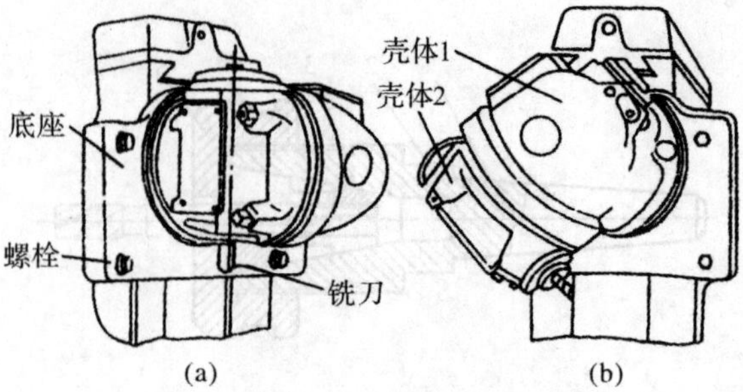

图 3-10　万能铣头

2. 回转工作台

回转工作台又称为转盘或圆工作台,它分为手动进给和机动进给两种,其主要功用是大工件的分度及铣削带圆弧曲线的外表面和有圆弧沟槽的工件。手动回转工作台如图 3-11 所示,它的内部有一套蜗杆、蜗轮和摇动手轮,通过蜗杆轴,就能直接带动与转台相连接的蜗轮传动。转台面上有 0°～360°刻度,可用来观察和确定转台的位置。拧紧固定螺钉,转台就固定不动。转台中央有一基准孔,利用它可以方便地确定工件的回转中心。铣圆弧槽时,如图 3-12 所示,工件装夹在回转工作台上,铣刀旋转,用手均匀缓慢地摇动回转工作台,在工件上铣出圆弧槽来。

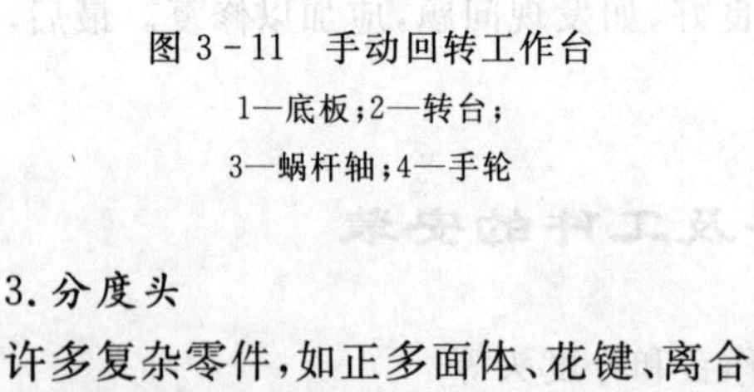

图 3-11　手动回转工作台

1—底板;2—转台;

3—蜗杆轴;4—手轮

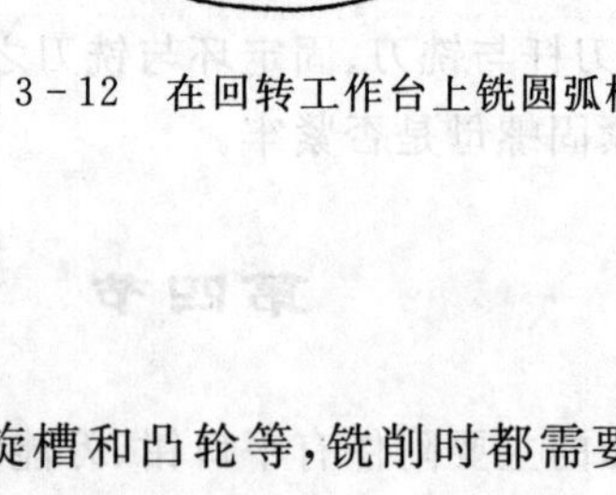

图 3-12　在回转工作台上铣圆弧槽

3. 分度头

许多复杂零件,如正多面体、花键、离合器、齿轮、螺旋槽和凸轮等,铣削时都需要进行分度,分度头就是完成圆周分度工作的铣床附件。

(1)分度头的构造、功用、使用与维护。

1)分度头的构造。常用的万能分度头如图 3-13 所示。主轴 9 是空心的,两端均为锥孔。前锥孔可装入顶尖,后锥孔可装入心轴,以便在差动分度时挂交换齿轮,把主轴的运动传给交换齿轮轴 5,带动分度盘 3 旋转。主轴可随回转体 8 在分度头基座 10 的环形导槽内转动。因此,主轴除安装成水平位置外,还能扳成倾斜位置。扳动前应松开螺母 4,之后再拧紧。

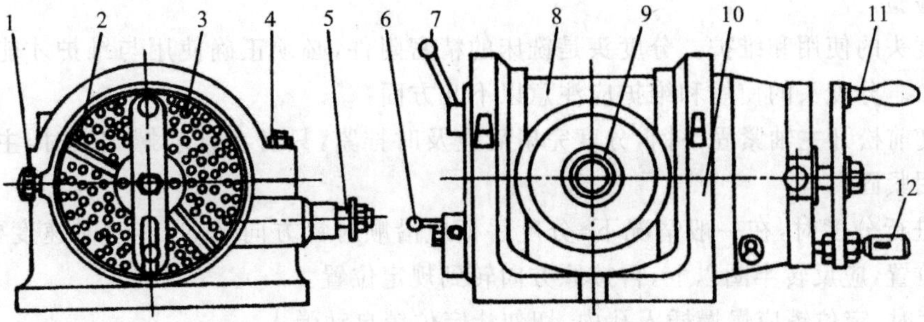

图 3-13 万能分度头外形

1—分度盘紧固螺钉；2—分度叉；3—分度盘；4—螺母；5—交换齿轮轴；6—螺杆脱落手柄；

7—主轴锁紧手柄；8—回转体；9—主轴；10—基座；11—分度手柄；12—定位销

分度时可转动分度手柄 11，通过内部传动使主轴带动工件旋转，实现分度。工件转角大小取决于手柄转过的转数，并由分度盘 3 记数。分度盘 3 上面有很多圆孔圈，各孔圈的孔均匀分布，分度盘上孔圈孔数是：正面 24，25，28，30，34，35，37，39，41，42，43；反面 46，47，49，51，53，54，57，58，59，62，66。转动手柄分度前，应拔出定位销 12，分度完毕再插入预定的孔内，这样可精确地控制手柄的转数或转角大小。

为了弄清手柄和主轴之间的传动关系，必须了解分度头传动系统，如图 3-14 所示。转动手柄时，通过一对传动比为 1 的直齿圆柱齿轮及传动比为 1/40 的蜗杆、蜗轮使主轴旋转。交换齿轮轴可根据需要安装交换齿轮，通过传动比为 1 的螺旋齿轮和空套在分度手柄轴上的分度盘连接。如果定位销插在孔中，还可带动主轴旋转。

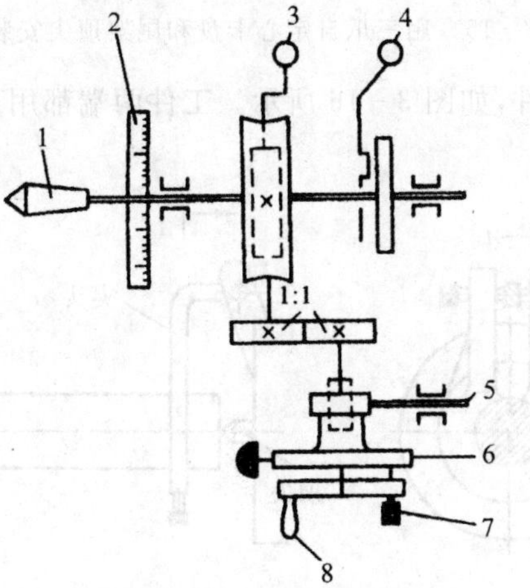

图 3-14 万能分度头传动系统

1—主轴；2—刻度盘；3 —蜗杆脱落手柄；4—主轴锁紧手柄；

5—交换齿轮轴；6—分度盘；7—定位销；8—分度手柄

分度头基座下面固定有两块定位键，可与铣床工作台台面的 T 形槽配合，保证安装精度。

2）分度头的功用。万能分度头可进行任意等分的分度，可以使工件轴线处于水平、垂直或倾斜位置；通过交换齿轮，可以使工件在纵向进给时做连续旋转铣削螺旋面；分度头还可以用于划线或检验。

3)分度头的使用和维护。分度头是铣床的精密附件，必须正确使用与维护才能保证精度并延长寿命。分度头的使用和维护应注意以下几方面：

a. 分度前松开主轴紧固手柄，分度完毕后应及时拧紧，只有在铣削螺旋面时，主轴做连续转动才不用紧固。

b. 当进行分度时，在一般情况下，分度手柄应沿顺时针方向转动，转动时速度要均匀；若过了预定位置，应反转半圈以上，再按原方向转到规定位置。

c. 分度时，定位销应慢慢插入孔内，切勿让定位销自动弹入。

d. 安装分度头时不得随意敲打，要经常保持其清洁并做好润滑工作，存放时应将外露的加工表面涂防锈油。

在分度头上装夹工件的方法有以下两种：

a. 用三爪自定心卡盘和尾架顶尖装夹工件，如图 3-15 所示，三爪自定心卡盘安装在主轴定心锥面上，并由螺钉紧固。工件一端由卡盘夹紧，另一端由尾架顶尖支承。这种装夹方法刚度好，但定心精度不太高。对于装夹较长的工件，还可以用千斤顶撑住，以增加刚度。

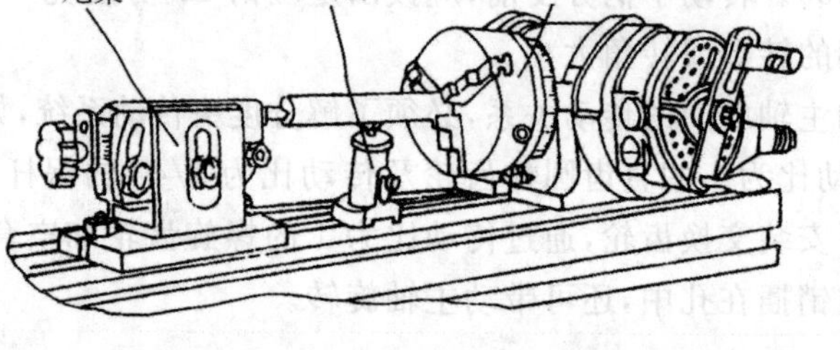

图 3-15 用三爪自定心卡盘和尾架顶尖安装工件

b. 用前、后顶尖装夹工件，如图 3-16 所示。工件两端都用顶尖支撑，定心精度高，但刚性较差。

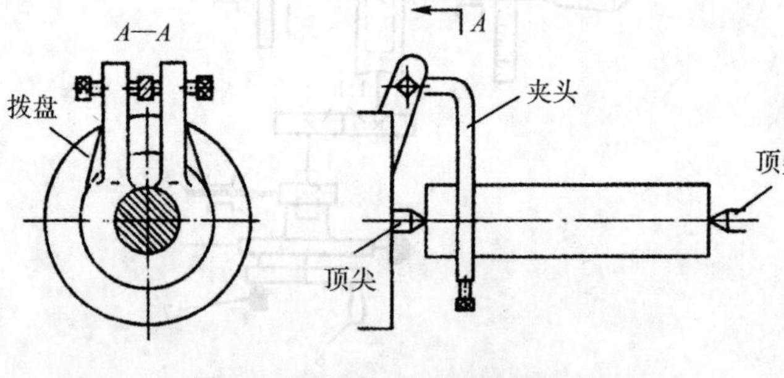

图 3-16 用前、后顶尖安装工件

(2)简单分度法。简单分度法是常用的一种分度方法。分度时，把分度盘固定，转动手柄，使主轴带动工件转过要求的角度。由分度头传动系统图可知，分度手柄与主轴转速有以下传动关系：

$$1 : 40 = 1/z : n$$

$$n = 40/z$$

式中，n ——分度手柄转数(r)；

z ——工件圆周等分数；

40 ——分度头传动比(又称定数)。

进行简单分度可按上式算出手柄转数。

(3)工件的装夹。铣削加工时必须把工件放在铣床上，使其定位并夹紧，即进行工件的正确安装。加之采用不同的铣床附件和铣刀的组合，铣削可以完成多种表面、多种形状的工件加工。工件装夹方法主要有以下几种：

1)用附件装夹。

a.用机床和平口虎钳装夹工件，如图 3-17(a)所示。先在毛坯上划线，划出加工表面的轮廓及位置，将划针固定在铣床主轴上，使工作台移动来确定工件的位置，如小型板块类、盘套类、轴类和支架类工件，可用平口钳装夹。

b.用压板和螺栓装夹工件，如图 3-17(b)所示，要借助垫铁和工作台的 T 形槽、V 形铁，主要用于加工轴类零件。

c.用分度头装夹工件，如图 3-17(c)(d)所示。分度头多用于装夹有分度要求的工件。它既可用分度头卡盘(或顶尖)、尾座顶尖来装夹轴类零件，也可以只用分度头卡盘直接装夹工件。

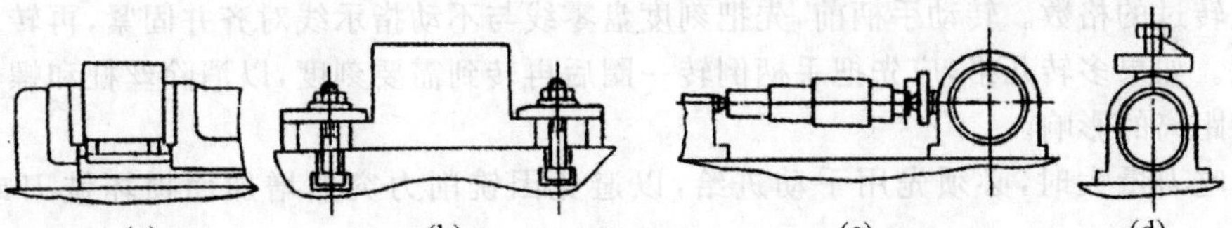

图 3-17　工件在铣床上的常用装夹方法

d.用回转工作台装夹。带有圆弧状的工件，可以在回转工作台上进行加工。如图 3-12 所示。工件装夹在回转工作台上，可利用回转工作台上的定位轴、定位孔和三爪卡盘定位安装工件。

2)用专用夹具装夹，为了保证零件的加工质量，常用各种专用夹具装夹工件。专用夹具就是根据工件的几何形状及加工方式特别设计的工艺装备。它不仅可以保证加工质量，提高劳动生产率，减轻劳动强度，而且可以使许多通用机床加工形状复杂的工件。

3)用组合夹具装夹。由于工业的迅速发展，产品种类不断增加，结构形式变化很快，产品多属于中、小批量和试制生产。这种情况要求夹具既能适应工件的变化，又要保证加工质量，还要尽量缩短生产准备时间。

组合夹具是由一套预先准备好的各种不同形状、不同规格尺寸的标准元件所组成的，可以根据工件形状和工序要求，装配成各种夹具。在每个夹具用完以后，便可拆开，并经清洗、油封后存放起来，需要时再重新组装成其他夹具。这种方法给生产带来极大的方便。

第五节　铣削方法

一、铣削平面

平面是工件加工面中最常见的，铣削在平面加工中具有较高的加工质量和效率，是平面的主要加工方法之一。按照工件平面的位置可分为水平面(简称“平面”)、垂直面、平行面、斜面和台阶面。常选用圆柱铣刀、三面刃铣刀和端铣刀在卧式铣床或立式铣床上铣削。

(一)用圆柱铣刀铣削平面

加工前,首先认真阅读零件图样,了解工件的材料、铣削加工要求,并检查毛坯尺寸,然后确定铣削步骤。铣平面的步骤如下:

(1)选择和安装铣刀。铣削平面时,多选用螺旋齿圆柱高速钢铣刀。铣刀宽度应大于工件宽度。根据铣刀内孔直径选择适当的长刀杆,把铣刀安装好。

(2)装夹工件。工件可以在普通平口台虎钳上或工作台面上直接装夹,铣削圆柱体上的平面时,还可以用V形铁装夹。

(3)合理地选择铣削用量。

(4)调整工作台纵向自动停止挡铁,把工作台前面T形槽内的两块挡铁固定在与工作行程起止相应的位置,可实现工作台自动停止进给。

(5)开始铣削。铣削平面时,应根据工件加工要求和余量大小分成粗铣和精铣两个阶段进行。

铣削平面时,应注意以下几方面的问题:

1)正确使用刻度盘。先搞清楚刻度盘每转一格工作台进给的距离,再根据要求的移动距离计算应转过的格数。转动手柄前,先把刻度盘零线与不动指示线对齐并固紧,再转动手柄至需要刻度。如果多转几格,应先把手柄倒转一圈后再转到需要刻度,以消除丝杠和螺母配合间隙对移动距离的影响。

2)当吃刀量大时,必须先用手动进给,以避免因铣削力突然增加而损坏铣刀或使工件松动。

3)铣削进行中途不能停止工作台进给。因为铣削时,铣削力将铣刀杆向上抬起,停止进给后,铣削力很快消失,刀杆弯曲变形恢复,工件会被铣刀切出一格凹痕。当铣削途中必须停止进给时,应先将工作台下降,使工件脱离铣刀后,再停止进给。

4)进给结束,工作台快速返回时,先要降下工作台,防止铣刀返回时划伤已加工的表面。

5)铣削时,根据需要决定是否使用冷却润滑液。

用圆柱铣刀铣削平面在生产效率、加工表面粗糙度以及运用高速铣削等方面都不如用端铣刀铣削平面。因此,在实际生产中广泛采用端铣刀铣削平面。

(二)用端铣刀铣削平面

用端铣刀铣削平面可以在卧式铣床上进行,铣削出的平面与工作台台面垂直,常用压板将工件直接压紧在工作台上,如图3-18所示。当铣削尺寸小的工件时,也可以用台虎钳。在立式铣床上用端铣刀铣削平面,铣出的平面与工作台台面平行,工件多用台虎钳装夹,如图3-19所示。

图3-18　在卧式铣床上铣削平面

为了避免接刀,铣刀外径应比工件被加工面宽度大一些。铣削时,铣刀轴线应垂直于工作台进给方向,否则加工就会出现凹面,因此,应将卧式万能铣床的回转台扳到零位,将立式铣床的立铣头(可转动的)扳到零位。当对加工精度要求较高时,还应精确调整,调整方向如图3－20所示。将百分表用磁力架固定在立铣头主轴上,上升工作台使百分表测量头压在工作台台面上,记下指示读数,用手扳动主轴使百分表转过180°,如果指示读数不变,立铣头主轴中心线即与工作台进给方向垂直。在卧式铣床上的调整与此类似。

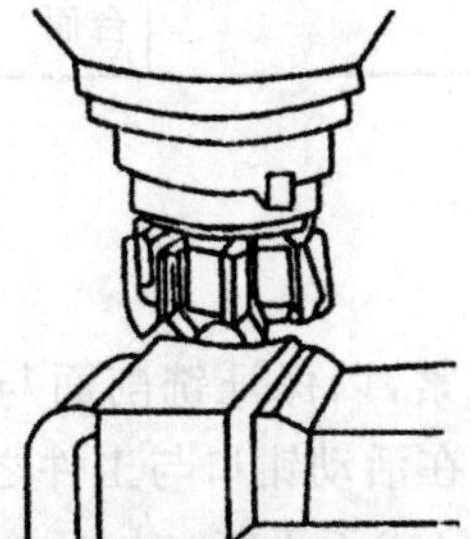

图3－19　在立式铣床上铣削平面

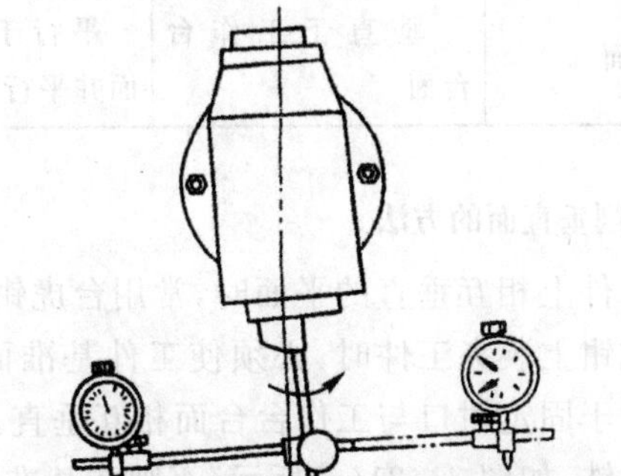

图3－20　用百分表精确调整零位

(三)铣削平面时出现废品的原因

铣削平面时产生废品的原因和防治方法见表3－1。

表3－1　铣削平面时产生废品的原因和防治方法

产品种类	产生废品的原因	防治方法
表面出粗糙度不好	进给量太大	减少每齿进给量
	振动量太大	减少铣削用量及调整工作台的楔铁,使工作台无松动现象
	表面有深刻现象	中途不能停止进给,若已出现深啃现象,而工件还有余量,可再切一次,消除深啃现象
	铣刀不锋利	刃磨铣刀
	进给量不均匀	手转时要均匀或改用机动进给
	铣刀摆差太大	减少每转进给量或重磨、重装铣刀
尺寸与图样要求不符合	刻度盘没有对准,或没有将进给丝杠螺母间隙消除	应仔细转动手柄,使刻度盘对准,若转错刻度盘而工件还有余量,可重新对准刻度,再铣至规定尺寸
	工件松动	将工件夹牢固
	测量不准确	正确地测量

二、铣削垂直面和平行面

铣削垂直面和平行面时,最重要的是使工件的基准平面处在工作台正确的位置上,见

表3－2。

表3－2　铣削垂直面和平行面的方法

类　别	立式铣床加工		卧式铣床加工	
	圆周铣削	端铣削	圆周铣削	端铣削
平行面	平行于工作台台面	垂直于工作台台面及主轴	垂直于工作台台面并平行于进给方向	平行于工作台台面
垂直面	垂直于工作台台面	平行于工作台台面并平行于主轴	平行于工作台台面	垂直于工作台台面

(一)铣削垂直面的方法

铣削工件上相互垂直的平面时，常用台虎钳或角铁装夹。

在台虎钳上装夹工件时，必须使工件基准面与固定钳口贴紧，以保证铣削面与基准面垂直。这是由于固定钳口与工作台台面相互垂直。装夹工件时常在活动钳口与工件之间垫一根圆棒或窄平铁，如图3－21(a)所示，否则在基准面的对面为毛面(或不平行)时，便会出现如图3－21(b)(c)所示的情况，将影响加工面的垂直度。

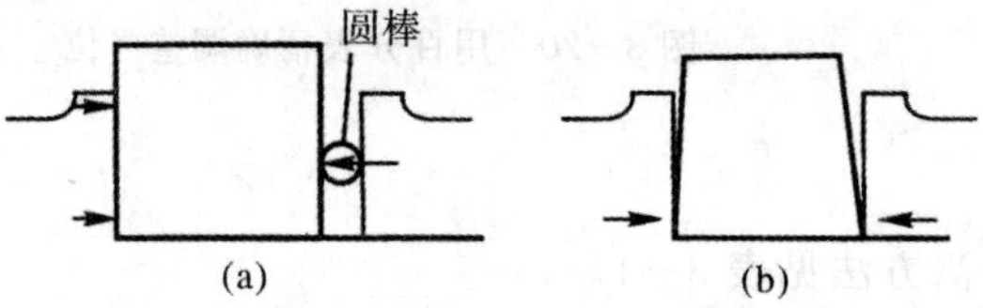

图3－21　工件在台虎钳上的安装

(二)铣削平行面的方法

平行面可以在卧式铣床上用圆柱铣刀铣削，也可在立式铣床上用端铣刀铣削。铣削时应使工件的基准面与工作台台面平行或直接贴合，其装夹方法如下：

(1)利用平行垫铁装夹。在工件基准面下垫平行垫铁，垫铁应与台虎钳导轨顶面贴紧，如图3－22所示。装夹时，如发现垫铁有松动现象，可用铜锤轻轻敲击，直到无松动为止。如果工件厚度较大，可将基准面直接放在台虎钳导轨顶面上。

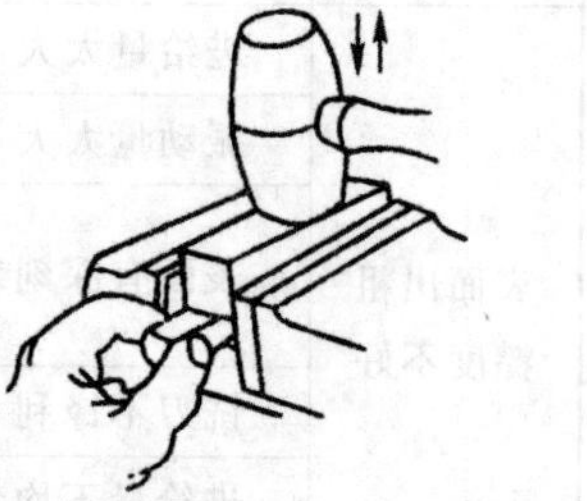

图2－22　用平行垫铁安装工件

(2)利用划线盘和百分表校正基准面。如图3－23所示的方法适合加工长度稍大于钳口长度的工件。校正时，先把划线调整到距工件基准面只有很小间隙的位置，然后移动划线盘，检查基准面四角与划针间的空隙是否一致，若间隙不均匀，则可用铜锤轻轻敲击间隙较大的部位，直到四角间隙均匀为止。对于平行度要求很高的工件，应用百分表校正基准面。

在卧式铣床上用端铣刀铣平行面如图3－24所示，首先在工作台中间的T形槽装好定位键，再将工件基准面与定位键的侧面靠齐，并用压板将工件压紧。如果不用定位键，则必须用划线盘或百分表对基准面进行校正，以保证它与工作台进给方向平行。

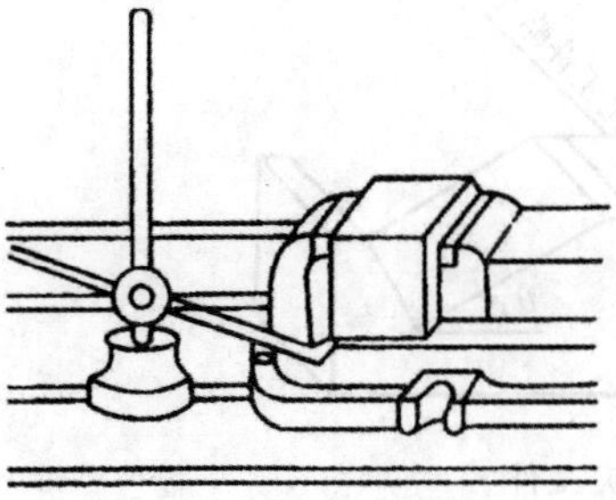

图 3-23　用划线盘校正工件基准面

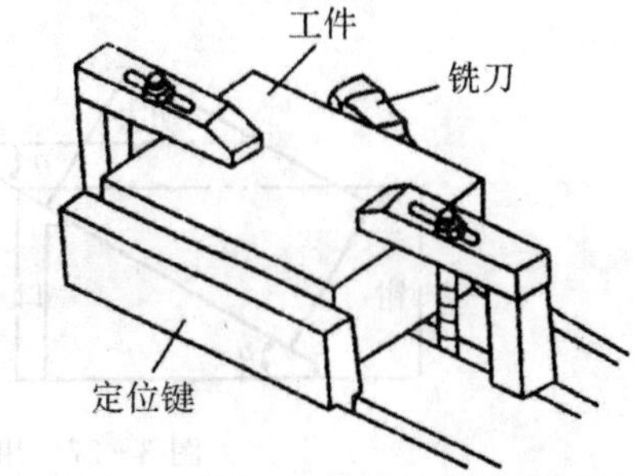

图 3-24　在卧式铣床上用端铣刀铣削平行面

三、铣削斜面和台阶

(一)铣削斜面

所谓斜面,是指工件上与基准面倾斜的平面,它与基准面可以相交成任意角度。铣削斜面通常采用转动工件、转动立铣头和用角度铣刀等三种铣削方法。

1. 转动工件铣削法

转动工件铣削法在卧式铣床和立式铣床上都能使用,装夹工件有以下三种方法:

(1)根据划线装夹。铣削前按图样要求在工件表面划出斜面的轮廓线,打好样冲眼,然后把工件装夹在台虎钳或角铁上(钳口或角铁最好与进给方向垂直),用划线盘校正斜面轮廓线,如图 3-25 所示。铣削时先把大部分余量铣削掉,在精铣前应再校正一次,检查工件有无松动。按划线安装工件需用时间较长,宜于单件小批量生产。

(2)在万能台虎钳上装夹。万能台虎钳除可绕垂直轴旋转外,还可绕水平轴转动,转角大小可由刻度读出。装夹工件后,将台虎钳垂直刻度对齐零线,再使其绕水平轴转动要求的角度,如图 3-26 所示。

这种方法简单方便,但由于台虎钳刚度较小,故只适宜于铣削较小的工件。

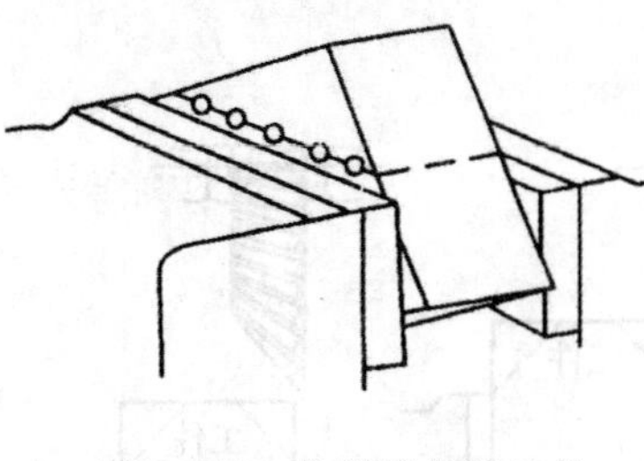

图 3-25　按划线安装工件

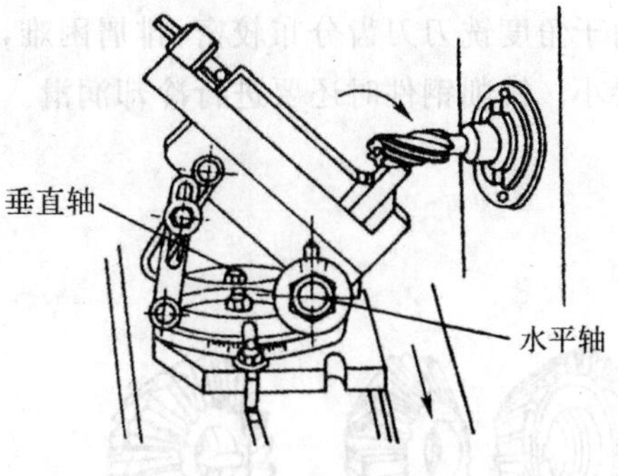

图 3-26　在万能台虎钳上装夹工件

(3)用斜垫铁装夹。这种方法是先将工件放在倾斜角与工件斜面相同的斜垫铁上,再用台虎钳或压板夹紧,便可铣削出符合所要求斜角的斜面,如图 3-27 所示。这种方法简单可靠,多用于小批量生产。

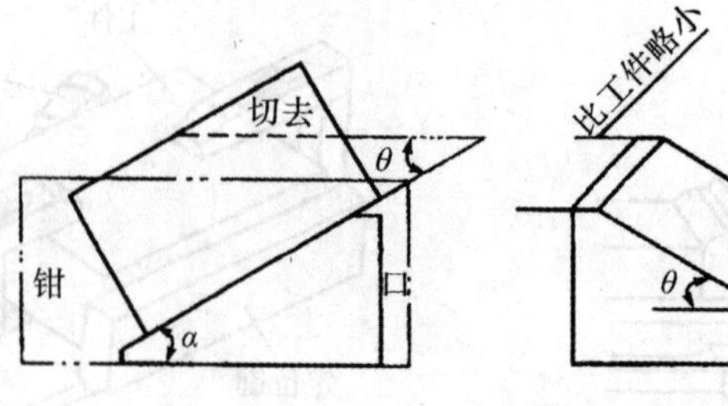

图 3-27　用斜垫铁装夹工件

2.转动立铣头的铣削法

这种铣削法多在立式铣床上进行,如图 3-28 所示为用端铣刀铣斜面的情况。立铣头主轴转动角度应与斜面倾角相同。如图 3-29 所示为用立铣刀圆柱面刀刃铣削斜面的情况。

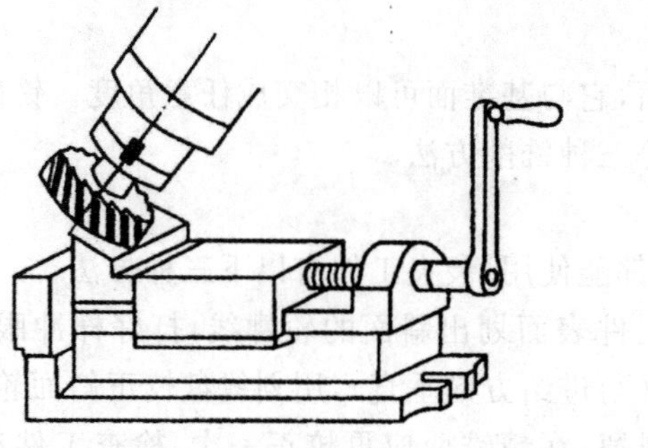

图 3-28　用端铣刀铣削斜

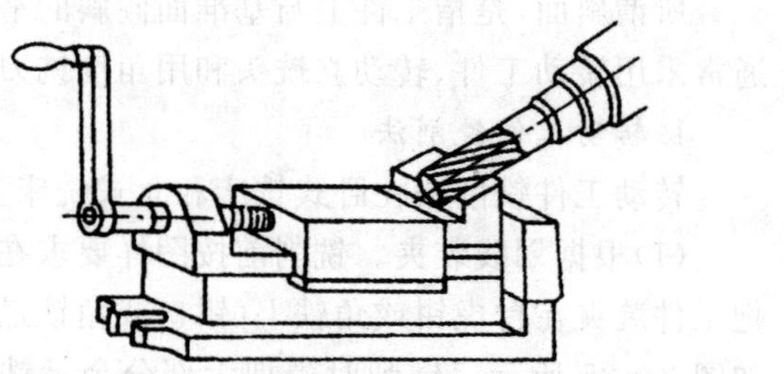

图 3-29　用立铣刀圆柱面刀刃铣削斜面

3.用角度铣刀铣削斜面

这种方法就是选择合适的角度铣刀铣斜面。角度铣刀一般常用高速钢制成,可分为单角铣刀和双角铣刀,如图 3-30 所示。铣削斜面多选用单角铣刀,铣刀刃长度应稍大于斜面宽度,这样就可一次铣出且无接刀痕。因此,角度铣刀常用来铣削窄斜面。

由于角度铣刀刀齿分布较密,排屑困难,故铣削时应选用较小的铣削用量,特别是每齿进给量要小。铣削钢件时还要进行冷却润滑。上升或横向移动工作台可调整吃刀量,如图3-31所示。

图 3-30　角度铣刀

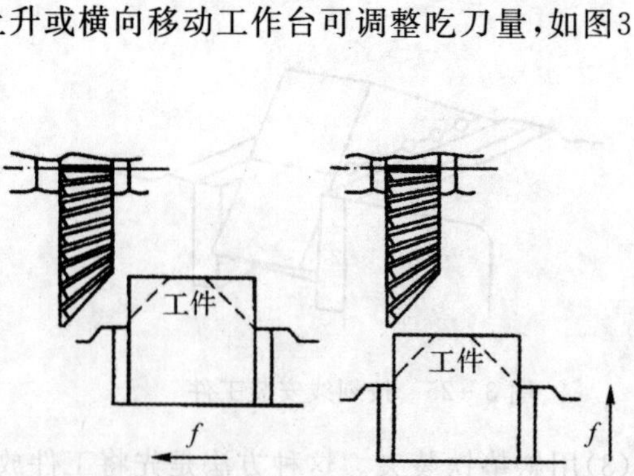

图 3-31　吃刀量的调整

4.铣削斜面时出现废品的原因

铣削斜面时,产生废品的主要原因有表面粗糙、尺寸超差、角度超差等。产生前两种废品的原因及防止方法与铣削平面相同。角度超差的原因有:工件划线不正确或装夹不正确;铣削时工件松动;万能台虎钳或立铣头转角不正确;等等。

(二)铣削台阶

日常生产中,带阶台的工件很多,如T形键、阶梯垫铁、凸块等。阶台由两个相互垂直的平面组成,主要技术要求是阶台的深度、宽度尺寸以及阶台面垂直度。阶台面可用三面刃铣刀或立铣刀铣削。

1.用三面刃铣刀铣削

这种铣削多在卧式铣床上进行,如图3-32所示。选择铣刀时应注意铣刀宽度应大于阶台宽度,铣刀外径应大于固定环外径与阶台深度2倍之和。为缩短铣刀切入和切出的距离,在满足上述条件下,应使铣刀外径尽量小些。

用图3-32所示的组合铣刀铣削如图3-33所示的阶台时,可按下述步骤进行:

(1)开动铣床使铣刀旋转,移动横向工作台,使铣刀断面刀刃刚刚擦到阶台的侧面,记下刻度盘读数。

(2)移动纵向工作台,使工件退离铣刀,再将横向工作台移动距离E(由刻度盘读数),紧固横向工作台。

(3)用试切法调整阶台深度后紧固升降台。

(4)铣削阶台的一侧。

(5)将横向工作台移动距离$B+C$(其中B是铣刀宽度,C是凸台宽度),铣削阶台的另一侧。

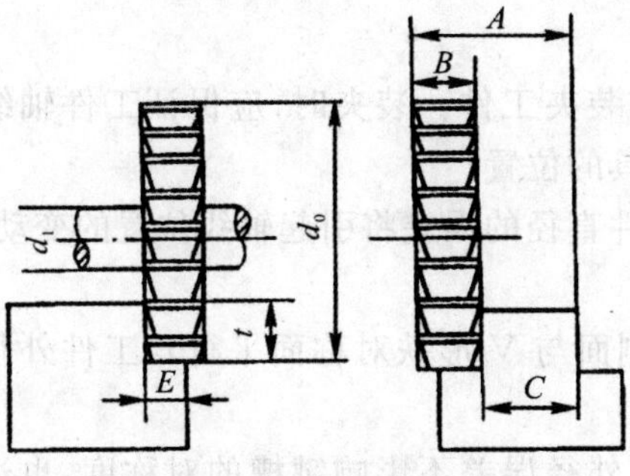

图3-32　用三面刃铣刀铣削阶台

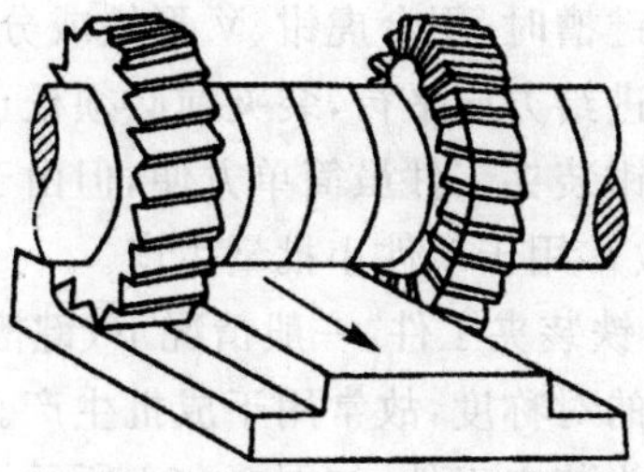

图3-33　用组合铣刀铣台阶

铣削时铣刀因单边刀齿受力,容易向另一边偏斜,出现让刀现象,故加工精度不高。吃刀量较大的阶台或当铣床动力不足时,阶台应从深度方向分几次铣削,以减少让刀现象。此外,也可采用组合铣刀将几个阶台一次铣出。铣削前,应选择外径相同的三面刃铣刀,铣刀间用垫圈按阶台尺寸隔开。夹紧铣刀后用游标卡尺检验两铣刀间的距离,一般应比要求尺寸稍大0.1～0.3 mm,以避免铣刀因端面跳动造成凸台宽度减小。正式铣削前应进行试切,以保证加工精度。

2.用立铣刀铣削台阶

立铣刀铣削和调整方法与用三面刃铣刀铣阶台基本相同。铣削时应注意夹牢铣刀,防止周向铣削分力使铣刀松动。

3. 铣削阶台时出现废品的原因

铣削阶台时，产生废品的原因有阶台不正，直线度、垂直度超差和尺寸超差等。铣削时，夹具安装不准可能造成阶台不正或不直；铣削时的让刀现象会造成阶台垂直度超差；铣刀调整误差会造成阶台尺寸超差。

四、切断与铣削槽

(一)切断

工件的切断方法很多，在铣床上切断是常用的方法之一。其特点是切口质量好，生产效率较高。

在铣床上切断常用锯片铣刀，由于它没有端面刀刃，为了减少铣刀端面与工件切口间的摩擦，铣刀两端面磨有很小的副偏角(15′～50′)。

在选择铣刀时应注意外径和宽度要适当。若铣刀外径选得太大，会增加切入和切出的距离，影响生产率，并且会使铣刀的端面跳动增大；若外径过小又无法切断工件，一般以能够切断工件为宜。铣刀宽度选得过大，会增大切口，浪费材料；过小则铣刀强度减弱，容易损坏。铣刀的宽度一般以 2～3 mm 为宜。

(二)铣削键槽

轴类零件的键槽有敞开式和封闭式两种。敞开式键槽可用三面刃铣刀或键槽铣刀铣削；封闭式键槽只能用立铣刀或键槽铣刀铣削。其主要技术要求是：键槽两侧面与轴线的对称度和平行度，键槽的宽度、长度和深度应符合图样要求，键槽两侧面粗糙度一般应达到 Ra 值为 3.2～1.6 μm。

1. 装夹工件

铣轴上键槽时，用台虎钳、V 形铁或分度头装夹工件。装夹时，应保证工件轴线与工作台面以及纵向进给方向平行，装夹前必须校正夹具的位置。

用台虎钳装夹工件虽简单方便，但由于工件直径的误差将引起轴线位置的变动，影响键槽的对称度，故常用于单件小批量生产。

用 V 形铁装夹工件，一般情况下(键槽两侧面与 V 形铁对称面平行)，工件外径的误差不会影响键槽的对称度，故常用于成批生产。

用分度头装夹工件，如图 3-34 所示，工件外径误差不影响键槽的对称度，也适合于成批铣削对称度要求高的键槽。

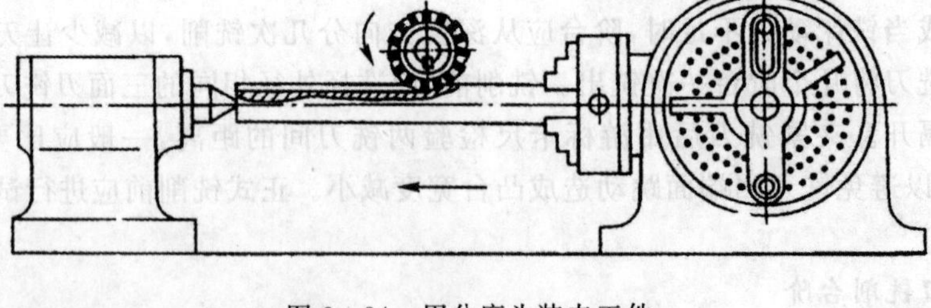

图 3-34　用分度头装夹工件

2. 对中心、调整吃刀量

为保证键槽对称度的要求，除正确选择装夹方法外，还要使工件轴线与铣刀中心对齐。对中心常用下述三种方法：

(1)按刀痕对中心。用三面刃铣刀、立铣刀或键槽铣刀铣削键槽时都可以用这种方法对中心。用三面刃铣刀铣削时，可先凭目测移动工作台，使工件轴线大致对准铣刀宽度中心，再用铣刀圆周刀刃试切，如图 3－35 所示。图中 3－35(a)(b)表示中心没有对准，应当调整工作台，继续试切，使铣出的刀痕如图 3－36(c)中所示的椭圆形为止，并用手摸刀痕 A,B 两边，检查有无台阶，如有台阶，则需根据其深浅进一步调整工作台。按刀痕对中心，一般可控制键槽对称度在 0.1 mm 之内。立铣刀和键槽铣刀，可用端面刀刃进行试切，用立铣刀对刀的刀痕如图 3－36所示的扇形。可控制键槽对称度达 0.05 mm，调整方法也与前述相同。

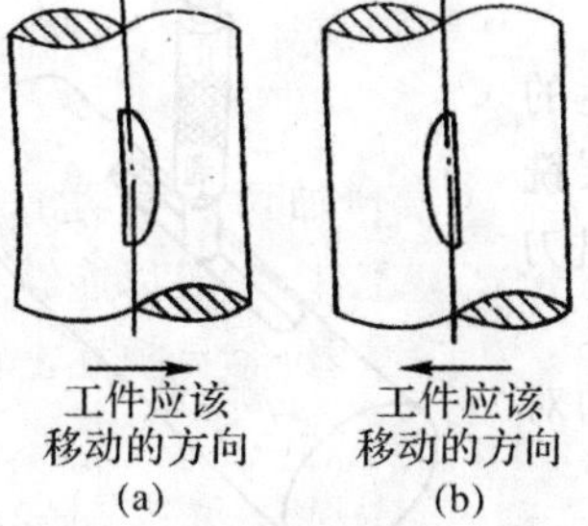

图 3－35　用刀痕对中心图

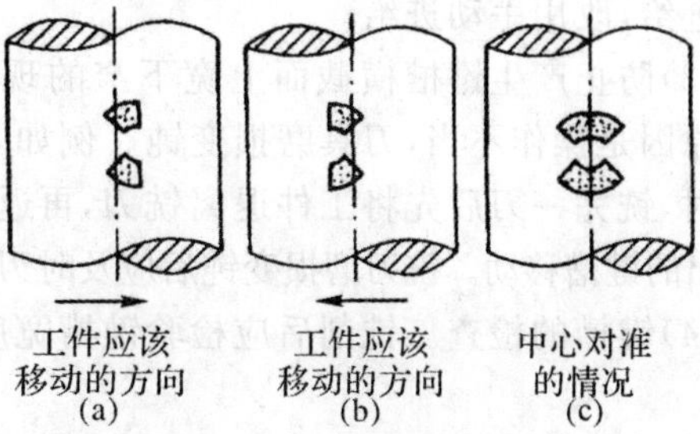

图 3－36　立铣刀刀痕对中心

(2)按工件侧面对中心。当用直径较大的三面刃铣刀或较长的立铣刀铣键槽时，可在工件一侧贴一小块薄纸，然后开动铣床，铣刀旋转，移动横向工作台，使工件靠近铣刀。当刀刃刚擦破薄纸时记下刻度盘读数，降下工作台，再将横向工作台移动距离 A，便会对准中心，如图 3－37所示．距离 A 可按下式计算：

$$A=(D+B)/2 \text{ 或 } A=(D+d)/2$$

式中，D——工件对刀处直径(mm)；

B——三面刃铣刀宽度(mm)；

d——立铣刀、键槽铣刀直径(mm)。

(3)用对刀规对中心。图 3－38 所示为立铣刀用对刃规对中心的情况。

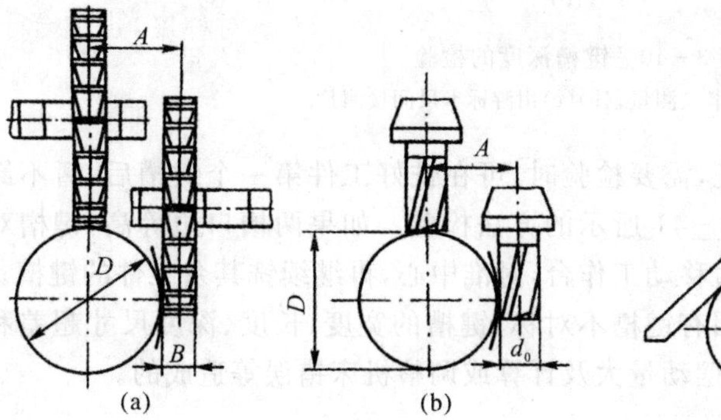

图 3－37　按工件侧面对中心

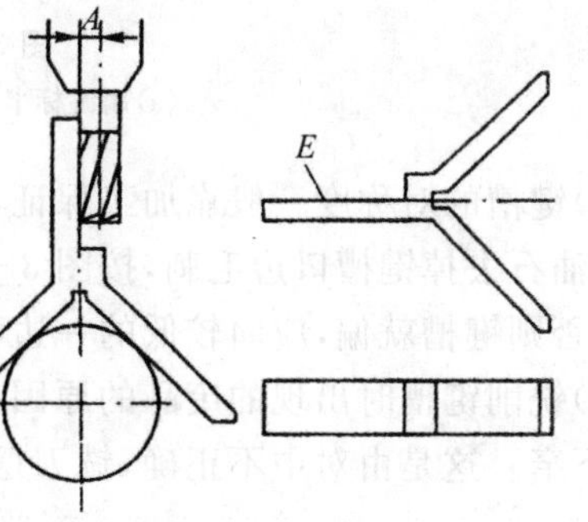

图 3－38　用对刃规对中心

对中心后，即可调整吃刀量。若铣敞开式键槽，可在工件上需铣削键槽的部位贴一块薄纸，调整铣床，在铣刀刚擦破薄纸时退出工件，将工作台上升与键槽深度相等的距离，可一次铣削出键槽。如果需要进行精加工，应在上升的距离中减去精加工余量。铣封闭式键槽，一般先用与铣刀直径相等的钻头在键槽两端钻出与键槽深度相同的小孔，再用立铣刀铣去其余部分。用键槽铣刀铣削时，不需预先钻孔，可以一次切除键槽余量，也可以分几次铣削达到键槽深度。

3. 铣削键槽的注意事项

铣削键槽时应注意以下事项：

(1)先用比键槽宽度略小的铣刀粗铣，切去大部分余量，再用与键槽宽度相同的铣刀精铣。安装铣刀时应注意控制铣刀径向跳动量。如果粗铣、精铣用一把铣刀，铣刀尺寸应略小于键槽宽度，精铣键槽两侧面时，应注意保证两个方向上吃刀量相等，以保证键槽的对称度。

(2)为保证键槽长度准确，应在铣刀接近键槽封闭端时，停止自动进给，改用手动进给。

(3)防止产生键槽横截面上宽下窄的现象。此种现象产生的主要原因是操作不当，刀具磨损变钝。例如，用三面刃铣刀分层铣键槽时，铣完一刀后先将工件退离铣刀，再返回工作台，不应使铣刀沿铣出的键槽移动。铣刀磨损变钝后应及时刃磨，以减少让刀现象。

(4)键槽的检查。铣削后应检验键槽宽度、深度以及键槽的对称度。

1)键槽宽度常用键槽塞规或光滑圆柱塞规检验，如图 3 - 39 所示。

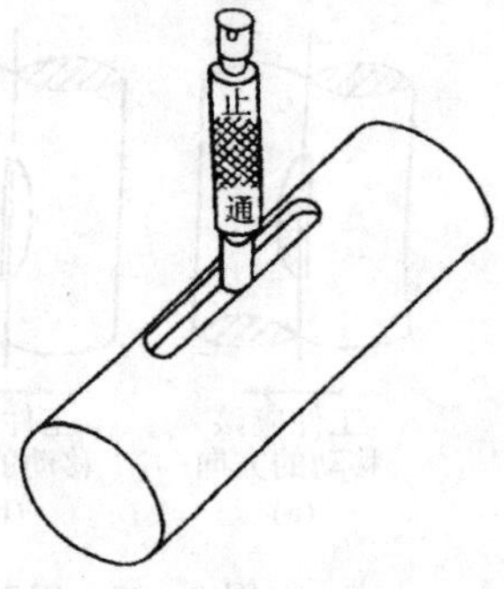

图 3 - 39　键槽宽度的检验

2)敞开式键槽深度常用游标卡尺测量，如图 3 - 40(a)所示。封闭式键槽可用深度卡尺测量，也可用游标卡尺间接测量，如图 3 - 40(b)(c)所示。

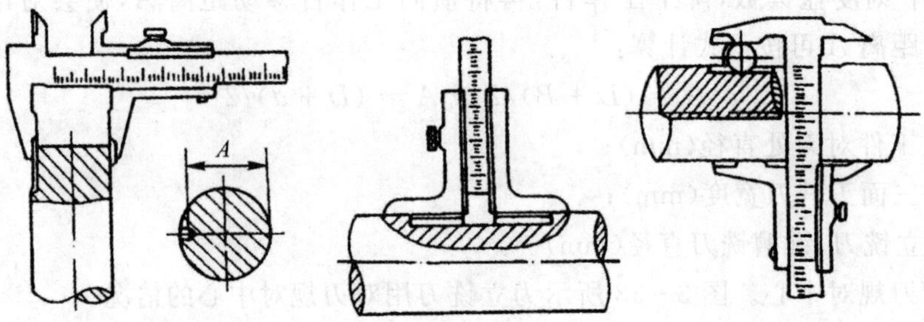

(a)　(b)　(c)

图 3 - 40　键槽深度的检验

(a)用游标卡尺测量；(b)(c)用游标卡尺间接测量

3)键槽的对称度一般靠加工保证，需要检验时，可在铣好工件第一个键槽后，暂不卸下工件，用油石去掉键槽口边毛刺，按图 3 - 41 所示的方法检验。如果两槽口边等高，键槽对称度就好，否则键槽就偏，应向较低的一边移动工作台，对准中心，再继续铣其余工件的键槽。

4)铣削键槽时出现的废品的原因有键槽不对称，键槽的宽度、长度、深度尺寸超差和键槽上宽下窄。这是由对中不正确，铣刀摆动量大及计算或调整机床错误等造成的。

(三)铣削 V 形槽、T 形槽和燕尾槽

1. 铣削 V 形槽

铣削 V 形槽常用双角铣刀在卧式铣床上进行，如图 3 - 42 所示。双角铣刀的角度等于 V 形槽角度，宽度应大于 V 形槽槽口宽度。铣削前先用锯片铣刀在槽的中间铣出窄槽，以防止

损坏铣刀刀尖。铣削深度的调整：可先使铣刀接触窄槽口，再将工件上升距离 H，根据几何关系，H 可由下式算出，即

$$H = [(B-b)/2]\cot(\beta/2)$$

式中，B ——V 形槽槽口宽度(mm)；

b ——窄槽宽度(mm)；

β ——V 形槽角度(°)。

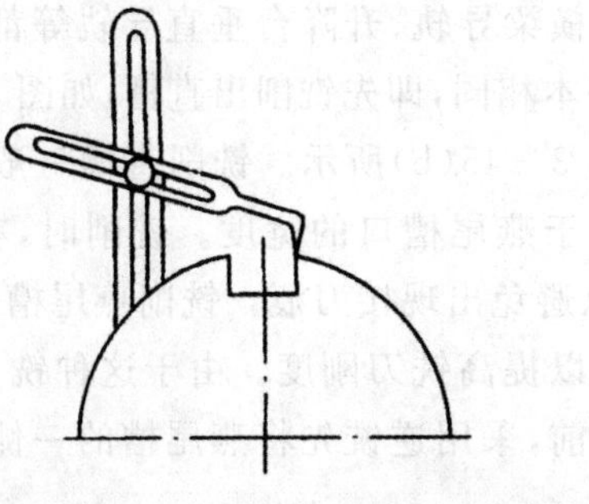

图 3-41　用划针检验键槽的对称度

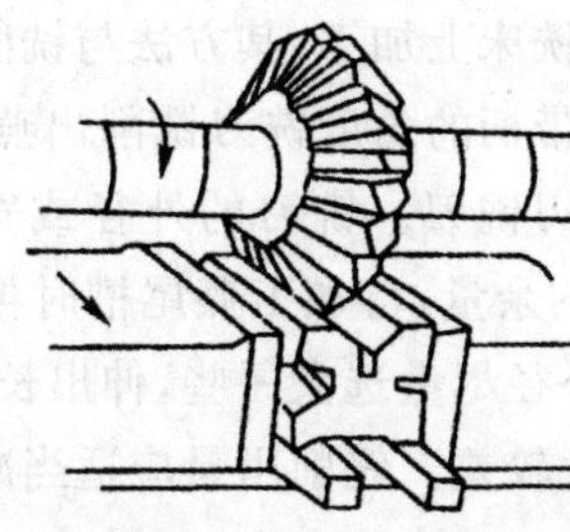

图 3-42　用角度铣刀铣削 V 形槽

V 形槽也可以用单角铣刀铣削，铣完一边后，必须将铣刀或工件卸下来并翻转 180°，再铣另一边。对于尺寸较大(等于或大于 90°)的 V 形槽，也可用立铣刀铣削，如图 3-43 所示。

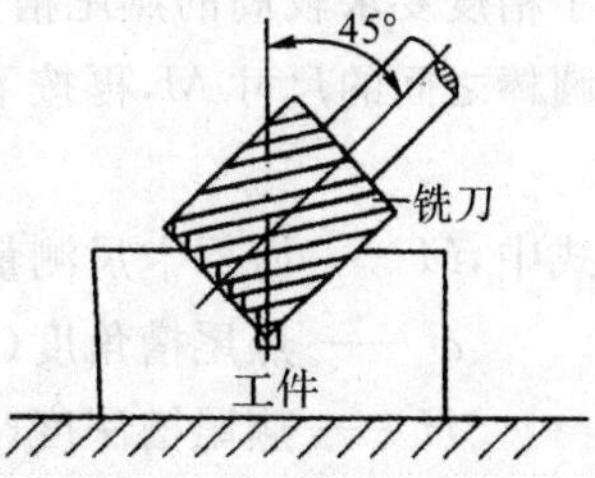

图 3-43　用立铣刀铣 V 形槽

2. 铣削 T 形槽

T 形槽一般是放置紧固螺栓用的。铣削前先按划线找正工件的位置，使 T 形槽与工作台进给方向以及工作台台面平行，夹紧后按以下步骤铣削：

(1)铣削直槽。先铣出宽度与槽口宽度相等、深度与 T 形槽深度相等的直槽，可选用立铣刀或三面刃铣刀，如图 3-44(a)所示。

(2)铣削 T 形槽。把铣刀端面刃调整到与直角槽底接触，然后开始铣削，如图 3-44(b)所示。

(3)槽口倒角。如果 T 形槽槽口处要求倒角，应在铣削后用角度铣刀倒角，如图 3-44(c)所示。

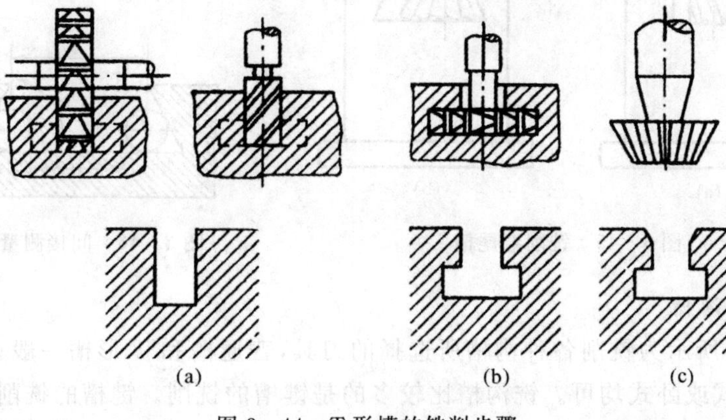

图 3-44　T 形槽的铣削步骤

这种铣削方法能保证直槽与底平槽的对称度，加工精度也较高，但装卸铣刀及调整费时间，适用于单件生产。

铣削时应注意铣削用量不宜过大，防止折断铣刀；及时刃磨铣刀，保持铣刀刃口锋利；铣不通T形槽时，应先加工落刀圆孔，其直径应略大于平槽宽度；经常清除切屑，铣钢件时应进行充分冷却与润滑。

3.铣削燕尾槽

燕尾槽多用作移动件的导轨，如铣床床身顶部横梁导轨、升降台垂直导轨等都是燕尾槽。燕尾槽可以在铣床上加工，其方法与铣削T形槽基本相同，即先铣削出直槽，如图3-45(a)所示。然后再用带柄的角度铣刀铣削出燕尾槽，如图3-45(b)所示。铣削直槽一般用立铣刀，也可以用三面刃铣刀。铣刀的外径或宽度应略小于燕尾槽口的宽度。铣削时，在槽深处留0.5 mm左右的余量，待加工燕尾槽时再铣削掉，以避免出现接刀痕。铣削燕尾槽采用专用角度铣刀，刀柄外径尽量选大一些，伸出长度尽量小，以提高铣刀刚度。由于这种铣刀刀齿分布较密，刀尖强度较差。铣削用量应适当减小。铣削前，采用逆铣先将燕尾槽的一侧铣好，再铣另一侧。

铣削完后，先用游标万能角尺检验燕尾槽的角度，再用游标卡尺检验槽的宽度和深度。对于精度要求较高的燕尾槽，应进行间接测量，如图3-46所示。在槽内放两根标准圆棒，测量圆棒之间的尺寸M，再按下式计算出槽宽度A，即

$$A = M + [1 + \cot(\alpha/2)]d - 2H\cot\alpha$$

式中，M——游标卡尺测量出的尺寸(mm)；

a——燕尾槽角度(°)；

H——燕尾槽深度(mm)；

d——标准圆棒外径(mm)。

对于$\alpha=60°$的燕尾槽，其测量尺寸M可按下式计算，有

$$M = A - 2.732d + 1.55H$$

对于$\alpha=55°$的燕尾槽，其测量尺寸M可按下式计算，有

$$M = A - 2.921d + 1.4H$$

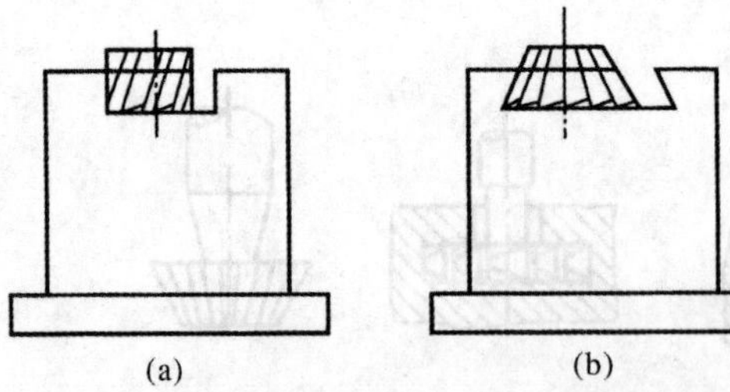

图3-45 铣削燕尾槽

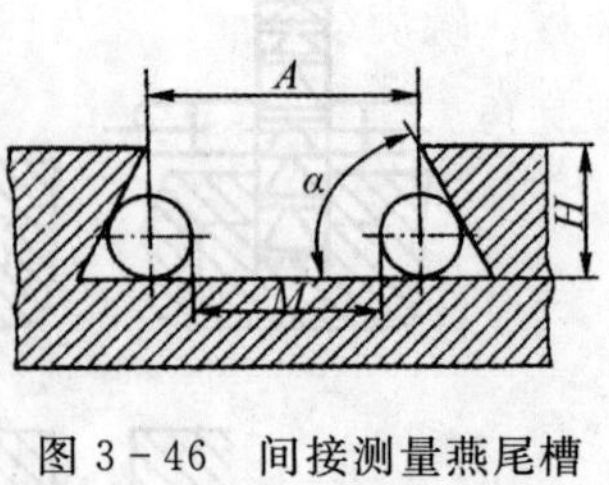

图3-46 间接测量燕尾槽

4.铣削普通沟槽

如图3-47所示为铣削各种沟槽所选择的刀具，普通槽和T形槽一般在立式铣床上铣削，其他槽用立式或卧式均可。铣沟槽比较多的是键槽的铣削。键槽的铣削(尤其是封闭键槽)最好选用键槽铣刀，能够较好地保证产品质量。

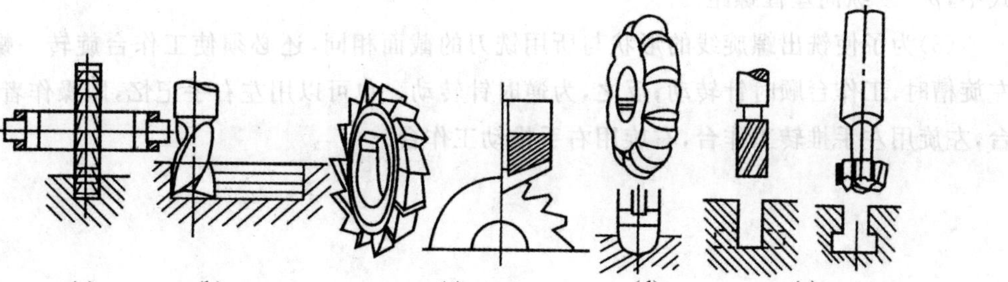

图 3-47　铣削各种形状的沟槽

5. 铣削螺旋槽

圆柱螺旋齿轮、立铣刀、麻花钻头等类零件的螺旋槽，常用铣削来完成。

(1)螺旋槽是由许多螺旋线组成的，螺旋线的形成如图 3-48 所示。

设有一直径为 D 的圆柱体，一张成直角三角形的薄纸片 ABC，其底边 $AC=\pi D$，然后把它绕到圆柱体上。这时，底边 AC 恰好绕圆柱一周；而斜边 AB 在圆柱体上所形成的便是螺旋线。把螺旋线铣成各种螺旋槽形，就是螺旋槽。

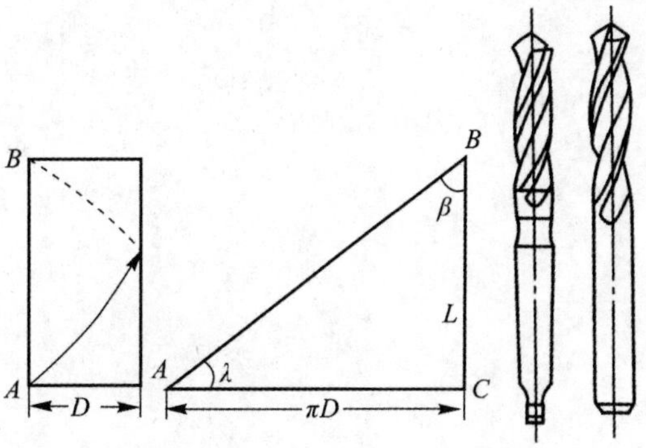

图 3-48　螺旋线的形成

螺旋线的参数可以用直角三角形 ABC 来分析：

1)导程。螺旋线绕圆柱体一圈，在圆柱体轴线方向所移过的距离称为导程，用 L 表示。

2)螺旋角。螺旋线与圆柱体轴线间的夹角称为螺旋角，用 β 表示。由三角形 ABC 不难看出：$L=\pi D\cot\beta$。

3)螺旋升角。螺旋线与圆柱体端面之间的夹角称为螺旋升角，用 λ 表示。

(2)按螺旋线形成原理，在铣削螺旋槽时如图 3-48 所示，工件应同时进行两个运动：

1)随工作台纵向进给做匀速直线运动。

2)随分度头做匀速旋转运动。为了保证当工件纵向进给一个导程时，工件刚好转过一圈，可以通过选择纵向丝杠和分度头之间的配角齿轮 Z_1,Z_2,Z_3,Z_4 的齿数而达到。其关系式为

$$i=\frac{Z_1Z_3}{Z_2Z_4}=\frac{40p}{L}$$

式中，p——纵向丝杠螺距。

(3)为了使铣出螺旋线的形状与所用铣刀的截面相同，还必须使工作台旋转一螺旋角，铣左旋槽时，工作台顺时针转动；反之，为逆时针转动。也可以用左右手记忆，即操作者正对工作台，左旋用左手推转工作台，右旋用右手推动工作台。

第四章　刨、磨削加工

第一节　刨、磨削加工的特点和范围

在刨床上，使工件和刀具之间产生相对的直线往复运动（主运动），工件（或刀具）在垂直于主运动的方向上做间歇的进给运动来进行切削加工的过程称为刨削。

一、刨削加工的特点

刨削加工是一种不连续的切削加工方式，返回行程刨刀不进行切削，刨刀在切削过程中，需要承受较大的冲击力，故刨削的切削速度较低，导致刨削生产率较低。但是由于刨削机床的结构简单，刀具刃磨和安装简单，调整和操作方便，价格低廉，刨床切削时不需要切削液，因此刨削加工仍广泛应用于单件、小批量生产及维修中。但是在龙门刨床上进行多道、多件加工，其生产效率可较铣床铣削要高。

刨削加工精度可达 IT9～IT8，表面粗糙度 *Ra* 值为 12.5～3.2 μm，用宽刀刨削时，*Ra* 值可达 1.6 μm，此外，刨削加工还可保证一定的相互位置精度，如面与面的平行度和垂直度。

在牛头刨床加工时，刨刀的直线运动是主运动（v），工件的横向移动是进给运动（f），在龙门刨床加工中，工件的直线运动是主运动，而刀具在工件返回行程结束后的横向运动为进给运动，如图 4－1 所示。

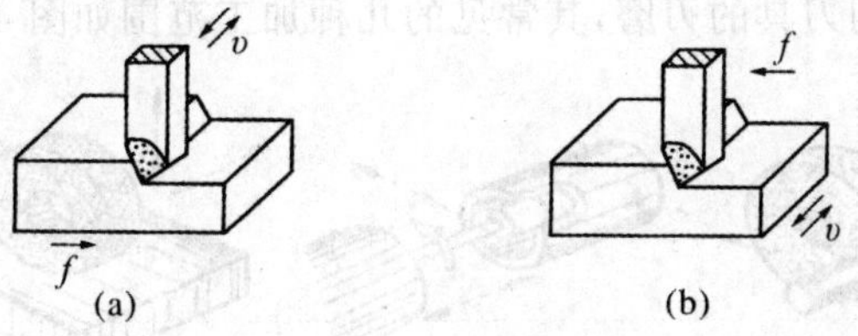

图 4－1　主运动和进给运动

(a)在牛头刨床上刨削平面；(b)在龙门刨床上刨削平面

二、磨削的加工范围

刨床类机床有牛头刨床、龙门刨床。刨削的加工范围如图 4－2 所示。

用砂轮或其他磨具加工工件，称为磨削。磨削加工主要用于零件的精加工。从本质上讲，磨削也是一种切削。砂轮或磨具表面上的每一个突出磨粒，均可近似地看成一个微小的刀齿，因此，砂轮可以看成是具有许多微小刀齿的铣刀。

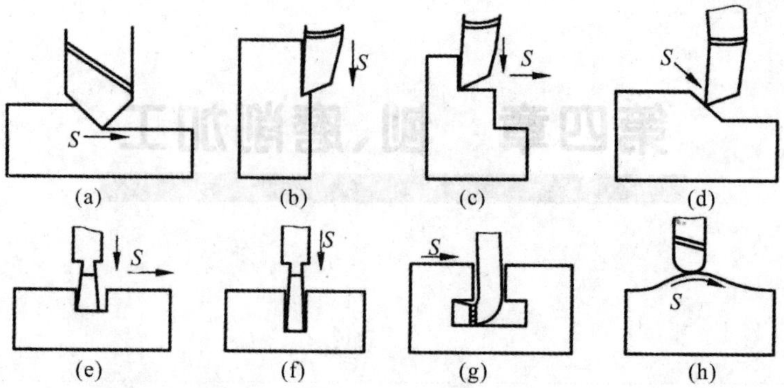

图 4-2　刨削的加工范围

(a)刨平面；(b)刨垂直面；(c)刨台阶面；(d)刨斜面；(e)刨直槽；(f)切断；(g)刨 T 形槽；(h)刨成形面

三、磨削特点

(1)加工质量好。常用磨削加工达到的精度为 IT6～IT5，表面粗糙度 Ra 值为 0.8～0.2 μm。如采用先进的磨削工艺，如精密磨削、超精密磨削等，Ra 值可达 0.01～0.012 μm。磨削加工质量与砂轮、磨床的结构有关。磨削属微刃切削，磨削的切削厚度极薄。每一磨粒切削厚度可小到数微米，故可获得高的加工精度和低的表面粗糙度。另外，磨削所用磨床比一般切削加工机床精度高，刚性及稳定性好，可实现微量进给与切削，从而保证了高精度加工的实现。

(2)适应性广。磨削加工不仅能加工一般的金属材料，如碳钢、铸铁、合金钢等，还可以加工一般金属刀具难以加工的硬材料，如淬火钢、硬质合金钢等。它不仅用于精加工，也可以用于粗加工和半精加工。但磨削不适合加工硬度较低而塑性很好的有色金属材料，因为磨削这些材料时砂轮容易被堵塞，使砂轮失去切削能力。

(3)磨削温度高。由于磨削速度很高，挤压和摩擦较严重，砂轮导热性很差，磨削温度可高达 800～1 000℃。因此，在磨削过程中，应大量使用切削液。

四、磨削加工的加工范围

磨削主要用于零件的内外圆柱面、内外圆锥面、平面及成形面(如花键、螺纹、齿轮等)的精加工。还常用于各种切削刀具的刃磨，其常见的几种加工范围如图 4-3 所示。

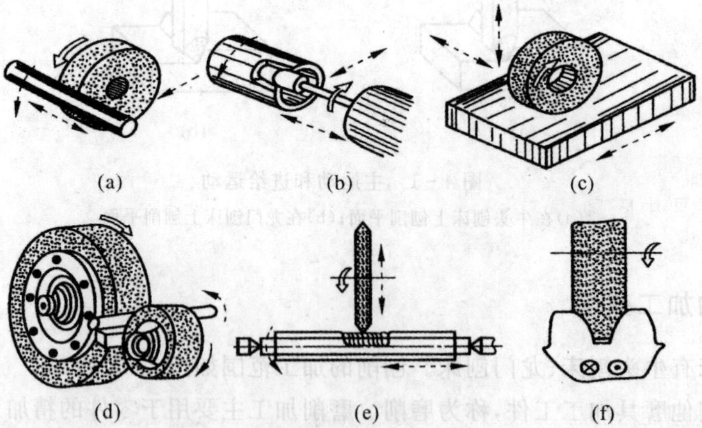

图 4-3　磨削的加工范围

(a)磨外圆；(b)磨内圆；(c)磨平面；(d)无心磨外圆；(e)磨螺纹；(f)磨齿轮

第二节　刨　　削

一、刨削类机床

(一)牛头刨床

牛头刨床是刨削类机床中应用较广的一种。它适于刨削尺寸不超过 1 m 的中小型零件。

1. 牛头刨床的型号

以 B6050 型牛头刨床(见图 4-4)为例:B6050

其中,B——类别代号(刨床类);

60——型别代号(牛头刨床);

50——基本参数(最大刨削长度的 1/10)。

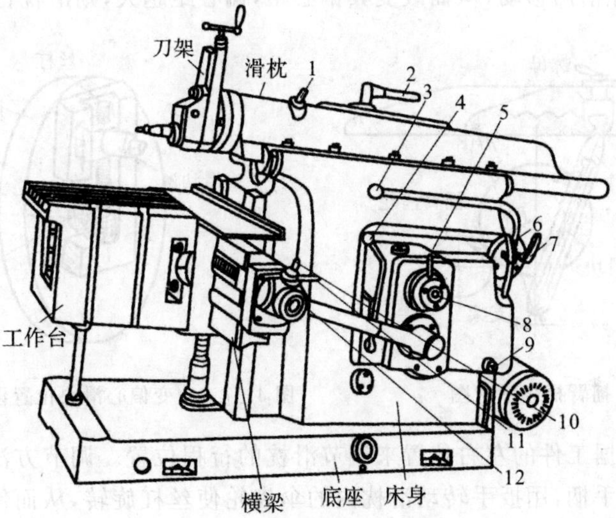

图 4-4　B6050 牛头刨床

1—滑枕位置调整方榫;2—滑枕锁紧手柄;3—离合器操纵手柄;4—作台快动手柄;5—进给量调整手柄;6,7—变速手柄;8—行程长度调整方榫;9—变速到位方榫;10—工作台横、垂向进给选择手柄;11—进给换向手柄;12—工作台手动方榫

2. 牛头刨床的主要组成部分

牛头刨床主要由床身、滑枕、刀架、工作台、横梁、底座等部分组成,如图 4-4 所示。

(1)床身。支承和连接刨床各部件,其顶面导轨供滑枕做往复运动用;供工作台升降用;床身的内部有传动机构。侧面导轨供工作台升降用;车身的内部有传动机构。

(2)滑枕。滑枕主要用来带动刨刀做直线往复运动,其前端有刀架。

(3)刀架。刀架用以夹持刨刀,刀架结构如图 4-5 所示。摇动刀架手柄时,滑板便可沿转盘上的导轨带动刨刀做上下移动。松开转盘上的螺母,将转盘扳一定角度后,就可使刀架斜向进给。滑板上还装有可偏转的刀座。抬刀板可以绕刀座的 A 轴向上转动。刨刀安装在刀夹上,在返回行程时,可绕 A 轴自由上抬,减少了与工件的摩擦。

(4)工作台。用来安装工件和夹具。它可随横梁做上下调整,并可沿横梁做水平方向移动或做间歇进给运动。

3.牛头刨床的传动机构

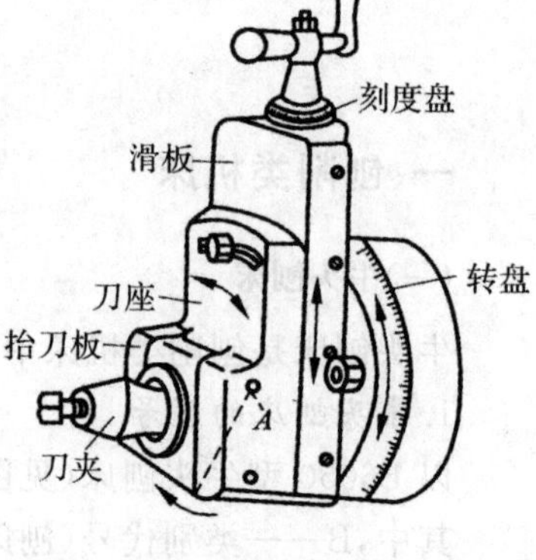

图 4-5　刀架

(1)曲柄摇杆机构。曲柄摇杆机构装在床身内部,其作用是把电动机传来的旋转运动转变成滑枕的往复直线运动。曲柄摇杆机构由摇臂齿轮和摇臂组成,如图 4-6 所示。摇臂的下端与支架相连,上端与滑枕的螺母相连。当摇臂齿轮由小齿轮带动旋转时,偏心滑块就带动摇臂绕支架中心左右摆动,于是滑枕便做往复直线运动。

刨削前,要调节滑枕的行程大小,使它的长度略大于工件刨削表面的长度。调节滑枕行程长度的方法是改变摇臂齿轮上滑块的偏心位置,如图 4-7 所示。转动方头便可使滑块在摇臂齿轮的导槽内移动,从而改变其偏心距,偏心距越大,则滑枕行程越长。

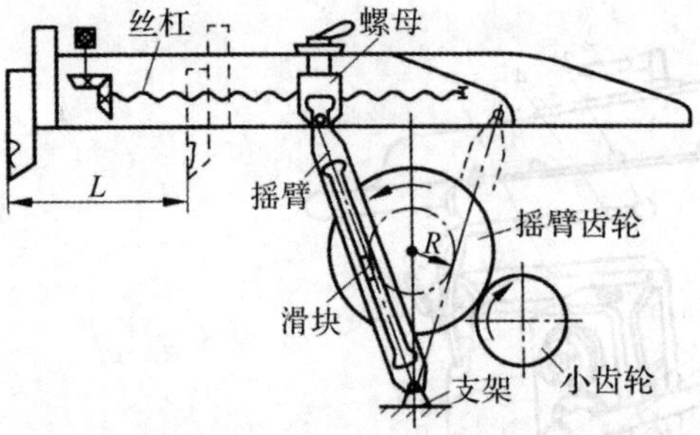

图 4-6　摇臂机构示意图

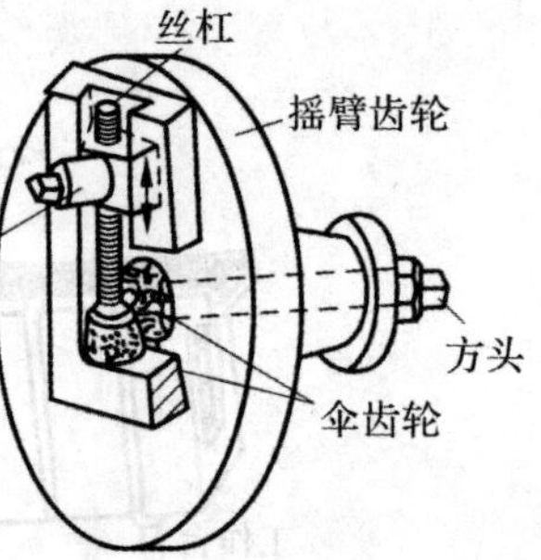

图 4-7　改变偏心滑块位置以调节滑枕行程长度

刨削前,还要根据工件的左右位置来调节滑枕的行程位置。调节方法是先使摇臂停留在极右位置,松开锁紧手柄,用扳手转动滑枕内的伞齿轮使丝杠旋转,从而使滑枕右移至合适位置,如图 4-8 中虚线所示,最后扳紧锁紧手柄。

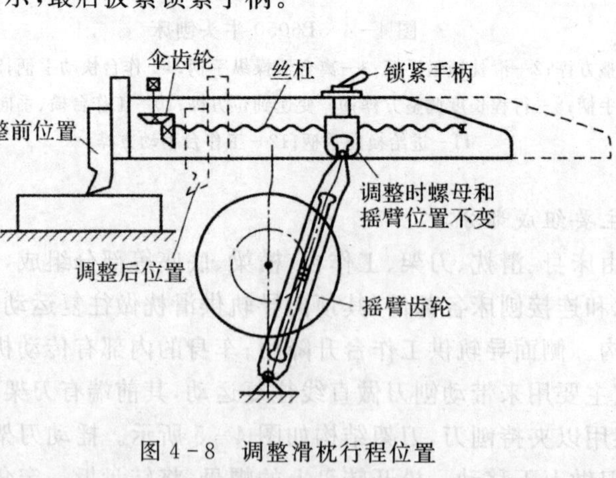

图 4-8　调整滑枕行程位置

(2)棘轮机构。刨床的进给运动是间歇的,当滑枕返回行程时,工作台完成进给运动。进给运动如图 4-9 所示,它是由固定在大齿轮轴上的齿轮 z_{12} 来驱动与之相啮合的另一齿轮

z_{13}，通过这个齿轮上的曲柄销经连杆使棘爪架摆动，从而使棘爪推动棘轮拨过一定齿数。由于棘轮同工作台上的丝杠固接在一起，棘轮的间歇转动使丝杠也相应运动，从而带动工作台做横向进给。进给量的大小是可以调节的。棘爪架摆动角 φ 是一定的，转动棘轮罩，可改变棘爪拨动棘轮的齿数，如图 4 - 10 所示。

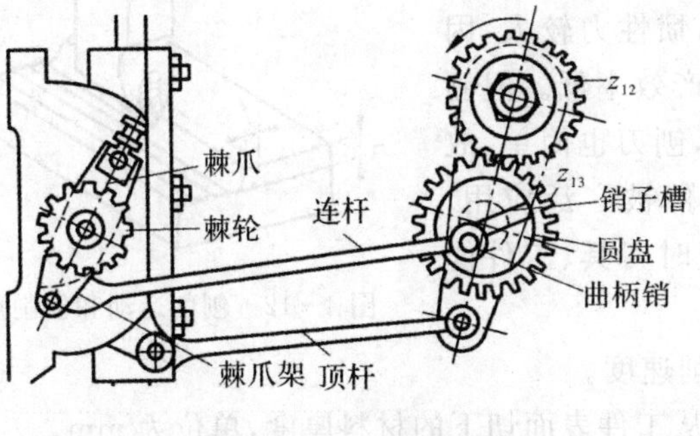

图 4 - 9　棘轮机构

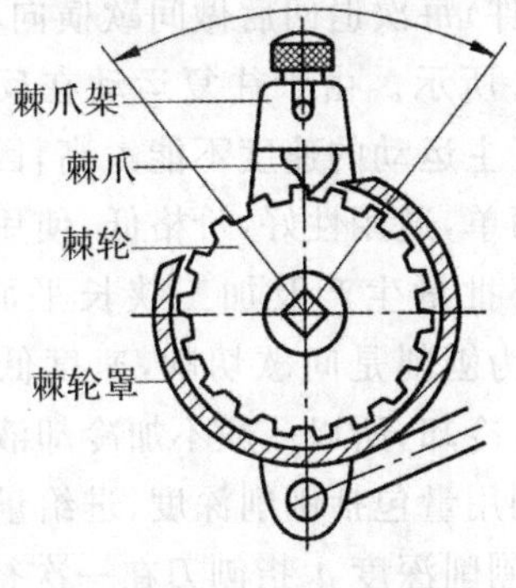

图 4 - 10　棘轮

将棘爪提起，转动 180°再与棘轮啮合，即可改变工作台的进给方向。如将棘轮提起，则棘爪与棘轮分离，机动进给停止，此时可手动使工作台移动。

(二)龙门刨床

龙门刨床因有一个大型的“龙门”式框架结构而得名，如图 4 - 11 所示。其主要特点是：主运动是工作台带动工件做往复直线运动，进给运动则是刀架沿横梁或立柱做间歇运动。它主要由床身、工作台、减速箱、立柱、横梁、进刀箱、垂直刀架、侧刀架、润滑系统、液压安全器及电气设备等组成。

龙门刨床主要用于大型零件的加工，以及若干件小零件同时刨削。在进行刨削加工时，工件装夹在工作台上，根据被加工面的需要，可分别或同时使用垂直刀架和侧刀架，垂直刀架和侧刀架都可以垂直或水平进给。刨削斜面时，可以将垂直刀架转动一定的角度。目前，刨床工作台多用直流发动机、电动机组驱动，并能实现无级调速，使工件慢速接近刨刀，待刨刀切入工件后，增速达到要求的切削速度，然后工件慢速离开刨刀，工作台再快速退回。工作台这样变速工作，能减少刨刀与工件的冲击。在小型龙门刨床上，也有使用可控硅供电-电动机调速系统来实现工作台的无级调速，但因其可靠性差，维修也较困难，故此调速系统目前在大、中型龙门刨床上用得较少。

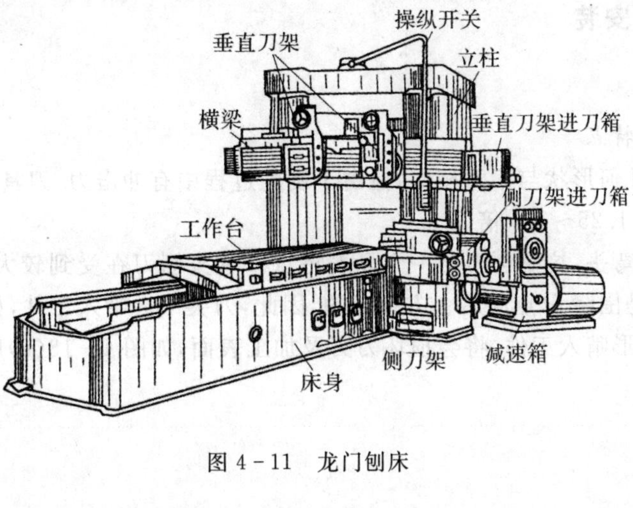

图 4 - 11　龙门刨床

二、刨削运动及刨削用量

刨削时，刨刀(或工件)的往复直线运动是主运动，刨刀前进时切下切屑的行程称为工作行程或切削行程；反向退回的行程称为回程或返回行程。刨刀(或工件)每次退回后做间歇横向移动称为进给运动，如图 4-12 所示。由于往复运动在反向时，惯性力较大，因而限制了主运动的速度不能太高，因此生产效率低。但刨床结构简单，通用性好，价格低，使用方便，刨刀也简单，故在单件小批量生产及加工狭长平面时仍然被广泛应用。另外，因为刨削是间歇切削，速度低，回程时刀具、工件能得到充分冷却，所以一般不加冷却液。

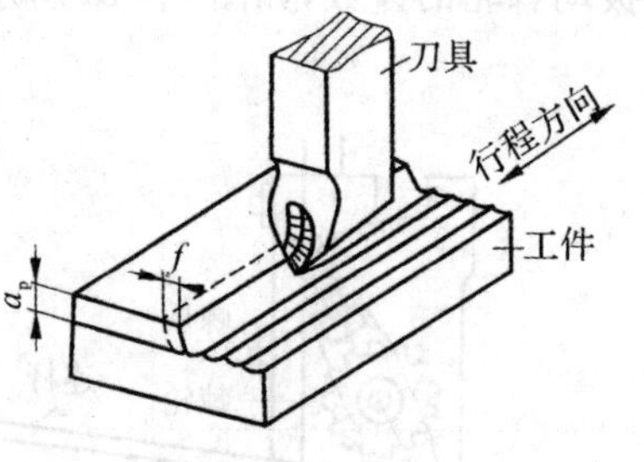

图 4-12　刨削运动和刨削用量

刨削用量包括刨削深度、进给量和切削速度。

(1)刨削深度 a_p 指刨刀在一次行程中从工件表面切下的材料厚度，单位为 mm。

(2)进给量 f 指刨刀每往复一次，刨刀和工件之间相对移动的距离，单位为 mm/str(往复次)。

(3)切削速度 v 指工件和刨刀在切削时相对运动的速度，在牛头刨床上是指滑枕(刀具)移动的速度，这个速度在龙门刨床上是指工作台(工件)移动的速度，单位为 m/min。

采用曲柄摇杆机构传动的牛头刨床，因工作行程的速度是变化的，它的平均速度可按下式计算，有

$$v_{平均} = \frac{nl(1+m)}{60 \times 1\,000} \quad (\mathrm{m/s})$$

式中，l——行程长度，mm；

n——刨刀每分钟往复次数，str/min；

$m = \frac{v_{工}}{v_{回}}$——工作行程与返回行程运动速度比值。

当取 $m = 0.7$ 时，上式可简化为

$$v_{平均} = \frac{1.7nl}{60 \times 1\,000} \quad (\mathrm{m/s})$$

三、刨刀及其安装

(一)刨刀

1. 刨刀的结构特点

刨刀的结构、几何形状与车刀相似，但由于刨削过程中有冲击力，刀具容易损坏，所以刨刀截面通常比车刀大 1.25～1.5 倍。

刨刀往往做成弯头，这是刨刀的一个显著特点。弯头刨刀在受到较大的切削力时刀杆所产生的弯曲变形，是围绕 O 点向后上方弹起的，因此，刀尖不会啃入工件，如图 4-13(a)所示。而直头刨刀受力变形啃入工件，将会损坏刀刃及加工表面，如图 4-13(b)所示。

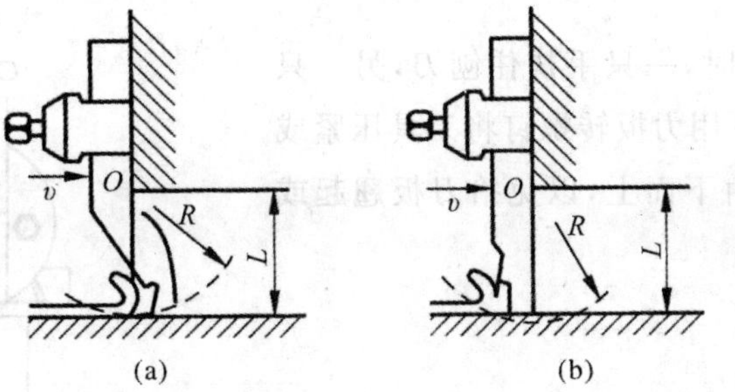

图 4-13　弯头刨刀和直头刨刀的比较

(a)弯头刨刀；(b)直头刨刀

2.刨刀的种类及其应用

刨刀的种类很多，按加工形式和用途不同，有各种不同的刨刀，常用的有平面刨刀、偏刀、角度偏刀、切刀、弯切刀等，如图 4-14 所示。

各种刨刀的用途如图 4-15 所示。平面刨刀用于加工水平面，如图 4-15(a)所示；偏刀加工垂直面和斜面，如图 4-15(b)和图 4-15(c)所示；角度偏刀加工内斜面和燕尾槽，如图 4-15(d)所示；切刀加工直角槽和切断工件，如图 4-15(e)所示；弯切刀加工 T 形槽，如图 4-15(f)所示。

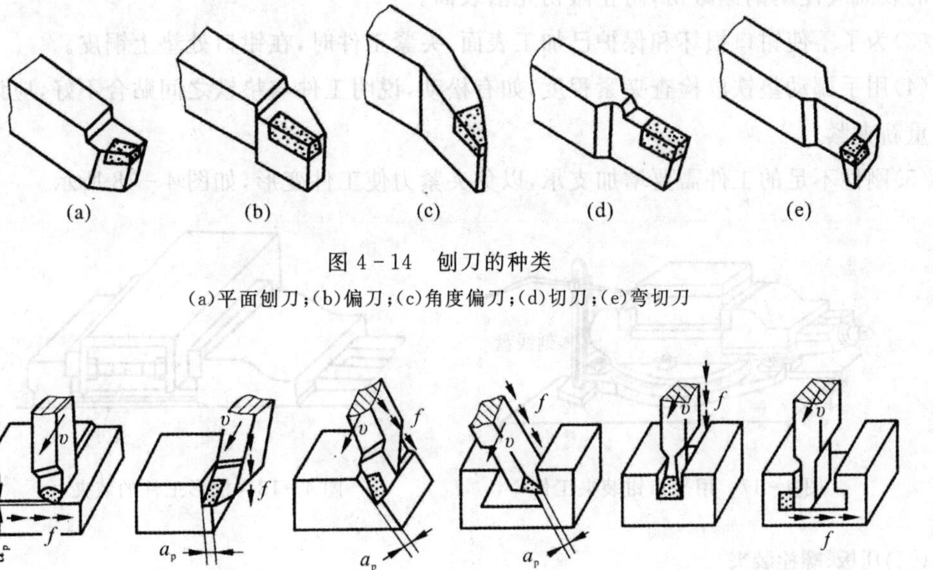

图 4-14　刨刀的种类

(a)平面刨刀；(b)偏刀；(c)角度偏刀；(d)切刀；(e)弯切刀

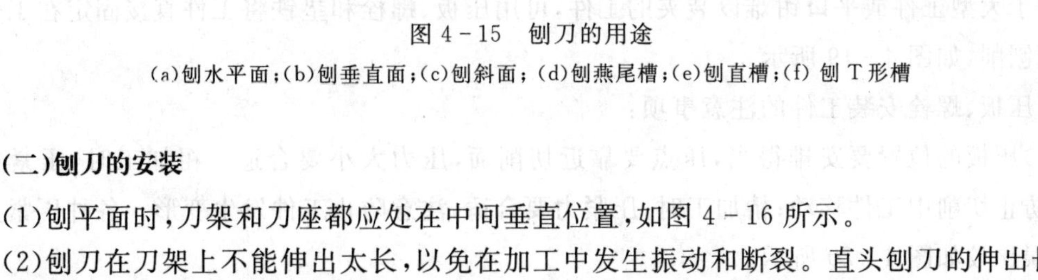

图 4-15　刨刀的用途

(a)刨水平面；(b)刨垂直面；(c)刨斜面；(d)刨燕尾槽；(e)刨直槽；(f) 刨 T 形槽

(二)刨刀的安装

(1)刨平面时，刀架和刀座都应处在中间垂直位置，如图 4-16 所示。

(2)刨刀在刀架上不能伸出太长，以免在加工中发生振动和断裂。直头刨刀的伸出长度一般不宜超过刀杆厚度的 1.5～2 倍。弯头刨刀可以伸出稍长一些，一般稍长于弯曲部分的长度。

(3)在装刀或卸刀时,一只手扶住刨刀,另一只手由上而下或倾斜向下用力扳转螺钉将刀具压紧或松开。用力方向不得由下而上,以免抬刀板翘起或夹伤手指。

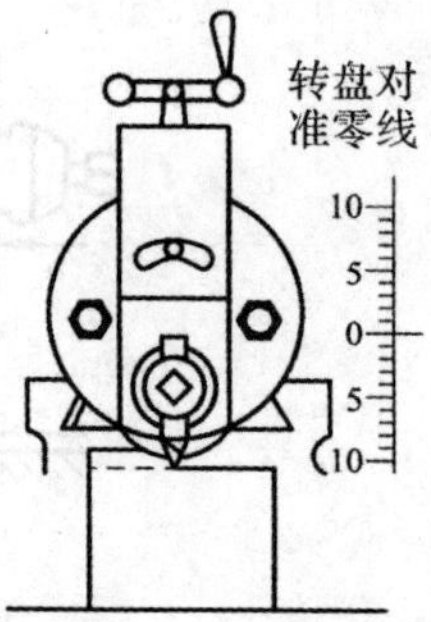

图4-16　刨平面时刨刀的正确安装方法

四、工件的安装

(一)平口钳安装

平口钳是一种通用夹具,经常用其安装小型工件。使用时先把平口钳钳口找正,并固定在工作台上,然后安装工件。常用的划线找正的安装方法如图4-17所示。

用平口钳装夹工件应注意的事项:

(1)工件的被加工面必须高出钳口,否则就要用平行垫铁垫高工件。

(2)为了能装夹得更牢固,防止刨削时工件走动,必须把比较平整的平面贴紧在垫铁和钳口上。为了使工件紧贴在垫铁上,应该一面夹紧,一面用手锤轻击工件的表面。要注意的是:光洁的表面应使用铜锤敲击,防止敲伤光洁表面。

(3)为了不使钳口损坏和保护已加工表面,夹紧工件时,在钳口处垫上铜皮。

(4)用手挪动垫铁以检查夹紧程度,如有松动,说明工件与垫铁之间贴合不好,应该松开平口钳重新夹紧。

(5)刚性不足的工件需要增加支承,以免夹紧力使工件变形,如图4-18所示。

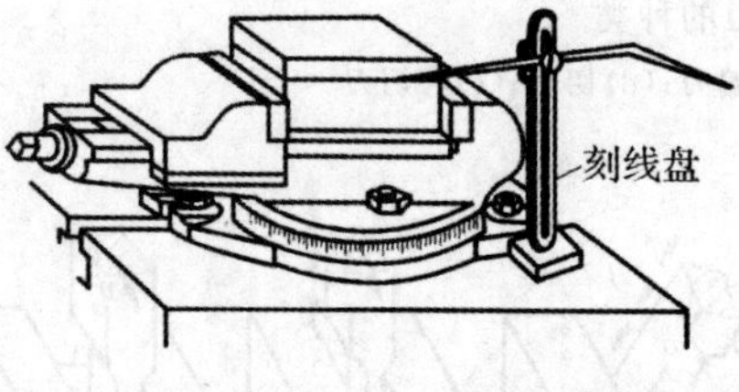

图4-17　用平口钳装夹工件

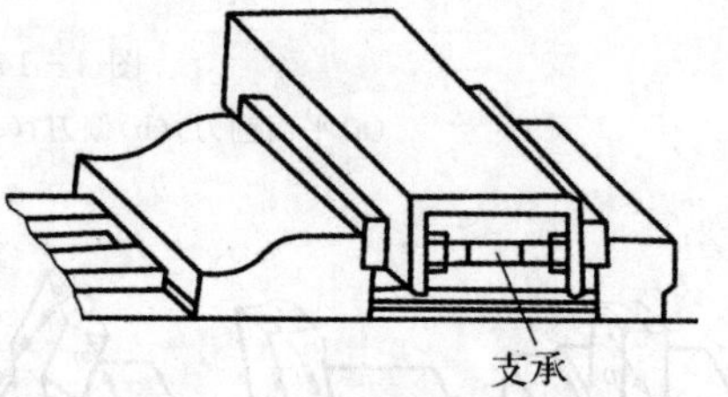

图4-18　框形工件的装夹

(二)压板、螺栓装夹

对于大型工件或平口钳难以装夹的工件,可用压板、螺栓和垫铁将工件直接固定在工作台上进行刨削,如图4-19所示。

用压板、螺栓安装工件的注意事项:

(1)压板的位置要安排得当,压点要靠近切削面,压力大小要合适。粗加工时,压紧力要大,以防止切削中工件移动;精加工时,压紧力要合适,注意防止工件发生变形。各种压紧方法的正、误比较如图4-20所示。

(2)工件如果放在垫铁上夹紧,压板一定要紧贴工件,直到贴紧为止。

(3)压板必须压在垫铁处，要检查工件与垫铁是否贴紧，若没有贴紧，必须垫上铜皮，以免工件因受压紧力而变形。

(4)装夹薄壁工件，在其空心位置处，要用活动支承件撑住，否则工件会因受切削力而产生振动和变形。薄壁件的装夹如图 4－21 所示。

(5)工件夹紧后，要用划针复查加工线是否仍然与工作台平行，避免工件在装夹过程中变形或移动。

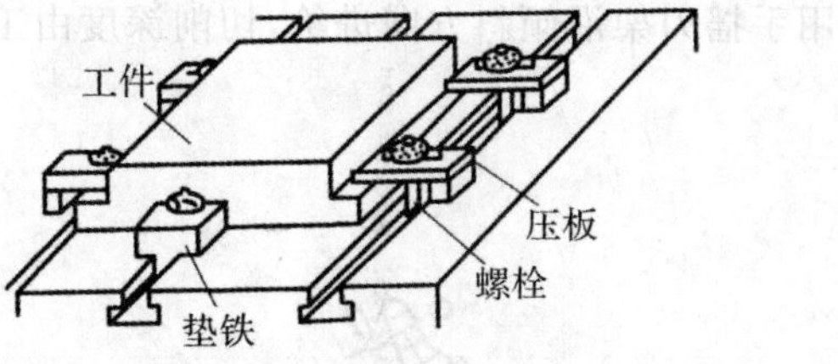

图 4－19　用压板、螺栓安装工件

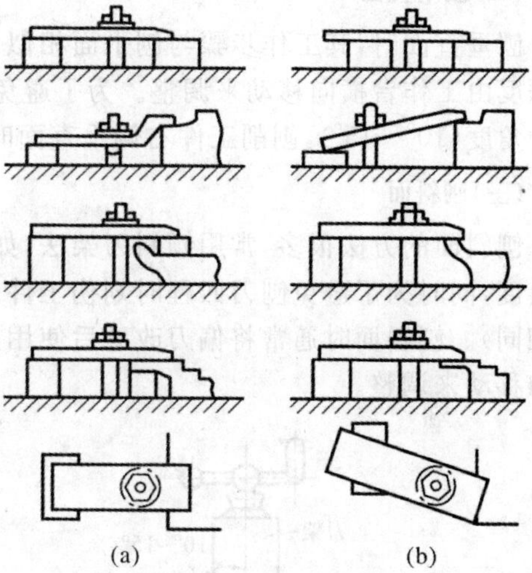

图 4－20　压板的使用

(a)正确；(b)错误

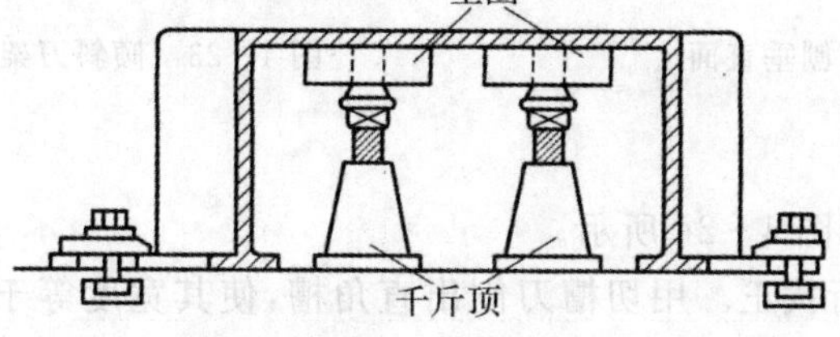

图 4－21　薄壁件的装夹

五、刨削加工

(一)刨水平面

刨水平面时可按以下顺序进行。

(1)熟悉图样，明确加工要求，检查毛坯余量。

(2)装夹工件和刀具。根据工件的形状尺寸、装夹精度要求及生产批量，选择不同的装夹方法。刨平面时使用平面刨刀，刀架应处在垂直于工作台的位置。

(3)调整机床。根据工件尺寸把工作台升降到适当位置；调整滑枕行程长度和行程位置。

(4)选择切削用量。根据图纸尺寸、技术要求、工件材料、刀具材料等确定切削深度、进给量及切削速度。

例如：精刨时，用圆头精刨刀（切削半径为 3～5 mm 的圆弧），刨削深度 a_p＝0.2～0.5 mm，进给量 f＝0.33 mm/str。

(5)对刀试切。调整各手柄位置，移动工作台使工件一侧靠近刀具；转动刀架手轮，使刀尖接近工件；开动机床，用手动进给开始试切。手动进给 0.5～1 mm 后，停车测量尺寸，根据测量结果调整切削深度，再用自动进给正式刨削。

(6)刨削完毕，停车后进行检验，尺寸合格后再卸下工件。

(二)刨垂直面

刨垂直面时，其工作步骤与刨平面相似，所不同的是常采用偏刀，用手摇刀架垂直进给，切削深度由工作台横向移动来调整。为了避免刨刀回程时划伤工件已加工表面，必须将刀偏转一个角度（10°～15°），刨削工件右侧垂直面时，其偏转方向如图 4－22 所示。

(三)刨斜面

刨斜面的方法很多，常用倾斜刀架法，如图 4－23 所示。这种方法是将刀架倾斜到所需要的角度，同时为了避免刨刀回程时划伤工件已加工表面，必须将刨刀偏转一定角度（与刨垂直面相同）。刨斜面时通常将偏刀改磨后使用。用手摇刀架沿倾斜方向进给，切削深度由工作台横向移动来调整。

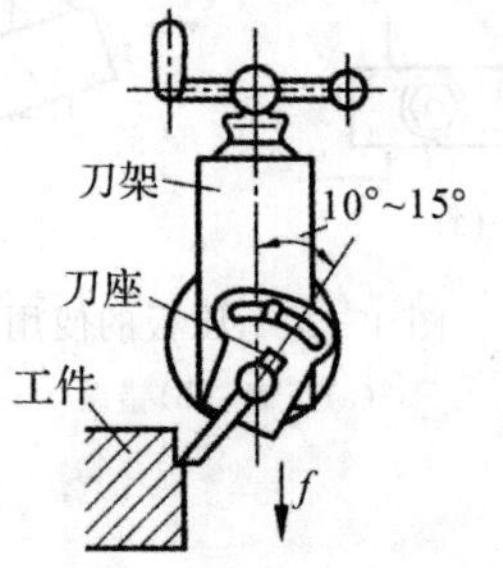

图 4－22　刨垂直面

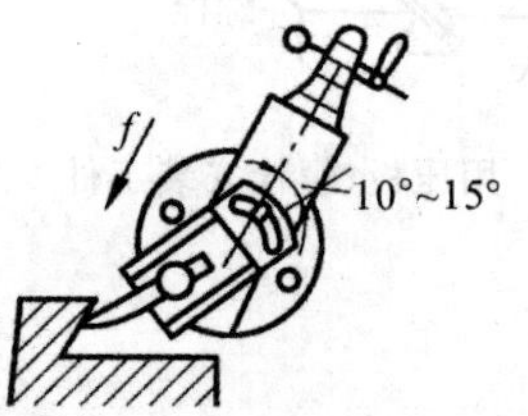

图 4－23　倾斜刀架刨斜面

(四)刨沟槽

刨 T 形槽的步骤，如图 4－24 所示。

(1)安装工件，并进行找正。用切槽刀刨出直角槽，使其宽度等于 T 形槽槽口的宽度，深度等于 T 形槽的深度，如图 4－24(a)所示。

(2)用弯切刀刨削一侧的凹槽，如图 4－24(b)所示。如果凹槽的高度较大，用一刀刨出全部高度有困难时，可分几次刨出。为了槽壁平整，最后用垂直进给将槽壁精刨一次。

(3)换上方向相反的弯切刀，刨削另一侧的凹槽，如图 4－24(c)所示。

(4)换上 45°刨刀加工倒角，如图 4－24(d)所示。

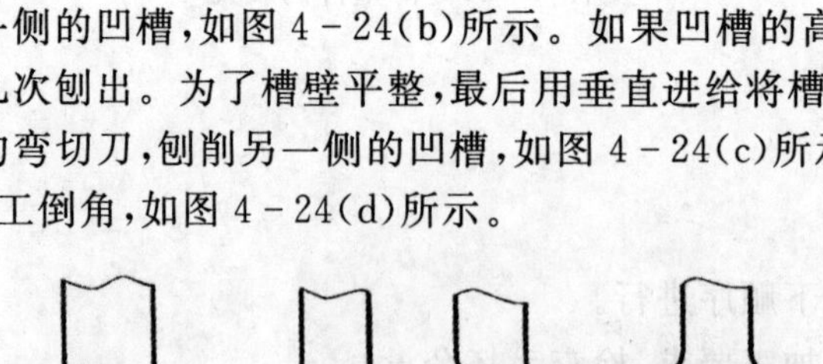

图 4－24　T 形槽的刨削步骤

(五)刨矩形工件

矩形工件(如平行垫铁)要求对面平行,且相邻面成直角。这类零件可以铣削加工,也可以刨削加工。刨削矩形工件前4个面的步骤如下。

(1)先刨出大面1,作为精基面,如图4-25(a)所示。

(2)将已加工的大面1作为基准面贴紧固定钳口,在活动钳口与工件之间的中部垫一个圆棒后夹紧,然后加工相邻的面2,如图4-25(b)所示。面2对面1的垂直度取决于固定钳口与水平走刀的垂直度。在活动钳口与工件之间的中部垫一个圆棒,是为了使夹紧力集中在钳口中部,以利于面1与固定钳口的贴紧。

(3)把已加工的面朝下,同样按上述方法,使基准面1紧贴固定钳口。夹紧时,用手锤轻轻敲打工件,使面2紧贴平口钳,夹紧后即可加工面4,如图4-25(c)所示。

(4)加工面3,如图4-25(d)所示。把面1放在平行垫铁上,工件直接夹在两个钳口之间。夹紧时要求用手锤轻轻敲打,使面1与垫铁贴紧。

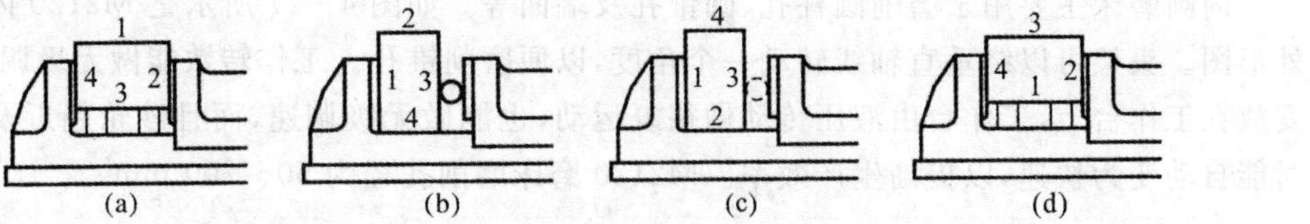

图4-25 保证4个面垂直度的加工步骤

第三节 磨 削

一、磨床

磨床按用途不同可分为外圆磨床、内圆磨床、平面磨床、无心磨床、工具磨床、螺纹磨床、齿轮磨床以及其他各种专业磨床等。

(一)外圆磨床

如图4-26所示为M1432A型万能外圆磨床,可用来磨削内、外圆柱面,圆锥面和轴、孔的台阶端面。

万能外圆磨床的主要组成部分包括床身、工作台、砂轮架、头架、尾座。

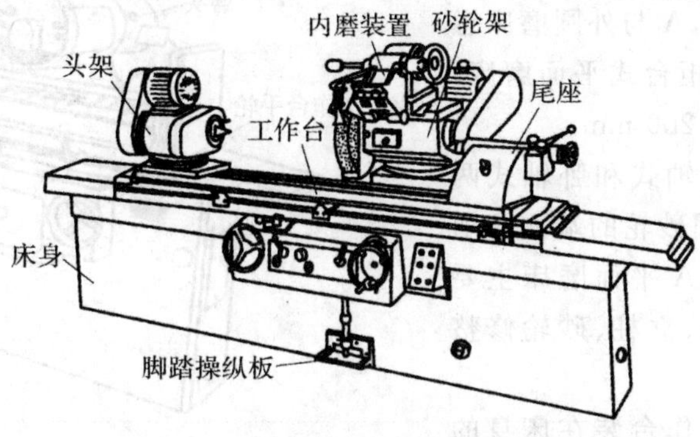

图4-26 M1432A型万能外圆磨床

(1)床身。床身用于支承和连接磨床各个部件,内部装有液压传动装置,上部有纵向和横向两组导轨以安装工作台和砂轮架。

(2)工作台。工作台上装有头架和尾座,用于装夹工件并带动工件旋转。磨削时工作台可自动做纵向往复运动,其行程长度可借挡块位置调节。万能外圆磨床的工作台台面还能扳转一很小的角度,以磨削圆锥面。

(3)砂轮架。砂轮架用于装夹砂轮,并有单独电动机带动砂轮旋转。砂轮架可在床身后部的导轨上做横向移动。

(4)头架。头架内的主轴由单独电动机带动旋转。主轴端部可装夹顶尖、拨盘或卡盘,以便装夹工件。

(5)尾座。尾座的功用是用后顶尖支承长工件。它可以在工作台上移动,调整位置以装夹不同长度的工件。

(二)内圆磨床

内圆磨床主要用于磨削圆柱孔、圆锥孔及端面等。如图 4－27 所示是 M2120 内圆磨床的外形图。头架可以绕垂直轴线转动一个角度,以便磨削锥孔。工作转数能做无级调整,砂轮架安放在工作台上,工作台由液压传动做往复运动,也能做无级调速,而且砂轮趋近及退出零件时能自动变为快速,以提高生产效率。M2120 磨床磨削孔径为 50～200 mm。

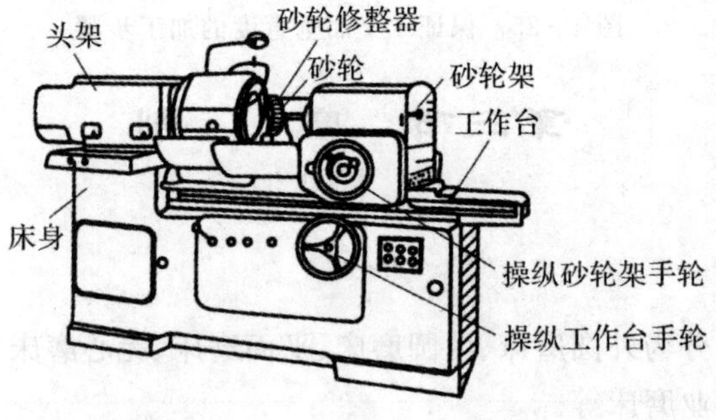

图 4－27　M2120 内圆磨床

(三)平面磨床

平面磨床用砂轮的圆周磨削平面。如图 4－28 所示为 M7120A 卧轴矩台式平面磨床。其中 M,A 与外圆磨床意义相同;71 表示卧轴矩台式平面磨床;20 表示工作台宽度为 200 mm。

平面磨床分为立轴式和卧轴式两类,立轴式平面磨床用砂轮的端面磨削平面。卧轴式 M7120A 平面磨床主要由床身、工作台、磨头、立柱、砂轮修整器等部分组成。

该磨床的矩形工作台装在床身的

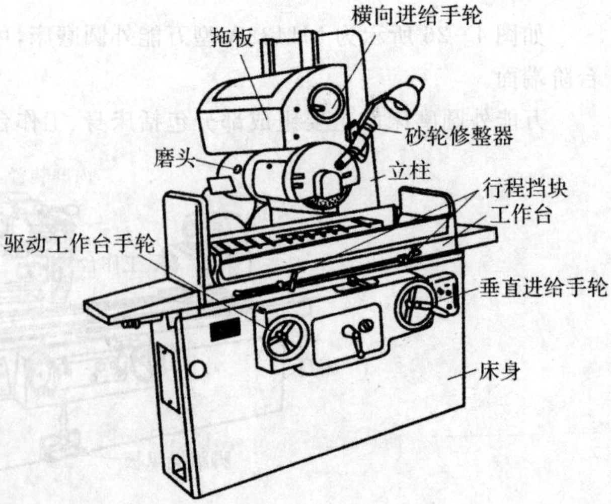

图 4－28　M7120A 平面磨床

水平纵向导轨上，由液压传动实现其往复运动，也可用手轮操纵以便进行必要的调整。另外，工作台上还有电磁吸盘，用来装夹工件。

砂轮装在磨头上，由电动机直接驱动旋转。磨头沿滑板的水平导轨可做横向进给运动，该运动可由液压驱动或由手轮操纵。滑板可沿立柱的垂直导轨移动，以调整磨头的高低位置及完成垂直进给运动，这一运动通过转动手轮来实现。

(四)无心外圆磨床

无心外圆磨床的结构完全不同于一般的外圆磨床，其工作原理如图 4－29 所示。磨削时，工件不需要夹持，而是将工件放在砂轮与导轮间，由托板支持着；工件轴线略高于砂轮与导轮轴线，以避免工件在磨削时产生圆度误差；工件由橡胶黏合剂制成的导轮带着做低速旋转，并由高速旋转着的砂轮进行磨削。

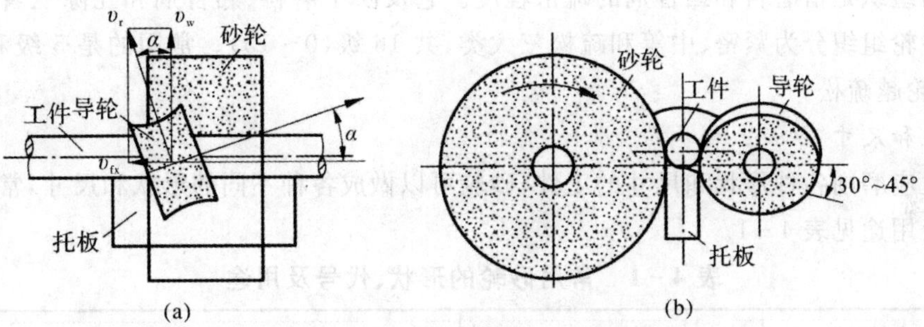

图 4－29　无心外圆磨床原理

无心外圆磨削的生产效率高，主要用于成批及大量生产中磨削细长轴和无中心孔的短轴等。一般无心外圆磨削的精度为 IT6～IT5 级，表面粗糙度 Ra 值为 0.8～0.2 μm。

二、砂轮

(一)砂轮的组成与特性

砂轮是磨削的主要工具。它由磨料、黏合剂和孔隙三个基本要素组成，如图 4－30 所示。砂轮表面上杂乱地排列着许多磨粒，磨削时砂轮高速旋转，切下的切屑呈粉末状。

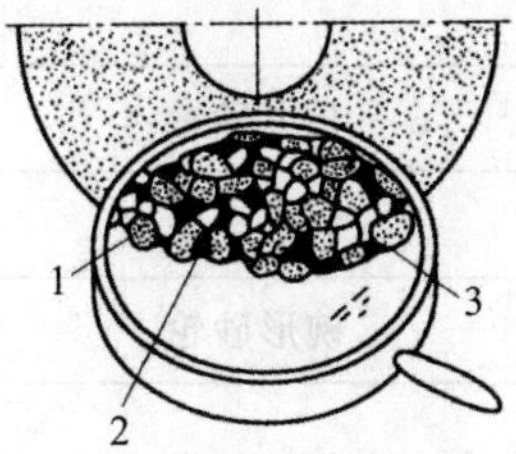

图 4－30　砂轮的构成

1—磨料；2—黏合剂；3—孔隙

因磨料、黏合剂及制造工艺的不同，砂轮的特性可能会产生很大的差别。砂轮的特性由以下因素决定：磨料、粒度、黏合剂、硬度、组织、形状及尺寸。

1. *磨料*

磨料是制造砂轮的主要原料，直接担负着切削工作。它必须具有较高的硬度以及良好的耐热性，并具有一定的韧性。常用磨料有棕刚玉（A）、白刚玉（WA）、黑碳化硅（C）和绿化硅（GC）。

2. *粒度*

粒度表示磨料颗粒的大小。粒度号越大，颗粒越小。它对磨削生产率和表面粗糙度有很大影响。一般粗颗粒用于粗加工，细颗粒用于精加工。磨软材料时为防止砂轮堵塞，用粗磨粒；磨削脆、硬材料时，用细磨粒。

3. 黏合剂

砂轮的强度、抗冲击性和耐热性等主要取决于黏合剂的种类和性能。常用的黏合剂有陶瓷黏合剂(V)、树脂黏合剂(B)和橡胶黏合剂(R)三种。除切断砂轮外,大多数砂轮都采用陶瓷结合剂。

4. 硬度

砂轮的硬度是指砂轮上的磨粒在磨削力的作用下,从砂轮表面脱落的难易程度。若磨粒易脱落,表明砂轮硬度低;反之表明砂轮硬度高。砂轮的硬度与磨料的硬度是完全不同的两个概念,它取决于黏合剂的性能。工件材料越硬,磨削时砂轮硬度应相对软一些;工件材料越软,砂轮的硬度应相对硬一些。

5. 组织

砂轮的组织是指磨料和黏合剂的疏密程度。它反映了磨粒、黏合剂和孔隙三者所占体积的比例。砂轮组织分为紧密、中等和疏松三大类,共 16 级(0～15)。常用的是 5 级和 6 级,级数越大,砂轮越疏松。

6. 形状和尺寸

为了适应磨削各种形状和尺寸的工件,砂轮可以做成各种不同的形状和尺寸,常用砂轮的形状代号及用途见表 4-1。

表 4-1 常用砂轮的形状、代号及用途

砂轮名称	代 号	主要用途
平行砂轮	P	用于磨外圆、内圆、平面、螺纹及无心磨床
薄片砂轮	PB	主要用于开槽和切断等
筒形砂轮	N	主要用于立轴端面磨
双面凹砂轮	PSA	主要用于外圆磨削和刃磨刀具;无心磨床砂轮和砂轮导轮
杯形砂轮	B	用于磨平面、内圆及刃磨刀具
双斜边形砂轮	PSX	用于磨削齿轮和螺纹
碗形砂轮	BW	用于磨导轨及刃磨刀具
蝶形砂轮	D	用于磨铣刀、铰刀、拉刀等,大尺寸的用于磨齿轮端面

为方便使用,将砂轮的特性代号标注于砂轮非工作表面上,按 GB2484—1984 规定,其标注顺序及意义举例如下:

P-400×50×203- WA 46 K- 5- V- 35

形状外径×厚度×孔径 磨料 粒度 硬度 组织号 黏合剂 允许的磨削速度(m/s)

(平形砂轮) (白刚玉) (陶瓷黏合剂)

(二)砂轮的安装及调整

砂轮因在高速下工作,安装前必须经过外观检查,不应有裂纹,并经过平衡实验(见图

4－31)，砂轮安装方法如图 4－32 所示。大砂轮通过台阶法兰盘装夹，如图 4－32(a)所示；不太大的砂轮用法兰盘直接装在主轴上，如图 4－32(b)所示；小砂轮用螺母紧固在主轴上，如图 4－32(c)所示；更小的砂轮可紧固在主轴上，如图 4－32(d)所示。

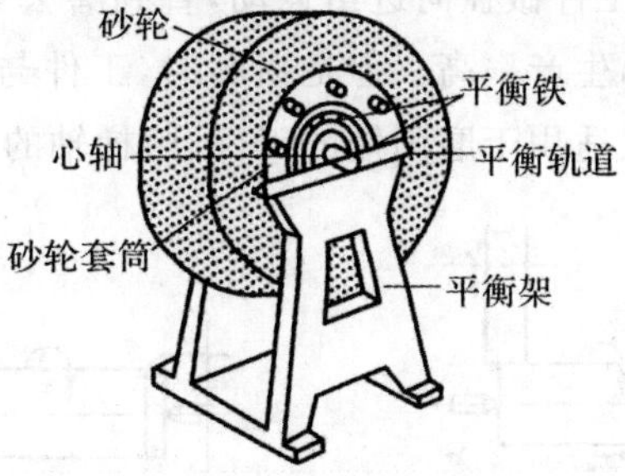

图 4－31　砂轮的平衡

砂轮工作一段时间后，磨粒逐渐变钝，砂轮工作表面孔隙被堵塞，砂轮的正确几何形状被破坏。这时必须进行修整，将砂轮表面一层变钝了的磨粒切去，以恢复砂轮的切削能力及正确的几何形状，如图 4－33 所示。

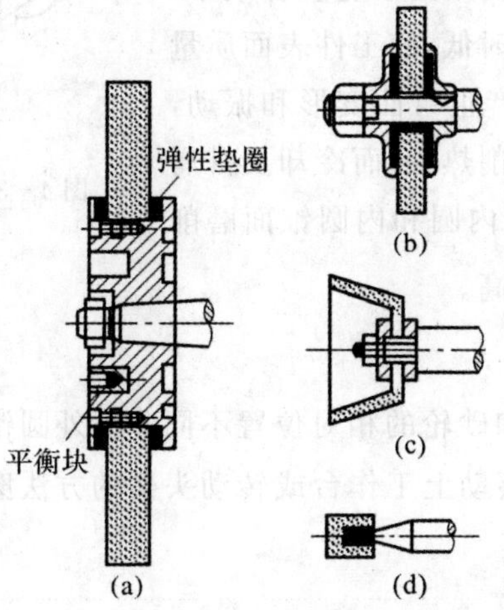

图 4－32　砂轮的装夹方法

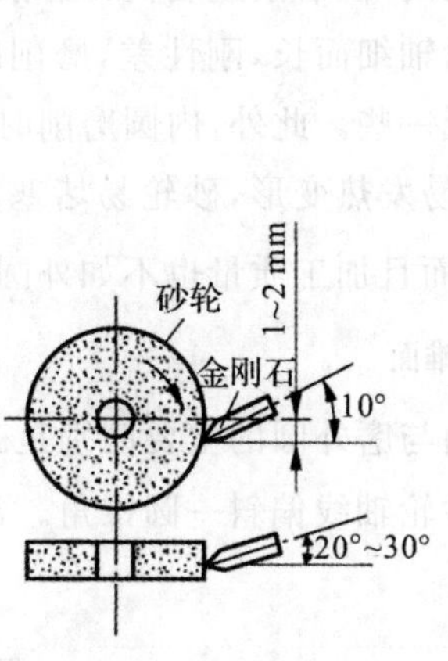

图 4－33　砂轮的修整

三、磨削加工

(一)磨外圆

工件的外圆一般在普通外圆磨床或万能外圆磨床上磨削。常用的磨削外圆方法有纵磨法和横磨法两种。

1. *纵磨法*

如图 4－34 所示，此法用于磨削长度与直径之比比较大的工件。磨削时，砂轮高速旋转，工件低速旋转并随工作台做纵向往复运动，在工件改变移动方向时，砂轮做间歇性径向进给。纵磨法的特点是可用同一砂轮磨削长度不同的各种工件，且加工质量好。在单件小批量生产以及精磨时广泛采用这种方法。

2.横磨法

如图 4-35 所示,此法又称径向磨削法或切入磨削法。当工件刚性较好,待磨表面较短时,可以选用宽度大于待磨表面长度的砂轮进行横磨。横磨时,工件无纵向往复运动,砂轮以很慢的速度连续地或断续地向工件做径向进给运动,直到磨去全部余量为止。横磨法的特点是充分发挥了砂轮的切削能力,生产率高。但是横磨时,工件与砂轮的接触面积大,工件易发生变形和烧伤,故这种磨削法仅适用于磨削短的工件、阶梯轴的轴颈和粗磨等。

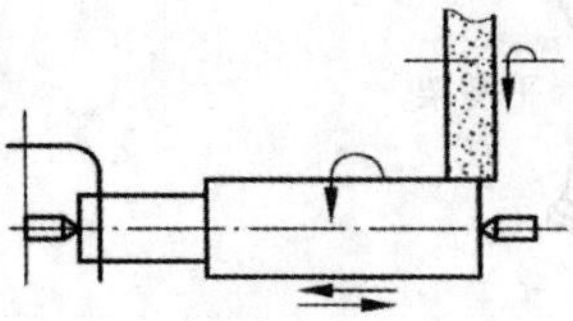

图 4-34 纵磨法

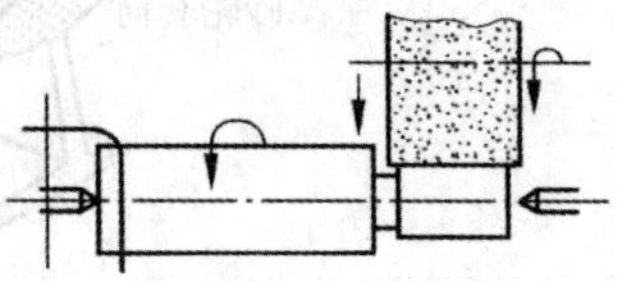

图 4-35 横磨法

(二)磨内孔和内圆锥面

内圆和内圆锥面可在内圆磨床或万能外圆磨床上用内圆磨头进行磨削,如图 4-36 所示。磨内圆和内圆锥面使用的砂轮直径较小,尽管它的转速很高,但磨削速度仍比磨削外圆时低,使工件表面质量不易提高。砂轮轴细而长,刚性差,磨削时易产生弯曲变形和振动,故切削用量要低一些。此外,内圆磨削时的磨削热大,而冷却及排屑条件较差,工件易发热变形,砂轮易堵塞,因而内圆和内圆锥面磨削的生产效率低,而且加工质量也不如外圆磨削高。

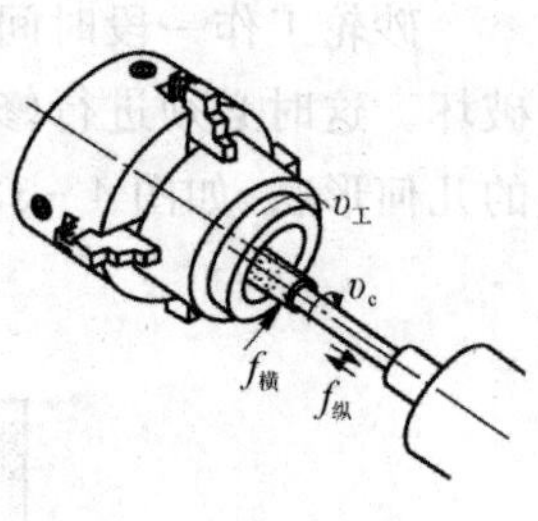

图 4-36 磨内圆

(三)磨外圆锥面

磨外圆锥面与磨外圆的主要区别是工件和砂轮的相对位置不同。磨外圆锥面时,工件轴线必须相对于砂轮轴线偏斜一圆锥角。常用转动上工作台或转动头架的方法磨外圆锥面,如图 4-37 所示。

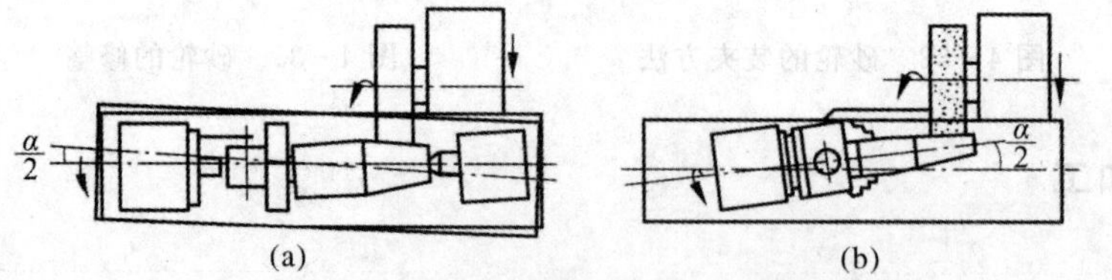

图 4-37 磨外圆锥面

(a)转动上工作台磨外圆锥面;(b)转动头架磨外圆锥面

(四)磨平面

磨平面一般使用平面磨床。平面磨床工作台通常采用电磁吸盘来安装工件;对于钢、铸铁等导磁工件可直接安装在工作台上,对于铜、铝等非导磁性工件,要通过精密平口钳等装夹。

根据磨削时砂轮工件表面的不同,平面磨削的方式有两种,即周磨法和端磨法,如图4-38所示。

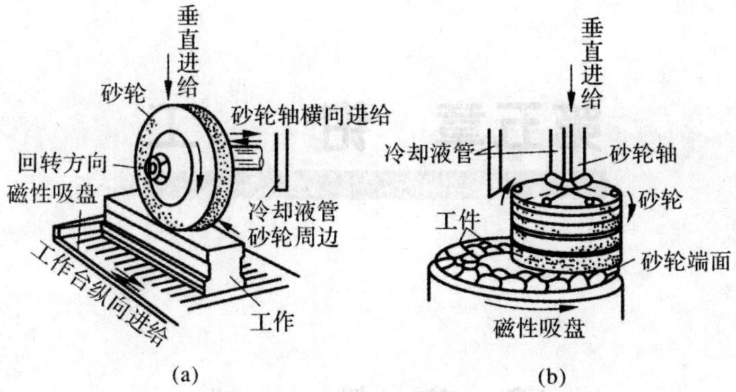

图 4-38　磨平面的方法

(a)周磨法;(b)端磨法

(1)周磨法是用砂轮圆周面磨削平面,如图 4-38(a)所示。周磨时,砂轮与工件接触面积小,排屑及冷却条件好,工件发热量少,因此磨削易翘曲变形的薄片工件,能获得较好的加工质量,但磨削效率较低。

(2)端磨法是用砂轮端面磨削平面,如图 4-38(b)所示。端磨时,由于砂轮轴伸出长度较短,而且主要是受轴向力,因而刚性较好,能采用较大的磨削用量。此外,砂轮与工件接触面积大,因而磨削效率高。但发热量大,也不易排屑和冷却,故加工质量较周磨低。

(五)磨齿轮

磨齿是在磨齿机上用高速旋转的砂轮对经过淬硬的齿面进行加工的方法。磨齿按其加工原理不同可分为成形法磨齿[见图 4-39(a)]和展成法磨齿两种,而展成法磨齿又根据所用砂轮和机床的不同,可分为双砂轮展成法磨齿[见图 4-39(b)]和单砂轮展成法磨齿[见图 4-39(c)]。

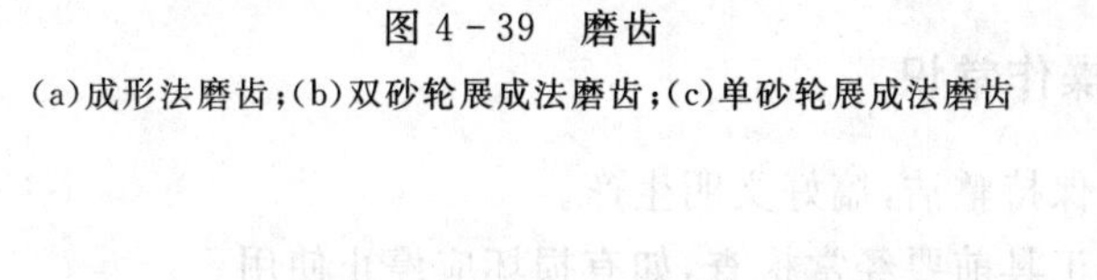

图 4-39　磨齿

(a)成形法磨齿;(b)双砂轮展成法磨齿;(c)单砂轮展成法磨齿

第五章　钳　工

第一节　概　述

钳工主要是利用各种手工工具、钻床、砂轮机等对金属进行加工，以及对机器和仪表的装配、试车、调整或修理等工作。它具有工具简单，操作灵活，可以完成用机械加工不方便或难以完成的工作。因此，尽管钳工大部分都是手工操作，对工人技术要求也较高，但在目前的机械制造和修理中，仍然是不可缺少的重要工种。

一、钳工的工作范围

钳工工作是以手工操作为主，其基本操作有划线、錾削、锯割、锉削、矫正与弯曲、铆接、锡焊、钻孔、扩孔、锪孔、铰孔、攻丝与套丝、刮削与研磨等。其应用范围如下：加工前的准备工作（如清理毛坯等）、机器的装配与修理、产品的装配与修理、工艺装备的制造与修理等。

二、钳工的分类

钳工在一般情况下可分为以下几种类型：

(1)普通钳工以生产中的工序为主。如去毛刺、锉削、钻孔、铰孔、攻丝与套扣等。

(2)划线钳工根据图纸或实物的尺寸，准确地在工件表面上划出加工界线，以便下道工序加工。

(3)工具钳工为生产中制造专用量具、样板和夹具等。

(4)模具钳工为冲压和塑压工序制造模具。

(5)机修钳工修理和维护机床设备。

(6)装配钳工产品的装配。

三、钳工安全操作常识

(1)工作场地要保持整洁，搞好文明生产。

(2)使用机床及工具前要经常检查，如有损坏应停止使用。

(3)在清理废屑时要用刷子，不可用嘴吹或用手直接清除，以免伤手或伤眼。

(4)在使用电器设备时，必须严格遵循安全规程（在指导教师的监督下）。

(5)进行操作时，必须使用防护用品（手套、面罩等）。

(6)在使用机床操作时，严禁戴手套，在使用钻头钻孔时严禁用棉纱接触钻头或擦拭零件，以免造成事故。

(7)女学员在使用钻床时必须佩戴工作帽,以免头发绞到钻床上。

第二节　钳工常用的设备

一、钳台

钳台是钳工工作的专用工作台,用来安装虎钳,放置工具、量具和工件等。钳台以木质为多,台面厚约 60 mm,表面根据需要可覆盖一层铁皮。台面离地面的高度为 800～900 mm,如图 5-1 所示,长和宽可根据工作需要而定。

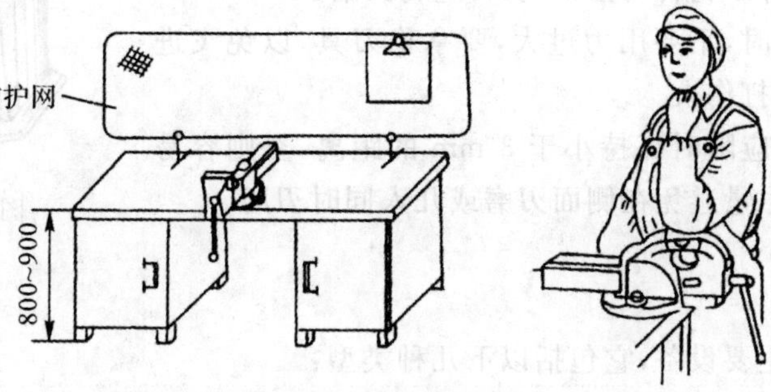

图 5-1　钳台

二、虎钳

虎钳安装在钳台上,用来夹持工件。虎钳的规格以钳口的宽度来表示,例如 100 mm 的虎钳,其钳口的宽度即为 100 mm。有时也用英寸来表示,如四寸虎钳钳口的宽度即为 4 in (1 in=25.4 mm),相当于 100 mm。虎钳的钳口应保持平行。

图 5-2 所示是两种常见的虎钳,其中图 5-2(a)为固定式虎钳;图 5-2(b)为回转式虎钳,它可以调转角度,使用比较方便。

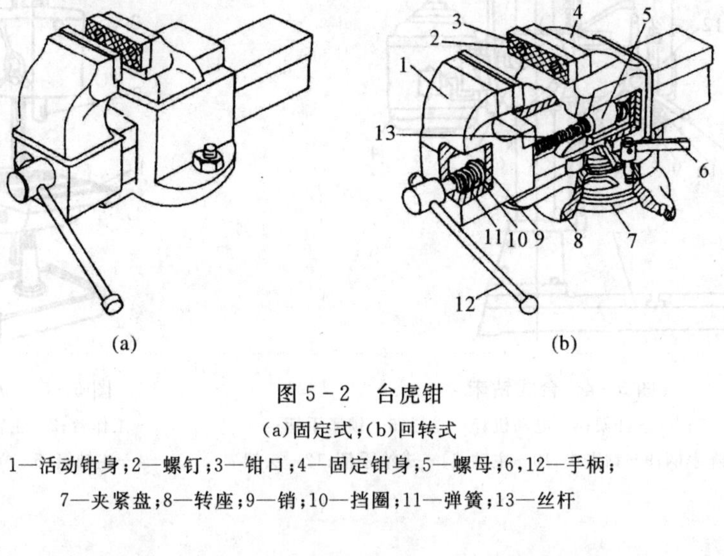

图 5-2　台虎钳

(a)固定式;(b)回转式

1—活动钳身;2—螺钉;3—钳口;4—固定钳身;5—螺母;6,12—手柄;

7—夹紧盘;8—转座;9—销;10—挡圈;11—弹簧;13—丝杆

三、砂轮机

砂轮机用来刃磨钻头、錾子和刮刀等刀具。它由电动机和砂轮组成。常用的砂轮机有落地式砂轮机和台式砂轮机两种。落地式砂轮机直接安装在地面上，体积较大，砂轮也宽大，一般用于刃磨较大的工具和刀具。台式砂轮机安装在支架或钳台上，它的体积较小，砂轮也窄小，主要用来刃磨较小而精密的刀具，如图 5－3 所示。

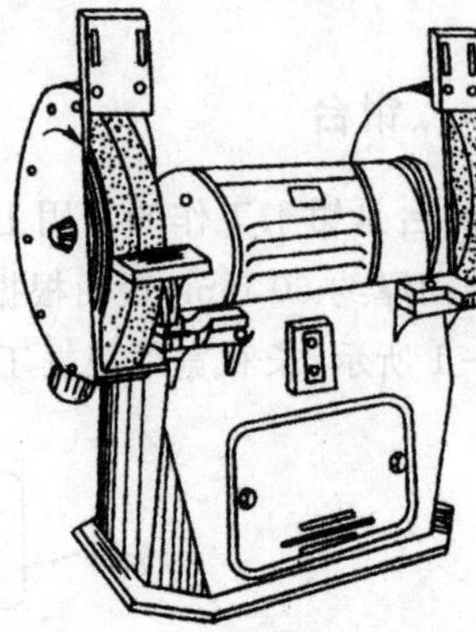

图 5－3　砂轮机

使用砂轮时，应注意以下事项：

(1)操作者要站在砂轮机侧面，不要面向砂轮。

(2)开电门后，待砂轮转动正常后，再进行刃磨。

(3)使用砂轮机时，不要用力过大，要拿稳刀具，以免飞进防护罩内，挤碎砂轮打伤人。

(4)搁架与砂轮应随时保持小于 3 mm 的距离，否则容易造成事故。同时应尽量避免在侧面刃磨或几人同时刃磨。

四、钻床

钻床是钳工的主要设备，它包括以下几种类型：

(1)台钻。它是一种小型钻床，通常安置在台案上，用来钻削直径在 12 mm 以下的孔，如图 5－4 所示。

(3)立钻。它是钻床中最普通的一种，有不同的型号，用来加工各种尺寸的孔。如 Z535 可钻削直径为 35 mm 的孔，如图 5－5 所示。

(4)摇臂钻。它适用于大而重的零件加工。

(5)手电钻。它多用来钻削直径为 12 mm 以下的孔，常用在不便于使用钻床钻孔的情况下。

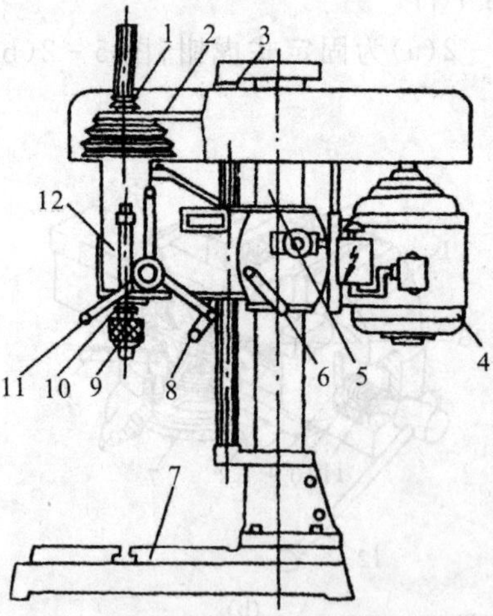

图 5－4　台式钻床

1—塔轮；2—V 带；3—丝杆架；4—电动机；5—立柱；6—锁紧手柄；7—工作台；8—升降手柄；9—钻夹头；10—主轴；11—进给手柄；12—头架

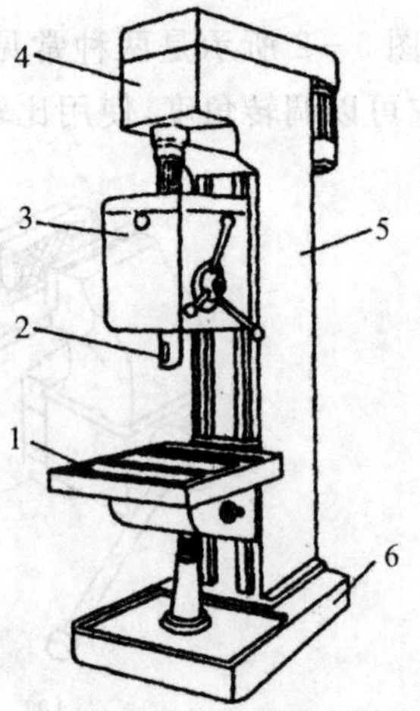

图 5－5　立式钻床

1—工作台；2—主轴；3—进给箱；4—主轴箱；5—立柱；6—底座

第三节 划 线

在工件的毛坯或已加工表面上，按照要求的尺寸，准确地划出加工界线，这种操作叫作划线。

一、划线的作用

(1)确定工件表面的加工余量，确定孔的位置或划出加工位置的找正线，给机械加工以明确的标志和依据。

(2)检查毛坯外形尺寸是否合乎要求。对于加工余量小的毛坯，通过划线及时发现，以免继续加工，浪费机械加工工时。

二、划线前的准备工作

为了使划线工作能顺利进行，在划线前必须认真做好以下准备工作。

1. 工件的准备

工件的准备工作包括工件的清理、检查和表面涂色，必要时在工件中安置中心塞块。

(1)工件的清理一般为清除铸件上的型砂、冒口、浇口和毛边，除去锻件上的飞边和氧化皮。其目的是便于工件的检查和涂色，并有利于划线和保护划线工具。

(2)工件的检查。工件清理后应进行工件的检查，目的是发现毛坯上的裂缝、夹渣、缩孔以及形状和尺寸等方面的缺陷。

(3)工件表面涂色是为了使划出的线条清晰可见，在工件表面上应先涂上一层薄而均匀的涂料。常用的涂料有白灰浆、紫溶液和硫酸铜等。

(4)在工件孔中心安置中心塞块是为了在带孔的工件上找出孔的中心，便于用圆规划圆，在孔中要装置中心塞块。

2. 工具的准备

划线前按工件图纸要求合理选择所需工具，并检查和校验工具。如有缺陷，要进行调整和修理，以免影响划线质量。

三、常用划线工具

1. 划线平板

划线平板用铸铁制成，如图 5－6 所示，表面经过刨、刮等精加工，是划线工作的基准面。因此，要保证平板的平面度、粗糙度，严禁敲打平板，用完后涂上机油，盖上木盖，以防生锈。

2. 划针

划针是用来在工件上划出线条的工具，如图 5－7 所示，通常用调质钢丝或工具钢制成，直径为 4～6 mm，长为 150～300 mm，端部淬硬后磨成 15°～20°的尖角。

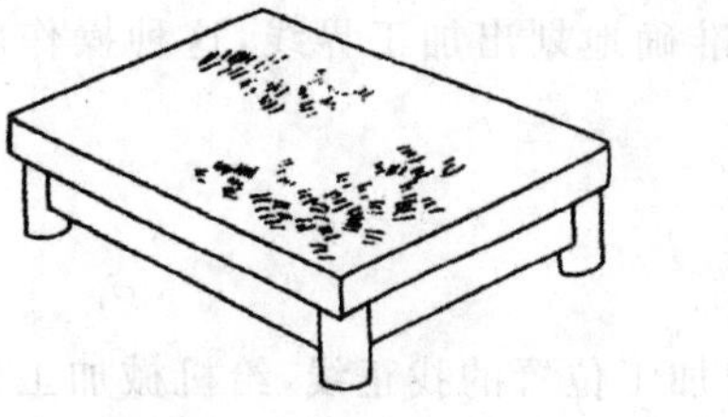

图 5-6　划线平板

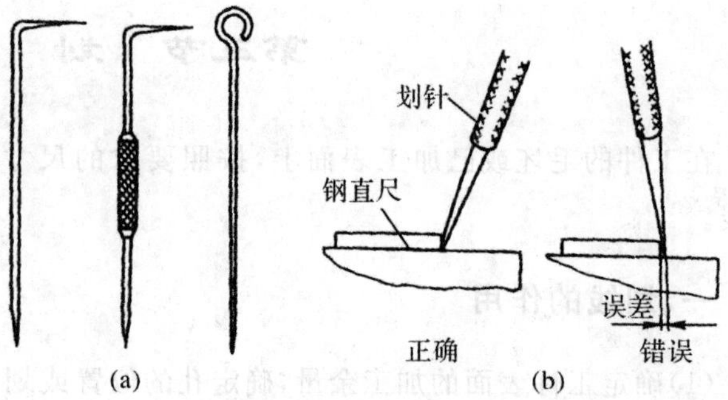

图 5-7　划针及其用法

(a)划针；(b)划针的使用

3.划规

划规在划线工作中用于划圆、划弧、划等分线段、划等分角度以及量取尺寸等。划规一般用中碳钢或工具钢制成，两角尖端经淬硬并磨尖。有的划规在角端部焊上硬质合金，则耐磨性更好。划规及其使用方法如图 5-8 所示。

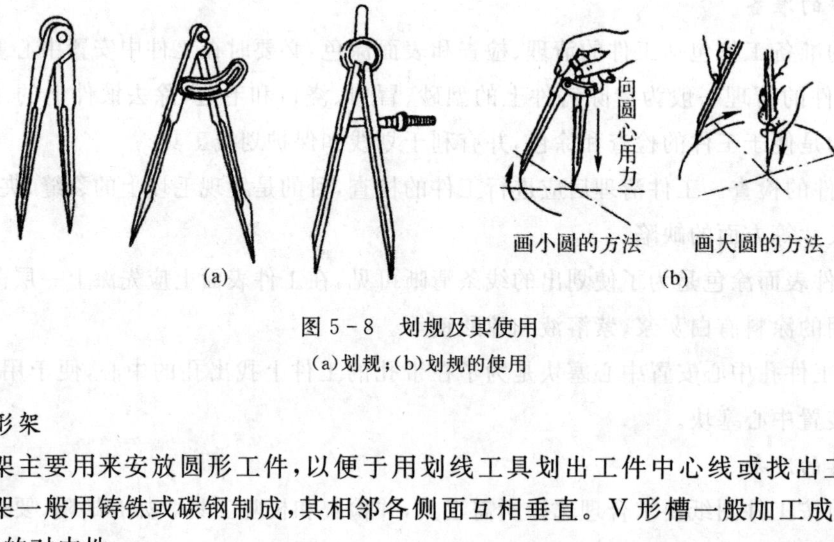

图 5-8　划规及其使用

(a)划规；(b)划规的使用

4.V 形架

V 形架主要用来安放圆形工件，以便于用划线工具划出工件中心线或找出工件的中心等。V 形架一般用铸铁或碳钢制成，其相邻各侧面互相垂直。V 形槽一般加工成 90°或 120°角，有良好的对中性。

5.方箱

方箱是用来支持划线工件的工具，并用夹紧装置把工件夹牢在方箱上。方箱是用铸铁制成的空心立方体或长方体，6 个面均经过精加工，相邻面互相垂直，相对平面互相平行，上部有 V 形槽和夹紧装置。

四、划线基准

划线时在工件上选择一个或几个面(或线)作为划线的根据，用它来确定工件的几何形状和各部分相对位置，这样的面(或线)就是划线基准。

1.选择划线基准的原则

(1)根据零件图纸上标注尺寸的基准(设计基准)作为划线基准。

(2)如果毛坯上有孔或凸起部分,则以孔或凸起部分的中心作为划线基准。

(3)如果工件上只有一个已加工的表面,应以此面作为划线的基准;如果都是毛坯表面,应以较平整的大平面作为划线基准。

2. 常用划线基准

常用的划线基准有以下几种:

(1)以两个互相垂直的平面为划线基准,如图 5-9(a)所示。

(2)以一个平面两条互相垂直的中心线为划线基准,如图 5-9(b)所示。

(3)以两条互相垂直的中心线为划线基准,如图 5-9(c)所示。

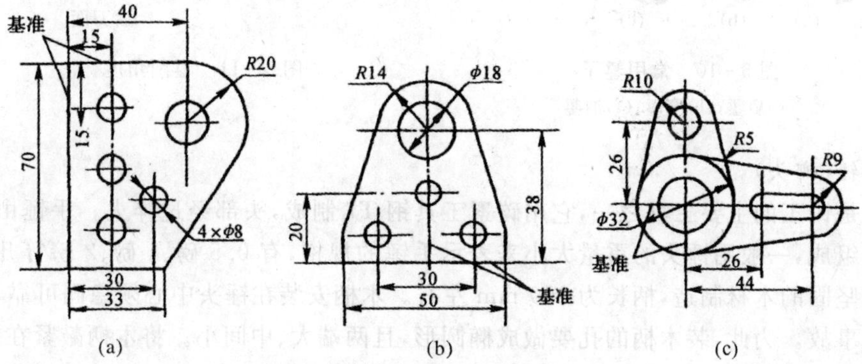

图 5-9 划线基准选择实例

五、划线方法

划线可分为平面划线和立体划线两种。

平面划线与几何作图相同,在工件的表面按图纸要求划出线或点。批量的工件划线可用样板进行,样板按工件尺寸和形状的要求用厚度为 0.5~2 mm 的钢板制成。

立体划线是在工件不同的面上划出各相关的线条。

第四节 錾 削

錾削是用手锤打击錾子并对工件切除余料的加工方法。

一、錾削的工作范围

錾削可加工平面和沟槽、切断工件、分割板料及清理铸锻毛坯上的毛刺和飞边等。

二、錾削工具

1. 錾子

錾子一般用碳素工具钢制造,切削部分淬硬。常用的錾子有扁錾[见图 5-10(a)]、窄錾[见图 5-10(b)]和油錾[见图 5-10(c)]三种。

錾子的几何角度如图 5-11 所示。錾子的楔角 β_0 对錾削工作有较大的影响。楔角 β_0 愈小,錾子刃口愈锋利,但錾子强度较差,刃口易崩裂。楔角 β_0 愈大,錾子强度愈高,但錾削时阻力较大，不易切入工件。所以在强度允许的情况下，应尽量选择较小的楔角。錾削铸铁和钢时，$\beta_0=60°\sim70°$；錾削有色金属时，$\beta_0=35°\sim60°$。

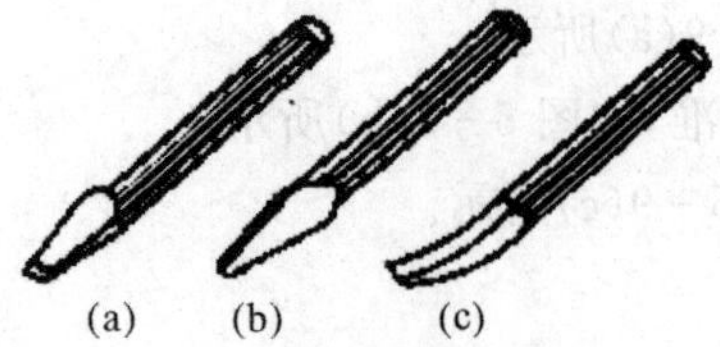

图 5-10　常用錾子

(a)扁錾；(b)窄錾；(c)油錾

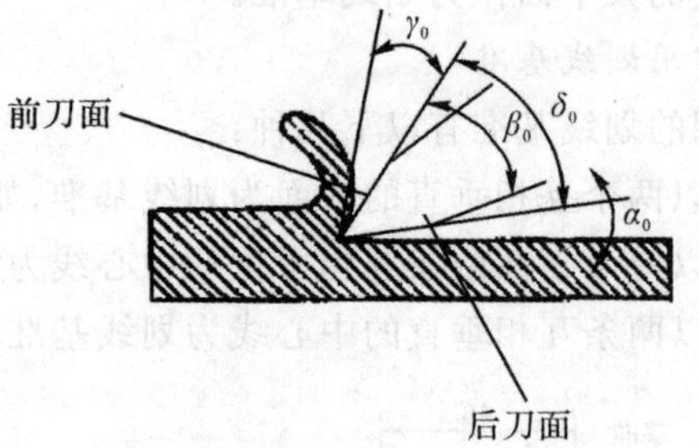

图 5-11　錾削角度

2. 手锤(榔头)

手锤是钳工的主要工具之一，它用碳素工具钢 T7 制成，头部经过淬火。手锤由锤头和木柄两部分组成，一般用锤头的重量大小来表示手锤的规格，有 0.5 磅、1 磅、2 磅等几种。木柄选用比较坚固的木材制造，柄长为 350 mm 左右。木柄安装在锤头中心须稳固可靠，要防止脱落而造成事故。为此，装木柄的孔要做成椭圆形，且两端大、中间小。将木柄敲紧在孔中后，端部再打入楔子就不易松动了。木柄做成椭圆形的作用如下：除了防止在锤头孔中发生转动以外，握在手中也不易转动，便于进行准确的敲击。

三、錾削的基本操作

1. 手锤的握法

如图 5-12 所示，手锤的握法为拇指与食指握住锤柄，其余三指稍有自然松动，锤柄露出 15～20 mm。手锤不要握得太死，以免疲劳或将手磨破。

2. 錾子的握法

錾子全长 125～150 mm。錾子一般有三种握法，如图 5-13 所示。手握錾子时顶部要露出 20～25 mm。

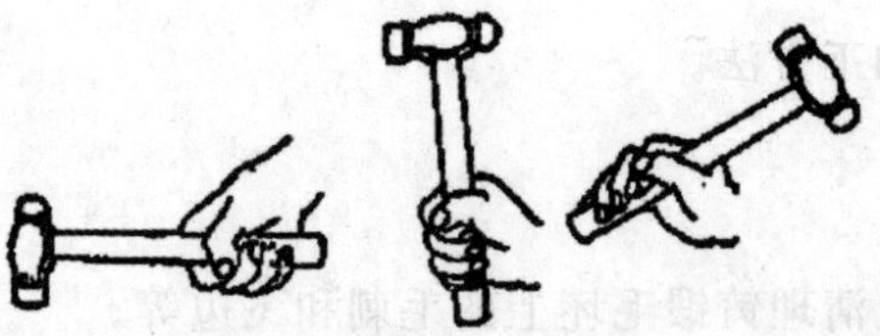

图 5-12　手锤的握法

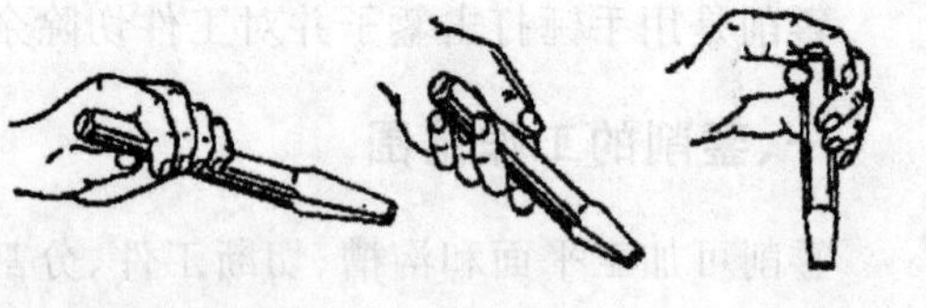

图 5-13　錾子的握法

3. 后角的控制

錾削时，錾子后刀面与工件表面(切削表面)所形成的后角 α_0 要掌握恰当。当楔角一定时，后角大小直接影响錾削工作。如果后角过大，会使錾子切入工件太深而契不动，甚至錾坏工件。一般錾削时后角 α_0 为 5°～8°，起錾时后角要稍大些。

四、錾削方法

1. 錾削平面

用扁錾錾削平面，每次錾削的厚度为 0.5～2 mm。如果錾得过厚，不仅消耗体力，而且易将工件錾坏；如果錾得过薄，錾子将会从工件表面滑脱。当錾削离尽头 10 mm 左右的时候，应调头錾余下的部分，以免使工件棱角崩裂。当錾削大平面时，先用窄錾开槽，然后用扁錾要平。

2. 錾槽

錾削油槽时，应先划出加工线，选用与键槽宽度相同的油槽錾錾削。錾子的倾斜角要灵活掌握，随加工面不停地移动，以使油槽尺寸、深浅和粗糙度达到要求。錾削后用刮刀和砂布修光。

3. 錾断

錾断薄板料和小直径棒料可在虎钳上进行。錾断板料是用扁錾沿着钳口并斜对着板料约成 45°自右向左錾削。錾断的材料其厚度与直径不能过大，板料在 4 mm 以下，棒料直径在 13 mm以下。

对于较长或大型板料的切断，如果不能在虎钳上进行，可以在铁板上錾断。

当錾断形状较复杂的板料时，最好在工件轮廓周围钻出密集的排孔，然后錾断。对于轮廓的圆弧部分，宜用窄錾錾切；对于轮廓的直线部分，宜用扁錾錾切。

第五节　锯　削

锯削是用手锯锯断金属材料或在工件上锯出沟槽的加工方法。

一、锯削工具

钳工锯削主要是用手锯进行。手锯由锯弓和锯条组成。

1. 锯弓

锯弓的作用是安装和张紧锯条。它有可调式和固定式两种，如图 5-14 所示为可调式锯弓。可调式锯弓由锯柄 1、锯弓 2、方形导管 3、夹头 4 和翼形螺母 5 等组成。夹头上安装有装锯条的销钉。夹头的另一端带有拉紧螺栓，并配有翼形螺母，以便拉紧锯条。

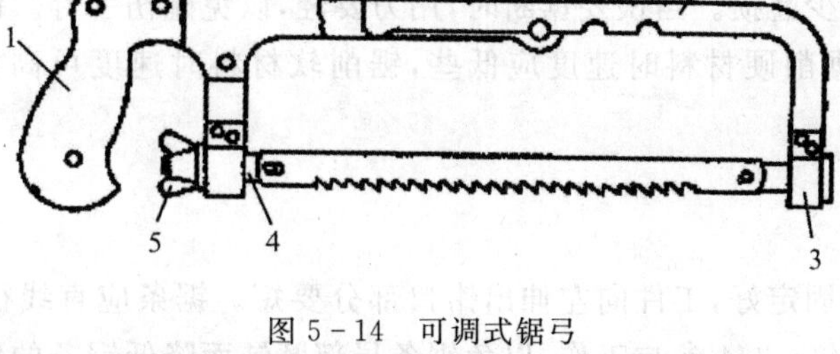

图 5-14　可调式锯弓

1—锯柄；2—锯弓；3—方形导管；4—夹头；5—翼形螺母

2. 锯条

锯条用碳素工具钢制成，并经淬火处理。常用的手工锯条约长 300 mm，宽 12 mm，厚 0.8 mm，为了适应不同硬度和厚度的工件的锯削，锯条齿距大小以 25 mm 长度所含齿数多少分为粗(14～16 个齿)、中(l8～22 个齿)、细(24～32 个齿)三种。锯削软材料或较厚的材料时应选用粗齿锯条；锯削硬材料或薄材料时应选用细齿锯条。

二、锯削的基本操作

1. 锯条的安装

在安装锯条时，锯齿尖必须向前，如图 5－15(a)所示。锯条安装在锯弓上不要过紧或过松。锯缝深度超过锯弓高度时，应将锯弓相对于锯条转 90°。如图 5－15(b)所示。

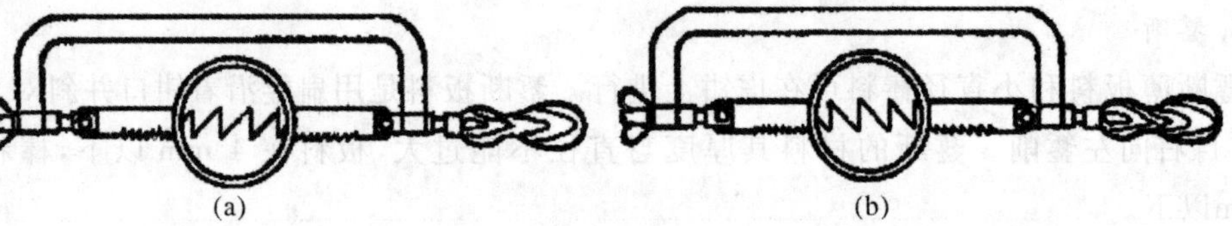

图 5－15　锯条的安装

2. 起锯方法

起锯时，锯条要垂直于工件表面，并以左手拇指靠稳锯条，使锯条正确地锯在所需的位置上。起锯角度约为 10°，使锯条同时接触工件的齿数至少要有三个，如图 5－16 所示。如果起锯角度过小，锯面增大，锯齿不易切入工件，造成锯条拉伤工件表面；如果起锯角度过大，锯齿钩住工件的棱边，会使锯齿崩裂。锯出锯口后，逐渐将锯弓处于水平方向。

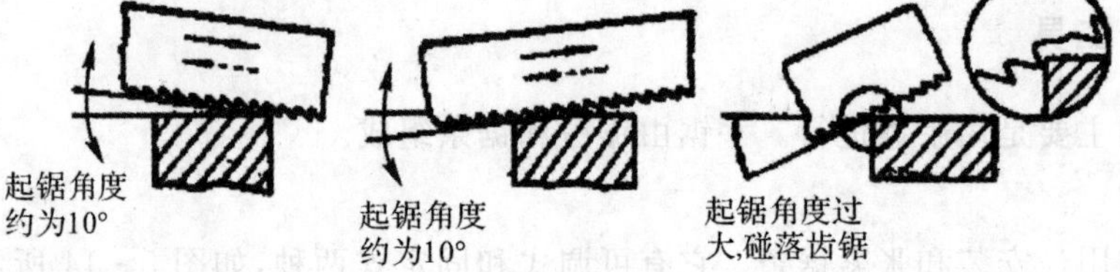

图 5－16　起锯方法

3. 锯削的压力与速度

锯条前推时起切削作用，应给以适当压力；返回时不切削，应将锯条稍微抬起或使锯条从工件上轻轻滑过以减少磨损。当快要锯断时，用力要轻，以免碰伤手臂。锯削速度应根据工件材料及其硬度而定，锯削硬材料时速度应低些，锯削软材料时速度可高些，通常每分钟往复 40～60 次。

三、锯削方法

锯削时应将工件固定好，工件向左伸出钳口部分要短。锯条应直线往返，不可左右摆动。应保持锯条全长的 2/3～3/4 参与工作，以免锯条局部磨钝而降低锯条的使用寿命。锯钢时应加机油润滑。

1. 锯扁钢

为了得到整齐的锯缝，应从扁钢较宽的面下锯，这样，锯缝深度较浅，锯条不致卡住，如图 5-17 所示。

2. 锯圆管

当锯削圆管时，应该每锯到圆管内壁后，就要把圆管向推锯方向转一角度再继续锯削[见图 5-18(a)]，要不断地旋转、锯削，直到锯断为止。不可一次单向由上而下锯断[见图 5-18(b)]。

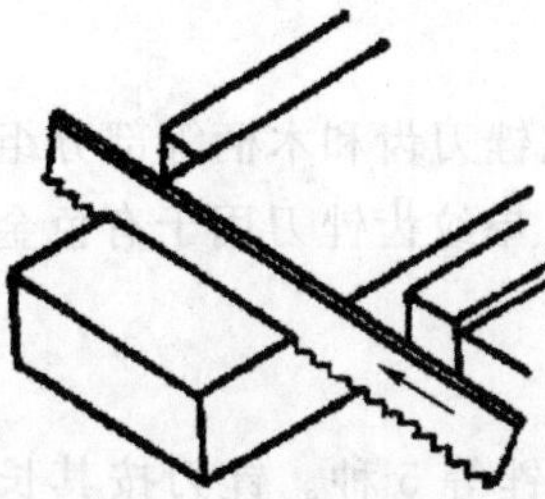

图 5-17　锯扁钢

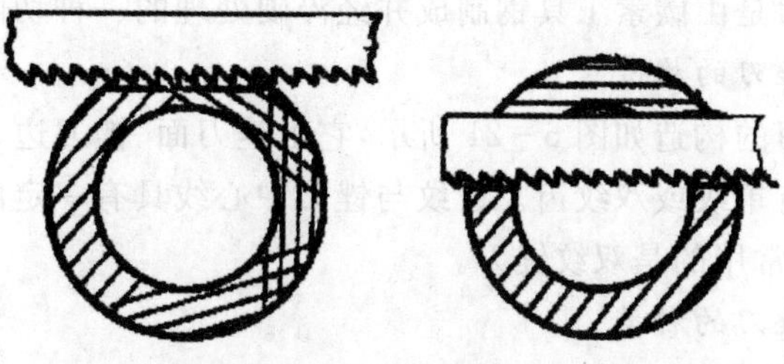

图 5-18　锯圆管

3. 锯型钢

角钢和槽钢的锯法与锯扁钢基本相同，工件应不断改变夹持位置。角钢从两面来锯，槽钢从三面来锯，如图 5-19 所示。

4. 锯薄板

锯薄板时，薄板两侧可用木板夹住，将几片薄板叠起来一起锯削。锯薄板应将槽固定在虎钳上进行，如图 5-20 所示。

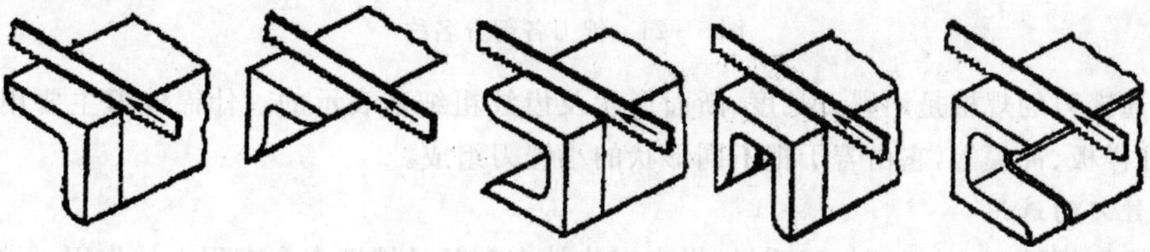

图 5-19　型钢的锯削

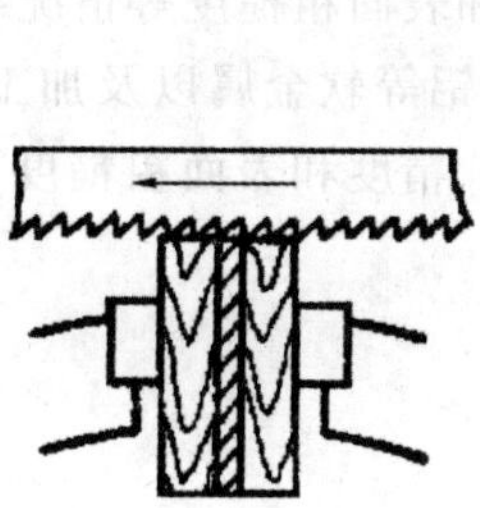

图 5-20　薄板的锯削

第六节 锉 削

锉削是用锉刀从工件表面锉去多余金属的加工方法。它可以锉削平面、孔、曲面、沟槽、内外角及各种形状的配合表面等。

一、锉刀的种类及选用

锉刀是由碳素工具钢制成并经淬硬处理的一种切削刀具。

1. 锉刀的构造

锉刀的构造如图 5-21 所示，它由锉刀面、锉刀边、锉刀尾、锉刀齿和木柄等部分组成。刀面上刻有单纹或双纹齿。齿纹与锉刀中心线具有一定的夹角。单纹齿锉刀用于有色金属的锉削，一般常用的是双纹锉刀。

2. 锉刀的种类

锉刀按其断面形状可分为平锉、方锉、圆锉、三角锉和半圆锉等 5 种。锉刀按其长度分为 100 mm(4 in)，150 mm(6 in)，…，400 mm(16 in)等。

锉刀按其齿纹的粗细可分为粗齿、中齿、细齿和最细齿 4 种。

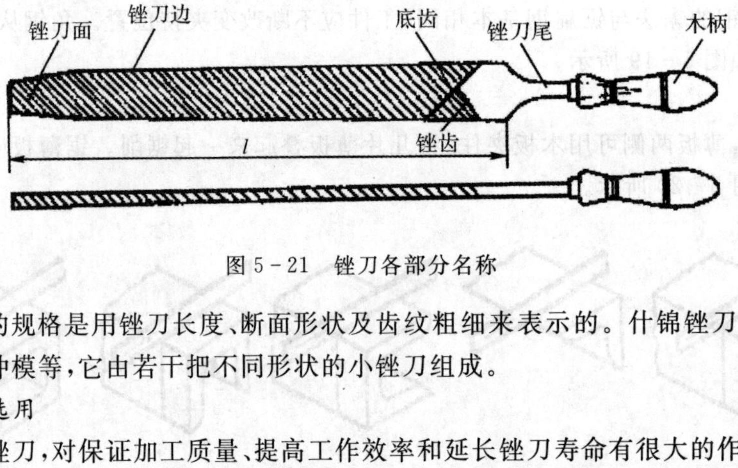

图 5-21　锉刀各部分名称

普通锉刀的规格是用锉刀长度、断面形状及齿纹粗细来表示的。什锦锉刀主要用于精细加工，如样板、冲模等，它由若干把不同形状的小锉刀组成。

3. 锉刀的选用

合理选用锉刀，对保证加工质量、提高工作效率和延长锉刀寿命有很大的作用。锉刀的长度按工件加工表面大小选用；锉刀的断面形状按工件加工表面形状来选用；锉刀齿纹的粗细按工件材料性质、加工余量、加工精度和表面粗糙度等情况综合考虑选用。粗齿锉刀由于齿间距离较大，不易堵塞，一般用于锉削铜、铝等软金属以及加工余量大、精度要求高的工件；中齿锉用于锉削钢、铸铁以及加工余量不大、精度和表面粗糙度要求较高的工件；细齿或最细齿锉刀用于最后修光工件表面。

二、锉刀的基本操作

1. 锉刀的握法

大锉刀的握法如图 5-22(a)所示。右手心抵着锉刀木柄的端头，大拇指放在锉刀木柄的上面，其余四指放在下面，配合大拇指捏住锉刀木柄。左手掌部压在锉刀另一端，拇指自然伸直，其余四指弯曲扣住锉刀前端。

中锉刀的握法如图 5－22(b)所示。右手握法与大锉刀的握法相同，左手用大拇指和食指捏住锉刀的前端。

小锉刀的握法如图 5－22(c)所示。右手拇指和食指伸直，拇指放在锉刀木柄上面，食指靠在锉刀的刀边，左手几个手指压在锉刀中部。

什锦锉刀的握法如图 5－22(d)所示。一般只用右手拿着锉刀，食指放在锉刀的上面，拇指放在锉刀的左侧。

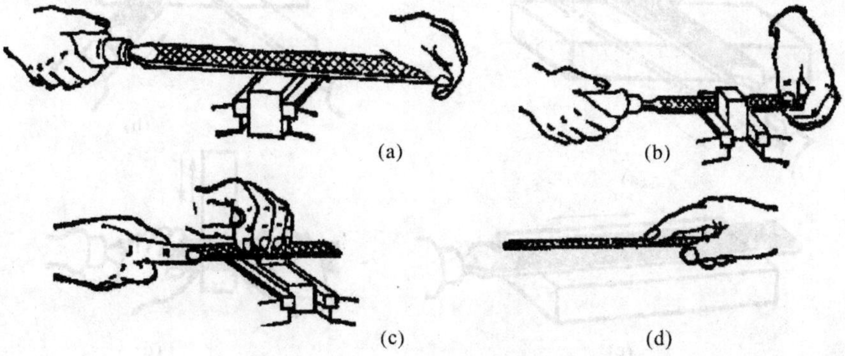

图 5－22　锉刀的握法

2. 锉削力的控制

锉削时两手施于锉刀的力应保持锉刀的平衡，这样才能锉出平整的平面(见图 5－23)。

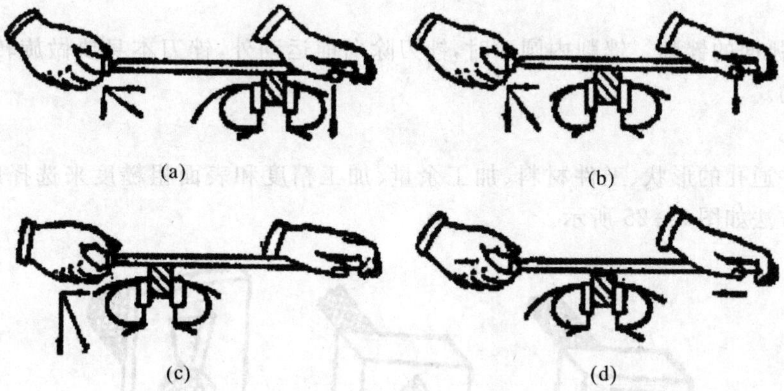

图 5－23　锉削时力的平衡

三、锉削方法

1. 平面的锉削

(1)直锉法。用直锉法时锉刀的切削运动是单方向的，锉刀每次退回时，横向移动 5～10 mm，如图 5－24(a)所示。

(2)交叉锉法，用交叉锉法时锉刀的切削运动方向是交叉进行的，如图 5－24(b)所示。这种锉削方法容易锉出准确的平面，适用于锉削余量较大的工件。

(3)顺向锉法。顺向锉法一般用于在交叉锉削后对平面进一步锉光，如图 5－24(c)所示。

(4)推锉法。推锉法如图 5－24(d)所示。两手横握锉刀，拇指抵住锉刀侧面，沿工件表面平稳地推拉锉刀，以得到平整光洁的表面。这种锉削方法是在工件表面已经锉平、余量很小的情况下，修光工件表面用的。为提高工件表面粗糙度，可在锉刀上涂些粉笔灰，或将纱布垫在锉刀下面推锉。

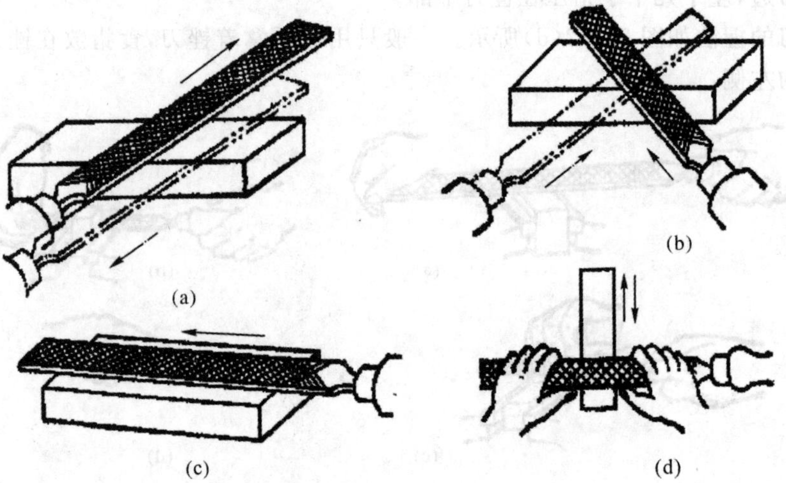

图 5－24　平面的锉削

2. 圆弧面的锉削

(1)外圆弧面的锉削。锉削外圆面时，锉刀除向前运动外，还要沿工件加工表面做圆弧运动。

(2)内圆弧面的锉削。锉削内圆面时，锉刀除向前运动外，锉刀本身要做旋转运动和向左或向右的移动。

3. 锉通孔

根据工件通孔的形状、工件材料、加工余量、加工精度和表面粗糙度来选择所需的锉刀。通孔的锉削方法如图 5－25 所示。

图 5－25　通孔的锉削

第七节　钻　削

用钻头在工件实体上加工孔的方法称为钻孔。当钻孔时，工件固定，钻头装在钻床主轴上做旋转运动，称为主运动；钻头同时沿轴线方向运动，称为进给运动。

一、麻花钻的结构

钻头是钻孔的刀具，其中以麻花钻应用最为广泛。麻花钻通常用高速钢制成，主要由以下几部分组成。如图 5-26 所示。

1. 柄部

柄部是钻头被夹持的部分，主要传递扭矩和轴向力。柄部结构有直柄和锥柄两种。直柄用于直径 13 mm 以下的钻头，能传递的扭矩较小。锥柄用于直径 13 mm 以上的钻头，锥柄的扁尾既可传递扭矩，也可避免打滑。

2. 颈部

颈部位于柄部和工作部分之间，刻有钻头的规格、商标和材料牌号等。

3. 工作部分

工作部分由切削部分和导向部分组成。导向部分由两条螺纹槽和两条棱边组成，钻孔时起排屑、导向和修光孔壁的作用，同时也是切削部分的备用段。切削部分承担主要的切削工作，包含了“六面五刃”：两个前面，即两螺旋槽表面；两个后面，即切削部分顶端的两个曲面；两个副后面，即钻头的两条棱边；两个主切削刃，即两个前面与两个后面的交线；两个副切削刃，即两个前面与两个副后面的交线；一条横刃，即两个后面的交线。如图 5-27 所示。

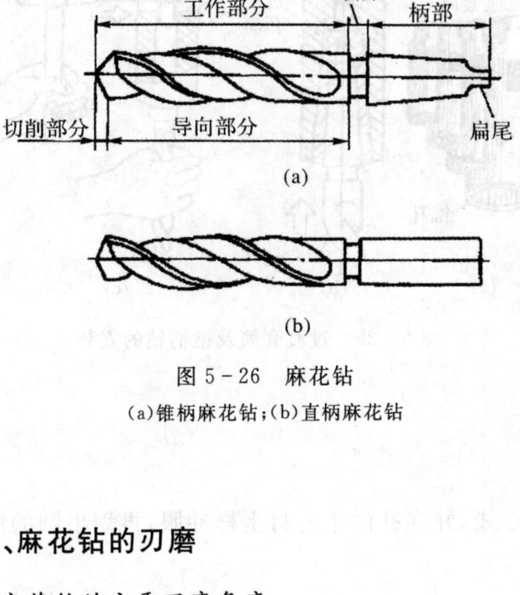

图 5-26　麻花钻

(a)锥柄麻花钻；(b)直柄麻花钻

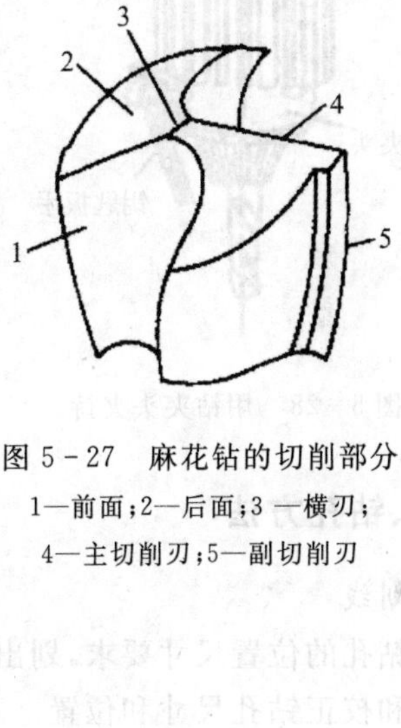

图 5-27　麻花钻的切削部分

1—前面；2—后面；3 —横刃；4—主切削刃；5—副切削刃

二、麻花钻的刃磨

1. 麻花钻的主要刃磨角度

麻花钻的切削性能、效率、质量与其切削部分的几何角度有着密切关系。标准麻花钻的角度主要有顶角、后角和横刃斜角。

(1)顶角 2φ 又称峰角，是两主切削刃之间的夹角，通常 $2\varphi=118°\pm2°$。

(2)后角 α_0，是钻头后面与切削平面之间的夹角。钻头切削刃上各点的后角并不相等，外小内大，通常后角指的是麻花钻外缘处的后角。一般小直径钻头的后角 $\alpha_0=10°\sim14°$，大直径钻头的后角 $\alpha_0=8°\sim12°$。

(3)横刃斜角，横刃与主切削刃在钻头端面投影之间的夹角，大小与钻心处刀刃上的后角大小有关,通常 $\varphi=50^\circ\sim55^\circ$。

2. 麻花钻的刃磨要求

顶角 2φ、后角 α_0 和横刃斜角 φ 应准确、合理,两主要切削刃长度相等对称,两后面要光滑。

三、钻头的安装

1. 直柄钻头的装夹

直柄钻头用钻夹头夹持。先将钻头柄塞入钻夹的三个卡爪内,其夹持长度不能小于 15 mm,然后转动锥齿钥匙扳手,使三个卡爪向内自动定心并加紧,如图 5-28 所示。

2. 锥柄钻头的装夹

锥柄钻头用柄部的锥体直接与钻床连接。连接时须将钻头锥柄及主轴锥孔擦拭干净,并用柄部扁尾对准主轴内锥端部的矩形槽孔,利用加速冲力一次装接。当钻头锥柄小于主轴锥孔时,可加过渡套筒来连接。拆卸套筒内的钻头和钻床主轴上的钻头时,可用楔铁插入套筒或钻床主轴上的矩形槽孔内,再用锤子敲击楔铁后部,使钻头与套筒或主轴分离。如图 5-29 所示。

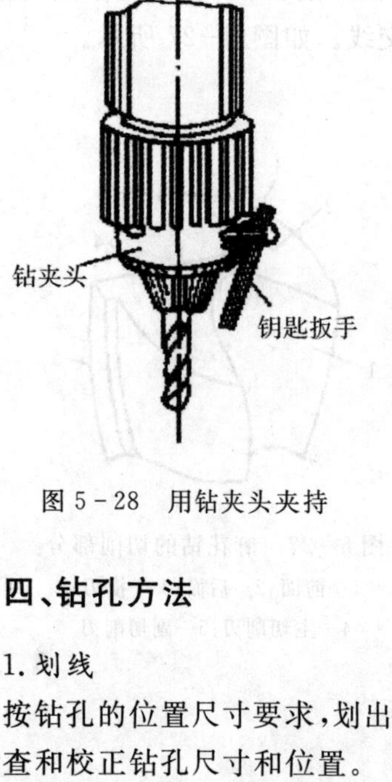

图 5-28　用钻夹头夹持

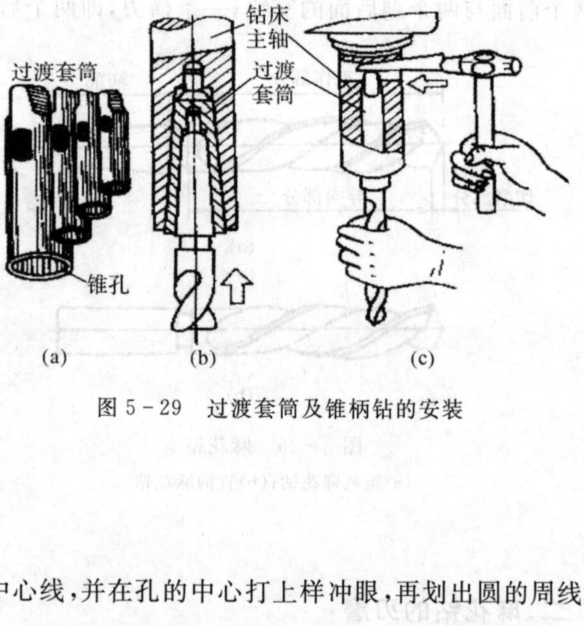

图 5-29　过渡套筒及锥柄钻的安装

四、钻孔方法

1. 划线

按钻孔的位置尺寸要求,划出孔的中心线,并在孔的中心打上样冲眼,再划出圆的周线,以便检查和校正钻孔尺寸和位置。

2. 工件的装夹

为保证钻孔的质量和安全,应选用合理的工件装夹方式。常用的基本装夹方法如图5-30所示。

(1)平整的工件可用平口钳装夹。如图 5-30(a)所示。装夹时,应使工件表面与钻头垂直。当钻直径大于 10 mm 的孔时,应将平口钳固定在工作台上。当钻通孔时,应在工件底部垫上垫铁,空出落钻位置,以免钻坏平口钳。

(2)圆柱形工件可用 V 形架装夹。如图 5-30(b)所示。钻孔时,应使钻头对准 V 形架的中心,以保证钻头出孔的中心线通过工件的轴心线。

(3)对于较大的工件,当钻孔直径 10 mm 以上且不便在平口钳上装夹时,可用压板直接装夹在钻床工作台上,如图 5-30(c)所示。

(4)对于工件基准面与钻孔位置有垂直要求的异形工件,可用角铁进行装夹,如图 5-30(d)所示。

(5)在小型工件或薄板件上钻小孔,可将工件放置在定位块上,用手虎钳来夹持,如图 5-30(e)所示。

(6)在圆柱工件的端面上钻孔,可用三爪自定心卡盘来装夹,如图 5-30(f)所示。

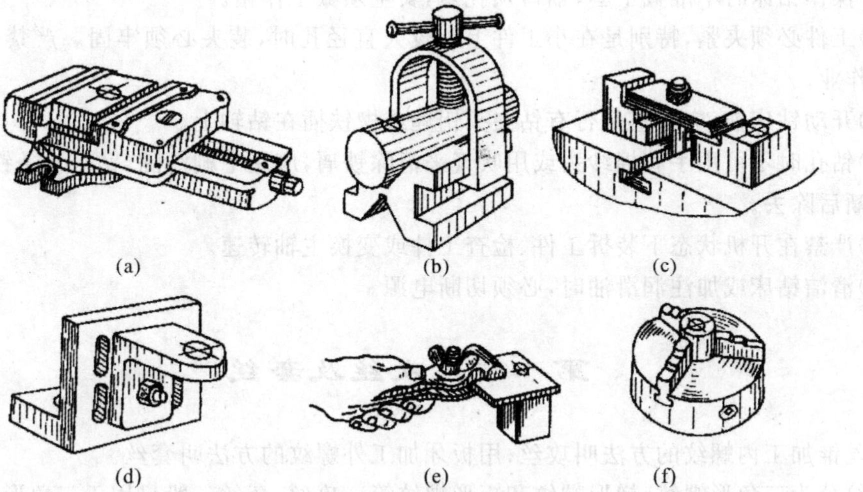

(a) (b) (c) (d) (e) (f)

图 5-30 工件的装夹方法

3. 选择钻床转速与进给量

钻床的主轴转速和进给量的选择与钻孔直径、工件材料及钻头的材料等因素有关。用高速钢钻头钻铸铁等脆性材料时,其切削速度 v 要小一些;钻铜件时,v 值稍大一些;钻钢件时,v 值更大。此外,钻小孔或深孔时,v 取值相对小些。转速 n 一般用下式确定:

$$n = 60 \times 1\,000v/(\pi d)$$

式中,n——主轴转速(r/min);

v——切削速度(m/s);

d——钻头直径(mm)。

通常切削速度取 $v=0.1\sim0.5$ m/s;进给量 $f=0.1\sim0.6$ mm/r,也就是主轴每转一圈,工件要前进 0.1~0.6 mm。

4. 起钻

钻孔时,先将钻头对准中心样冲眼钻出一浅坑,观察钻孔位置是否正确,并不断校正,使浅坑与圆同心。若发现偏心,应及时纠正,如可以重新打一个较大的样冲眼,或在钻削工件向偏心的相反方向推动,也可采用尖錾将偏心多余部分剔去再打样冲眼。

5. 手动进给操作

在起钻达到钻孔的位置要求后,即可压紧工件手动进给钻削。要注意进给用力不可过大。钻小孔或深孔时,要经常退钻排屑,以免铁屑堵塞钻孔。当孔将要钻穿时,应减小进给力,以防折断钻头或使工件转动造成事故。

6.钻孔时的切削液

为了使钻头散热冷却，减少钻削时钻头与工件、铁屑之间的摩擦，以及消除黏附在钻头和工件表面上的积削瘤，从而降低切削抗力，提高钻头寿命和改善加工表面的质量，钻孔时要加注足够的冷却液。钻钢件时，可用3%～5%的乳化液；钻铸铁时一般不加切削液，但也可用5%～8%的乳化液或煤油连续加注。

五、钻孔的安全知识

(1)操作钻床时不准戴手套，袖口须扎紧，女生须戴工作帽。

(2)工件必须夹紧，特别是在小工件上钻较大直径孔时，装夹必须牢固。严禁手持工件进行钻孔作业。

(3)开动钻床前，应检查是否有钻夹头钥匙或楔铁插在钻轴上。

(4)钻孔时不可用手和棉纱头或用吹气来清除铁屑，应用毛刷清除，钻出长条铁屑时，应用钩子钩断后除去。

(5)严禁在开机状态下装拆工件、检查工件或变换主轴转速。

(6)清洁钻床或加注润滑油时，必须切断电源。

第八节　攻丝及套丝

用丝锥加工内螺纹的方法叫攻丝；用板牙加工外螺纹的方法叫套丝。

螺纹分为三角形螺纹、梯形螺纹和矩形螺纹等。攻丝、套丝一般只用于三角形螺纹加工。

一、攻丝

1.丝锥

丝锥用碳素工具钢和高速钢制造。丝锥结构如图5-31所示，它由工作部分和柄部组成。工作部分又分为带锥度的切削部分(l_1)和不带锥度的校准部分。

切削部分的作用是切去内螺纹牙间的金属。校准部分的作用是修光螺纹和引导丝锥。柄部一般做成粗方榫，以传递扭矩。工作部分开出3～4个容屑槽，容屑槽形成丝锥的前角γ，丝锥只在切削部分铲出后角α。

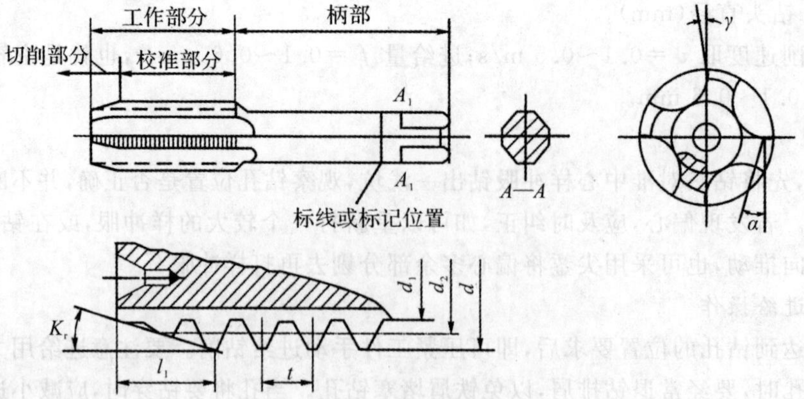

图5-31　丝锥结构

丝锥可以做成单独一支，也可以做成两支或三支一组。成组丝锥主要用在对不通孔或螺距较大的内螺纹加工上。它们的区别和适用范围见表 5－1。

表 5－1　成组丝锥的区别和适用范围

一组丝锥的支数	丝锥名称	适用范围螺距 t/mm	切削锥角 K_r	切削部分的牙数/个
1	单锥	$t \leqslant 2.5$（通孔）	$40°30'$	≈8
		$t \leqslant 2$（通孔）	$11°30'$	≈3
2	头（粗）锥	$t \leqslant 2.5$	$6°$	≈6
	二（精）锥		$17°$	≈2
3	头（粗）锥	$t > 2.5$	$4°30'$	≈8
	二（中）锥		$7°$	≈5
	三（精）锥		$17°$	≈2

成组丝锥的校准部分有等径和不等径两种。等径丝锥在一组中直径相同，只是切削锥角不同（见图 5－32）。不等径丝锥不但锥角不同，而且螺纹的大径和中径也不同。不等径丝锥各锥之间的切削负荷均匀，可以提高丝锥的使用寿命，但其使用不如等径丝锥方便。例如当攻制通螺孔时，等径丝锥只用头锥通过即可得到完整的牙形。

识别成组丝锥的头、二、三锥主要看切削部分的牙数（见表 5－1），有的丝锥在柄部加标记Ⅰ，Ⅱ，Ⅲ等字样代表头、二、三锥。航空标准（HB）规定：不等径的粗丝锥在柄部加一条标线，不等径的中丝锥加两条标线，等径丝锥和精丝锥一律无标线。这样，凡是无标线的丝锥用于通孔，都能攻出完整的牙形；用于不通孔，除螺尾长度不同外，螺纹有效部分也能达到标准直径。

2. 攻丝前的底孔尺寸

通常图纸上只标注螺纹孔的大径，并不注明螺纹孔的小径。所以在工件上钻出的孔的大小，要按照螺纹标准来计算或查表。标准普通螺纹的小径计算公式为

$$d_1 = d - 1.0825t$$

式中，d_1 ——螺纹小径（mm）；

d——螺纹大径（公称直径）（mm）；

t ——螺距（mm）。

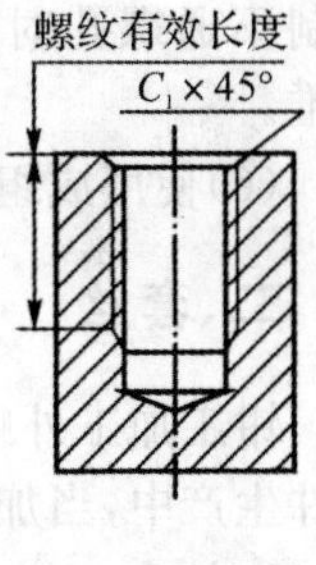

图 5－32　螺纹底孔

但在攻丝过程中，因为丝锥上几个刀齿同时切削，对金属材料产生挤压作用，结果攻丝后的螺纹小径就会小于原来的底孔直径，在塑性材料（如钢材）上攻丝尤其明显。所以底孔要做得比螺纹小径略大些，否则将造成攻丝费力，甚至有可能折断丝锥。

底孔直径可用下式计算，即

$$d_z = d - t \quad （用于塑性材料）$$

$$d_z = d - (1.04 \sim 1.08)t \quad （用于脆性材料）$$

式中，d_z ——底孔直径；

d——螺纹直径；

t ——螺距。

为了使丝锥容易进入底孔开始切削，以及防止孔口螺纹崩裂，底孔的孔口要倒角 $C_1 \times 45°$，其中 $C_1 = (1 \sim 1.5)t$（见图 5－32）。

攻制不通的螺孔时，由于丝锥的切削部分有一定长度，孔底处做不出完整的螺纹，所以底

孔还要钻深一些，以保证攻出的螺孔有足够的有效深度。

3. 攻丝的方法和注意事项

(1)将钻好底孔的工件，用虎钳或其他方法固定好。螺孔的端面要基本保持水平，以便校正丝锥的垂直。用铰杠夹持丝锥的方尾，就可以进行攻丝(见图5-33)。

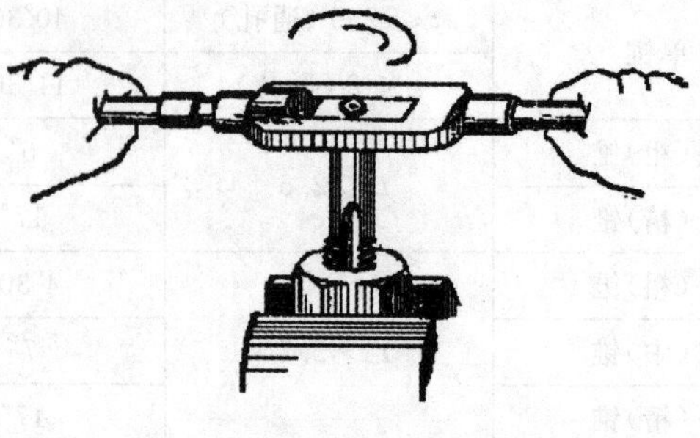

图5-33 攻丝操作

(2)开始攻丝时要给丝锥加一定的轴向压力。丝锥切入工件后，只要均匀转动铰杠，不必再施加压力，并要保证丝锥和工件表面垂直，如果丝锥倾斜，可能会造成工件报废，严重时还有折断丝锥的危险。

(3)攻丝时两手用力要均匀。每当扳1/2～1转时，要将丝锥反转1/4转，以防折断丝锥，也便于铁屑的排出。

(4)加工钢质工件时，应加机油润滑。加工铸铁、硬铝等一般可以不加润滑剂，有时可加煤油润滑。

(5)攻丝时如果已经感到很费力，不可强行转动。应将丝锥倒转退出，清除铁屑后再攻丝。攻制不通螺孔时，注意丝锥是否已经触到孔底，若已触到孔底，此时如继续硬攻，就会折断丝锥。

(6)使用成组丝锥时，要按粗、精丝锥依次取用。

二、套丝

钳工加工外螺纹时，手工套丝用得比较少，现已多被机械加工方法代替。但在零件修理和单件生产中，当加工直径不大、精度不高的外螺纹时还是经常用到套丝的方法。

1. 板牙

板牙多用合金工具钢制造，最常用的是圆板牙。圆板牙有普通圆板牙和可调式圆板牙两种(见图5-34)。可调式圆板牙直径可以在0.1～0.25 mm范围内调整。这样可以延长板牙的使用寿命。

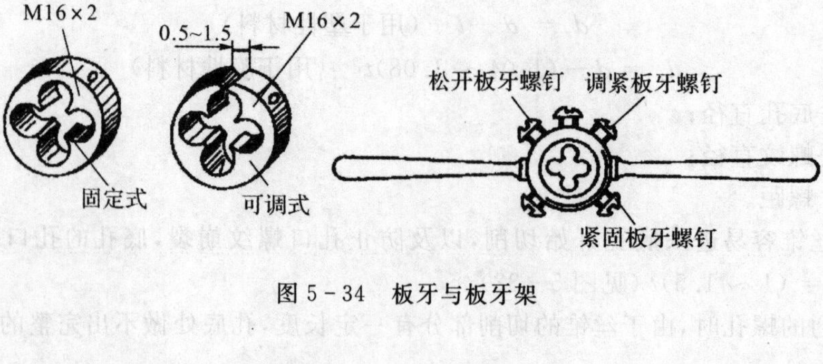

图5-34 板牙与板牙架

板牙和丝锥相似，板牙的切削部分做出锥角。锥角小容易切入工件，切削省力，螺纹表面粗糙度较好，但加长了螺纹的螺尾部分，减少了螺纹的有效长度。标准圆板牙锥角见表 5-2 及图 5-35。

表 5-2 板牙锥角

螺纹公称直径 d/mm	孔口直径 D_1/mm	切削锥角 K_r	
		Ⅰ型	Ⅱ型
1～6	$d+0.1$	25°	如图 5-35(b)所示
6～16(不含 6)	$d+0.1$	20°	
16～52(不含 16)	$d+0.2$	20°	

2. 套丝杆坯直径

用板牙套丝时，也和攻丝相似，产生的挤压作用使加工后的螺纹大径略大于杆坯直径。如果杆坯直径按螺纹大径制造，套丝时就会把板牙塞死而损坏工件和工具，因此杆坯直径要略小于螺纹大径。杆坯直径 d_t 可以查表或按下面经验公式计算求得

$$d_t = d - 0.13t$$

杆坯的端部还应该做出锥面，以便于板牙套入杆坯。锥面可以用锉刀或砂轮加工，锥面的小端直径 d_t 略小于螺纹小径。

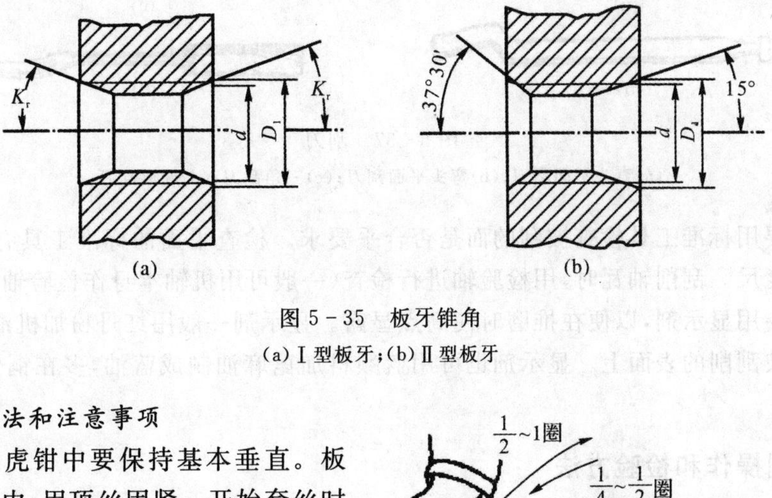

图 5-35 板牙锥角

(a) Ⅰ型板牙；(b) Ⅱ型板牙

3. 套丝方法和注意事项

杆坯夹在虎钳中要保持基本垂直。板牙装在板牙架内，用顶丝固紧。开始套丝时要注意板牙端面和杆坯中心保持垂直。板牙每扳转 1/2～1 圈时，要倒转 1/4 圈以折断铁屑(见图 5-36)。套丝时要根据工件材料加适当的冷却润滑液。开始套丝时，用板牙切削锥角小的一端进入工件，最后，可切削锥角大的一面将螺纹套到接近根部。

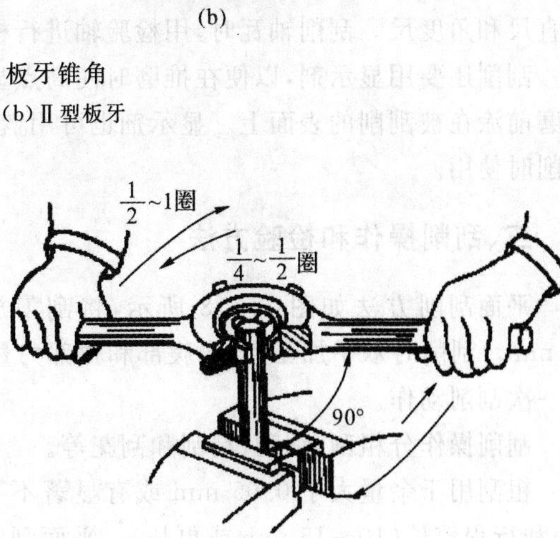

图 5-36 套螺纹

第九节 刮 削

刮削是用刮刀在工件表面刮去一层很薄的金属的手工加工方法。刮削一般只用在配合要求比较高和需要有满意支承的表面，如机床导轨、滑动轴承工作面、工具中的平板等。

一、刮削的作用

机械加工的表面因为受到机床和刀具系统的振动及其他工艺因素的影响，精度和表面粗糙度达不到理想要求。刮削可以弥补这些不足，有效地削去表面上凸出的点，刮去凸起的部分。这样反复进行，直到在整个表面上获得均匀的接触点为止。

刮削的缺点是劳动量大，生产率低，所以在成批生产中多用机械磨削代替手工刮削。但从精度上看，磨削往往不如刮削。

二、刮削工具

刮削使用的工具比较简单，这也是刮削的优点之一。刮削平面的刮刀有直头和弯头两种；曲面刮刀有三角刮刀、匙形刮刀等(见图 5－37)。

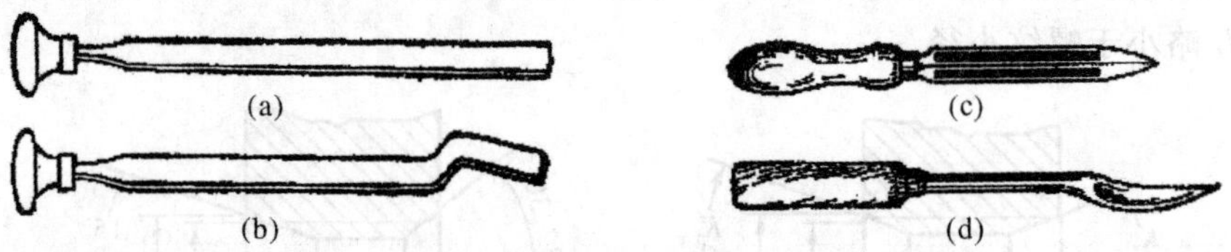

图 5－37 刮刀

(a)直头平面刮刀；(b)弯头平面刮刀；(c)三角刮刀；(d)匙形刮刀

刮削时要用标准工具检查被刮的面是否合乎要求。检查平面的标准工具有标准平板、标准直尺和角度尺。刮削轴瓦时，用检验轴进行检查(一般可用机轴本身作检验轴)。

刮削还要用显示剂，以便在推磨时使高点显露。显示剂一般用红丹粉加机油调成糊状，在推磨前涂在被刮削的表面上。显示剂也可用蓝颜料加蓖麻油制成蓝油，多在铜件或一般精管刮削时使用。

三、刮削操作和检验方法

平面刮削方法如图 5－38 所示，将刮刀放在小腹右下侧，双手握住刀身，刀刃露出约 80 mm。刮削时双手加压力，用腹部和腿部力量使刮刀向前推挤。推到适当距离抬起刮刀，完成一次刮削动作。

刮削操作分粗刮、细刮、精刮和刮花等。

粗刮用于余量大于 0.05 mm 或有显著不平的表面。粗刮的特点是刀迹较宽(10 mm 以上)和行程较长(10～15 mm 或更长)。平面刮削的检查方法是在推磨后计算一定面积内显示的点数。通常用 25 mm×25 mm 方框内的点数来表示精确的程度，点数愈多愈精密。粗刮达到 4～6 点即可。

细刮的刀迹比粗刮窄而短，刮削方向可交叉进行。细刮后使接触点更加均匀和分散，要求点数达到 8～16 个。一般导轨平面经过细刮就可以满足要求。

每次精刮的刮削面积更小，要把大而亮的接触点刮成均匀的小点，点数应达到 20～25 个。一般用于仪器上比较精密的表面。

刮花是在已刮好的平面上有规律地刮出各种花纹，这些花纹既能增加工件的美观，又在滑动表面起着存油的作用。

曲面刮削一般用在滑动轴承工作面上。粗刮时可用刮刀根部，以便刮去较多的金属；精刮时用刮刀端部。

图 5－38 平面刮削

第十节 装 配

装配是将加工好的合格零件组合成组件、部件和整台机器的过程，有时指包括装好机器以后出厂以前的过程，如试车、调整、最终检验、油漆、油封等工序都属于装配范畴。

一、装配的作用

装配是机械制造生产过程的最后环节。一台机器质量的好坏，固然很大程度上取决于零件的加工质量，但如果装配方法不正确，即使有高质量的零件，也装配不出高质量的产品。装配不当会导致产品过早磨损、降低使用性能，甚至会造成机毁人亡的事故。例如一个小螺丝掉进机器中没有被发现，或者一个锁片没有锁好，就可能损坏整台机器。熟练的装配工人往往还能在装配时发现漏检的不合格零件，并及时更换，从而可以避免事故的发生。因此装配是生产中的重要环节。航空工厂的装配车间在清洁和秩序等方面的要求比其他车间更严格。

学生进行装配实习的目的是学习一般机器的装配和拆卸方法，复习并巩固对装配图的理解，增加对机器机构的感性认识。

二、装配的组合形式

零件是由一种材料制成的，它是整体的基本装配单位（这里没有把零件表面的镀层算作不同的材料）。

组件是由几个零件组成的，常常是预先组合好的，也作为基本单位进入装配。

部件是由零件和组件组成的比较独立的部分。如车床上的床头箱、发动机中的变速箱等。

机器是由几种部件组装成的。

按拆卸可能性和活动情况，零件之间的连接有如下四种形式：

(1)不可拆卸的不动连接，如焊接或铆接过的零件。

(2)不可拆卸的活动连接，如滚动轴承。

(3)可拆卸的不动连接，如用紧固件固定的各类零件。

(4)可拆卸的活动连接，如转动轴和轴承。

按加工来源不同，零件分为基本件（在本厂制造）、标准件（在标准件厂订购）和外购成件（由其他工厂协作加工）。

按本身的功能作用，零件分为机体、传动件（如齿轮和轴）、紧固件（如螺钉、螺母）和密封件（如密封垫）等。

三、紧固件的装配和使用的工具

最常见的紧固件是各种螺钉、螺母，它们多数是标准件。装卸螺钉、螺母常用的工具有扳手和螺丝刀(又名改锥)。扳手分为通用扳手和专用扳手两种。通用扳手有固定开口扳手、活动扳手、套筒扳手和力矩扳手等(见图 5－39)。专用扳手是根据机器的特殊要求制造的。

一般情况下，装配时尽可能使用专用扳手，修理或单件生产可用通用扳手，但尽量不用活动扳手。因为活动扳手容易打滑，易把零件上的六角棱角搞坏，而且也不易控制螺丝的紧固力矩。

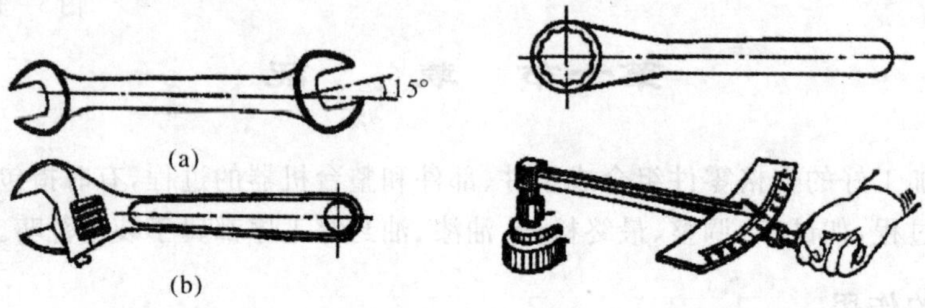

图 5－39　扳手

(a)固定开口扳手；(b)活动扳手；(c)套筒扳手；(d)力矩扳手

扳手杆的长度是有一定的规格的，它随开口大小而异。这是为了用手拧紧螺纹连接时，取得大体合适的力矩。力矩过小固然容易松动而造成事故，但力矩过大则可能在使用时发生螺钉断裂，同样会造成严重的事故。所以一般在操作中不允许任意加长扳手杆的长度。在精密机器装配中，紧固件要用扳手拧紧。

用一组紧固件固定零件时，要注意按对角线交叉并均匀地拧紧各螺纹连接件。不允许先把一边拧紧再拧另一边，否则容易把零件装歪而达不到装配的精度要求。

机器在使用过程中，螺纹连接可能会由于振动而松弛。一旦稍有松弛，紧固件就会很快脱落，这是很危险的。因此在重要的机器上各处紧固件常要采取防松措施。这些地方在装配时要特别注意。

防松结构有开口销、弹簧垫圈、锁片、保险丝、双螺母等，如图 5－40 所示。此外还有利用螺纹旋向来达到防松的目的。如砂轮机轴两端分别设计成左右螺纹，使用时，螺纹可以愈用愈紧。这种结构如果在装配时不注意而将左、右装反，就会造成砂轮飞出的重大事故。

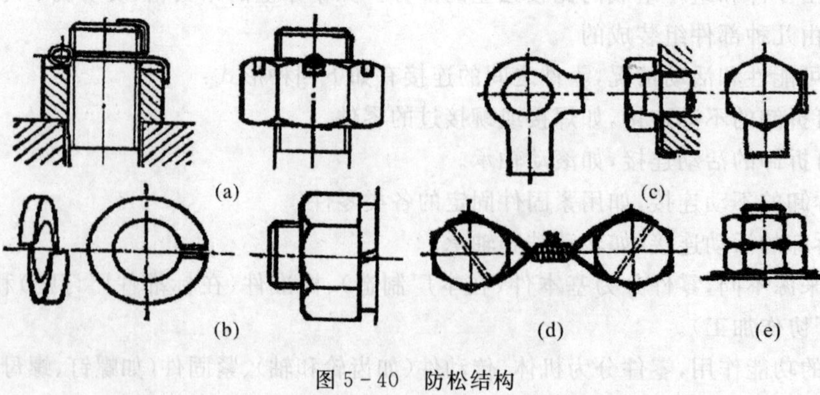

图 5－40　防松结构

为了保证零、部件在拆卸后还能装回原位，机器上常常要打上定位销。定位销孔是将零件组合以后再一起加工的。定位销分为圆柱销[见图 5－41(a)]和圆锥销[见图 5－41(b))]两种。钻出底孔后，要用直铰刀或 1∶50 锥度的铰刀铰光，使定位销和销孔有良好的配合。

机器使用一段时间以后，要进行检查和修理，这时就要对机器进行拆卸。拆卸的一般步骤和注意事项如下：

(1)拆卸前必须对机器的结构有充分的了解。初次拆卸要仔细研究机器的装配图，要防止因拆卸方法错误而损坏机器。需要修理的机器要事先把故障和毛病了解清楚，必要时要做检验记录，以便与修理后的检验结果相比较。

(2)拆卸前应该放空全部润滑油。

(3)拆卸步骤一般和装配相反，即后装的先拆。

(4)拆卸时要记住每个零件的原来位置，防止以后装错。零件拆下以后，要摆放整齐，有条不紊。即使是相同的零件，也最好各自恢复到原来位置上。例如松开螺母，卸下零件以后，常常把螺母暂时旋在原来的螺栓上。这样做既可以恢复原位又可以防止丢失。

(5)装配的零件拆卸时要用专用的工具。需要用手锤敲击时，不准用铁锤直接敲击零件，可用铜锤(或铝锤、木锤)敲击，或者用软材料垫在零件上敲，以防损坏零件。

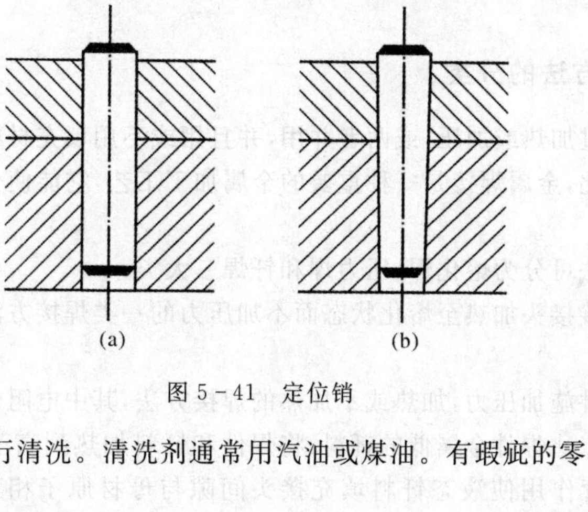

(a)　　(b)

图 5－41　定位销

(6)拆下的零件要进行清洗。清洗剂通常用汽油或煤油。有瑕疵的零件进行修理以后，还要再清洗干净才能装配。

(7)紧固件上的防松装置(如开口销、锁片等)通常在拆卸后都要更换，以防止这些零件在使用时折断而造成重大事故。

(8)有些难拆的零件，在设计时已经采取了便于拆卸的措施。例如在零件上增加了顶出螺丝孔，只要用合适的螺钉就能把零件顶出。学生在实习中应该注意这些结构的作用。

第六章 金属焊接

金属焊接是一种永久性的连接方法，广泛应用于机械制造、造船、建筑、石油化工、电力、桥梁、锅炉及压力容器制造等工业领域。在生产中有时可以用金属焊接取代铆、锻、铸等加工方法，制造比较复杂的金属结构时，金属焊接不但可以省时、省工，提高产品质量，还可以节省大量材料。随着科学技术的发展，金属焊接工艺的应用范围不断扩大，受到了各行各业的极大关注，对国民经济建设有重要的影响。

第一节 概 述

一、金属焊接方法的分类

金属焊接是通过加热或加压，或两者并用，并且用或不用填充材料使焊件达到原子结合的一种加工方法。因此，金属焊接是一种重要的金属加工工艺，它能使分离的金属连接成不可拆卸的牢固整体。

金属焊接的方法可分为熔化焊、压力焊和钎焊三大类。

熔化焊是将焊接接头加热至熔化状态而不加压力的一类焊接方法，其中电弧焊、气焊应用最为广泛。

压力焊是对焊件施加压力，加热或不加热的焊接方法，其中电阻焊应用较多。

钎焊是采用熔点比焊件金属低的钎料，将焊件和钎料加热到高于钎料的熔点而焊件金属不熔化，利用毛细管作用使液态钎料填充接头间隙与母材原子相互扩散的焊接方法，如铜焊等。

二、金属焊接的特点及应用

当今世界已大量应用金属焊接方法制造各种金属构件。金属焊接方法得到普遍的重视并获得迅速发展，它与机械连接法(如铆接、螺栓连接等)相比具有以下特点。

(1)焊接零件质量好。焊缝具有良好的力学性能，能耐高温、高压、低温，并具有良好的气密性、导电性、耐腐蚀性和耐磨性等；焊接结构刚性大，整体性好。

(2)焊接零件适用性强。焊接可以较方便地将不同形状与厚度的型材相连接；可以制成双金属结构；可以实现铸、焊结合件，锻、焊结合件，冲压、焊结合件，以致实现铸、锻、焊结合件等；焊接工作场地不受限制，可在场内、外进行施工。

(3)省工、省料、成本低、生产率高。采用焊接连接金属，一般比铆接节省金属材料 10%～20%。焊接加工快、工时少、劳动条件较好，生产周期短，易于实现机械化和自动化生产。

(4)焊接设备投资少。焊接生产不需要大型、贵重的设备,因此投产快、效率高,同时更换产品灵活方便,并能较快地组织不同批量、不同结构件的生产。

焊接也存在一些问题,例如,焊后零件不可拆,更换修理不方便;如果焊接工艺不当,焊接接头的组织和性能会变坏;焊后工件存在残余应力和变形,影响了产品质量和安全性;容易形成各种焊接缺陷,如应力集中、裂纹、引起脆断等。但只要合理地选用材料、合理选择焊接工艺、精心操作,以及严格的科学管理,就可以将焊接问题及缺陷的严重程度和危害性降低到最低,保证焊件结构的质量和使用寿命。

三、熔化焊的焊接接头

在两焊件的连接处为焊接接头,简称"接头",如图 6-1 所示。被焊工件的材料称为母材,或称基本金属。焊接中,母材局部受热熔化形成熔池,熔池不断移动并冷却后,形成焊缝;焊缝两侧部分母材受焊接加热的影响,而引起金属内部组织和力学性能变化的区域,称为焊接热影响区;焊缝边缘与母材交接的过渡区其受热到固相和液相之间,母材部分熔化,此区域称为熔合区,也称半熔化区。因此,焊接接头是由焊缝、熔合区和热影响区三部分组成。

焊缝各部分的名称如图 6-2 所示。焊缝高出母材表面的高度叫堆高(余高);熔化的宽度,即冷却凝固后的焊缝宽度称为熔宽;母材熔化的深度叫熔深。

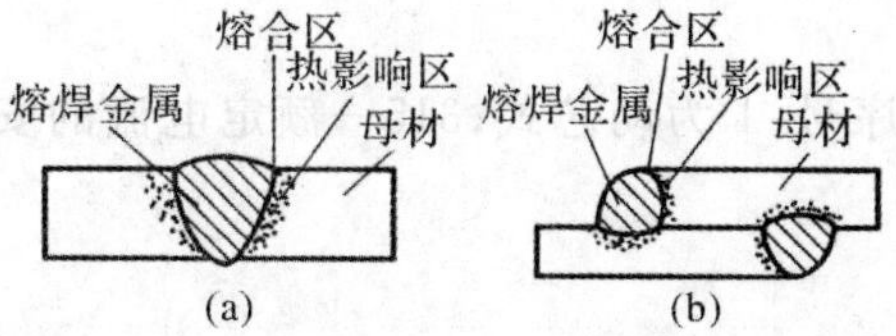

图 6-1　熔化焊焊接接头的组成

(a)对接头;(b)搭接接头

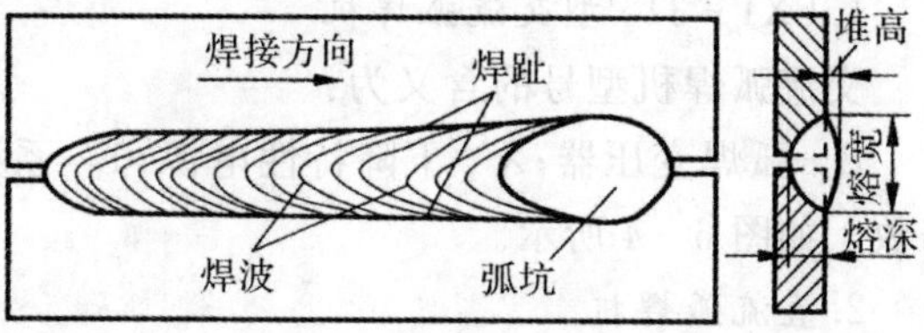

图 6-2　焊缝各部分名称

第二节　焊条电弧焊

电弧焊是熔化焊中最基本的焊接方法,它也是应用最普遍的焊接方法,其中最简单、最常见的是用手工操作电焊条进行焊接的电弧焊,称为焊条电弧焊。焊条电弧焊的设备简单,操作方便灵活,适应性强。它适用于厚度 2 mm 以上的各种金属材料和各种形状结构的焊接,尤其适于结构形状复杂、焊缝短或弯曲的焊件和各种不同空间位置的焊缝焊接。焊条电弧焊的主要缺点是焊接质量不够稳定,生产效率较低,对操作者的技术水平要求较高。

一、焊条电弧焊的焊接过程

首先,将电焊机的输出端两极分别与焊件和焊钳连接,如图 6-3 所示,再用焊钳夹持电焊条。焊接时在焊条与焊件之间引出电弧,高温电弧将焊条端头与焊件局部熔化而形成熔池。然后,熔池迅速冷却、凝固形成焊缝,使分离的两块焊件牢固地连接成一个整体。焊条的药皮熔化后形成熔渣覆盖在熔池上,熔渣冷却后形成渣壳对焊缝起保护作用,最后将渣壳清除掉,接头的焊接工作完成。

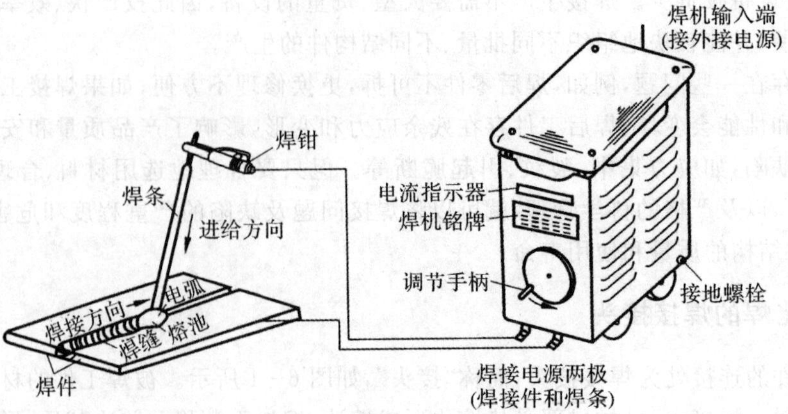

图 6-3　焊条电弧焊示意图

二、焊条电弧焊设备

焊条电弧焊的主要设备是弧焊机,俗称电焊机或焊机。电焊机是焊接电弧的电源,现介绍国内广泛使用的电弧焊机。

1. BX1-315 型交流弧焊机

交流弧焊机型号的含义为:

B—弧焊变压器;X—下降特性电源;1—系列品种序号:1 为动芯式;315—额定电流的安培数。如图 6-4 所示。

2. 直流弧焊机

直流弧焊机是供给焊接用直流电的电源设备,如图 6-5 所示,其输出端有固定的正负之分。由于电流方向不随时间的变化而变化,因此电弧燃烧稳定,运行使用可靠,有利于掌握和提高焊接质量。

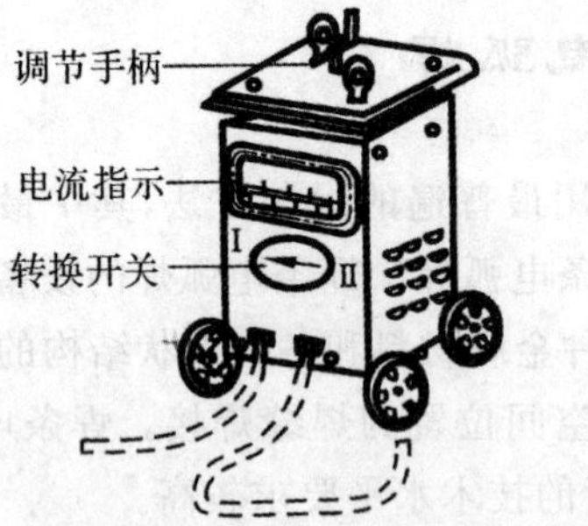

图 6-4　BX1-315 型交流弧焊机

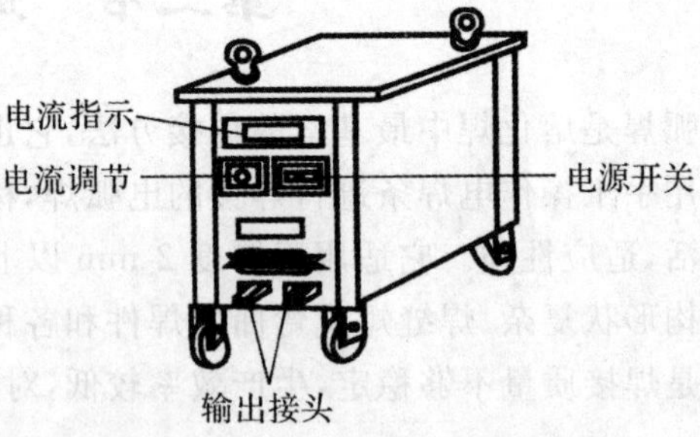

图 6-5　ZXG-300 型直流弧焊机

使用直流弧焊机时,其输出端有固定的极性,即有确定的正极和负极,因此焊接导线的连接有两种接法,如图 6-6 所示。

(1)正接法:工件接直流弧焊机的正极,电焊条接负极;

(2)反接法:工件接直流弧焊机的负极,电焊条接正极。

导线的连接方式不同,其焊接的效果会有差别,在生产中可根据焊条的性质或焊件所需热量情况来选用不同的接法。当使用酸性焊条时，焊接较厚的钢板采用正接法，因局部加热熔化所需的热量比较多，而电弧阳极区的温度高于阴极区的温度，可加快母材的熔化，以增加熔深，保证焊缝根部熔透；焊接较薄的钢板或对铸铁、高碳钢及有色合金等材料的焊接，则采用反接法，因这些零件不需要强烈的加热，反接法可防止烧穿薄钢板。当使用碱性焊条时，按规定均应采用直流反接法，以保证电弧燃烧稳定。

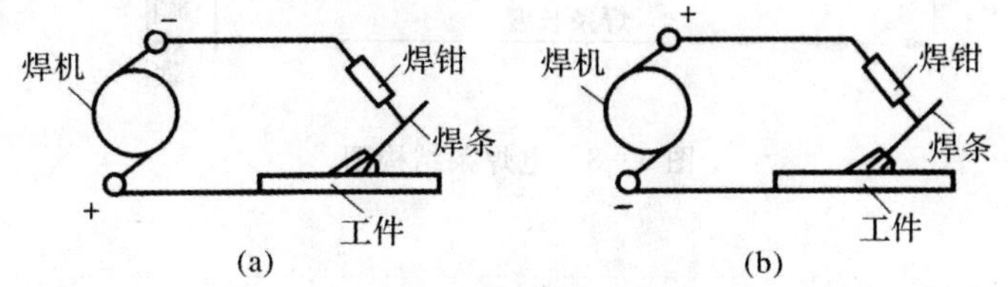

图 6－6　直流电弧焊的正接与反接

(a)正接法；(b)反接法

三、焊条电弧焊工具

常用的焊条电弧焊工具有焊钳、面罩、清渣锤、钢丝刷等，如图 6－7 所示，还有焊接电缆和劳动保护用品。

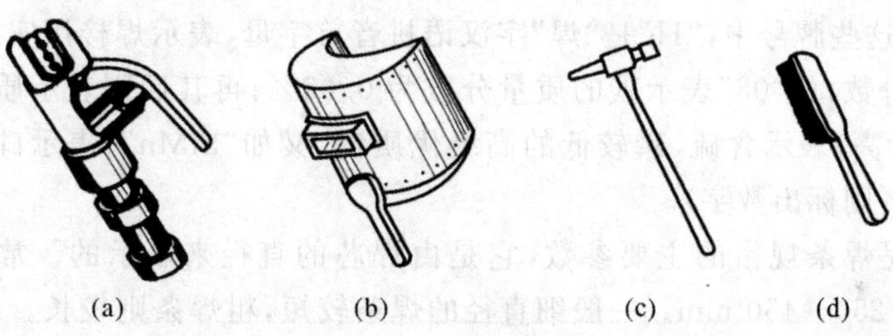

图 6－7　焊条电弧焊工具

(a)焊钳；(b)面罩；(c)清渣锤；(d)钢丝刷

(1)焊钳。焊钳是用来夹持焊条和传导电流的工具，常用的有 300 A 和 500 A 两种。

(2)面罩。面罩是用来保护眼睛和面部，免受弧光伤害及金属飞溅的一种遮蔽工具，有手持式和头盔式两种。面罩观察窗上装有有色化学玻璃，可过滤紫外线和红外线，在电弧燃烧时能通过观察窗观察电弧燃烧情况和熔池情况，以便于操作。

(3)清渣锤(尖头锤)。清渣锤是用来清除焊缝表面的渣壳。

(4)钢丝刷。钢丝刷是在焊接之前用来清除焊件接头处的污垢和锈迹；焊后清刷焊缝表面及飞溅物。

(5)焊接电缆。焊接电缆常采用多股细铜线电缆，一般可选用 THHR 型电焊橡皮套电缆或 THHR 型电焊橡皮套特软电缆。在焊钳与焊机之间用一根电缆连接，称此电缆为把线(火线)。在焊机与工件之间用另一根电缆(地线)连接。焊钳外部用绝缘材料制成，具有绝缘和绝热的作用。

四、电焊条

电焊条(简称“焊条”)是涂有药皮的供焊条电弧焊用的熔化电极。

(一)焊条的组成及作用

焊条由焊芯和药皮两部分组成,如图 6-8 所示。

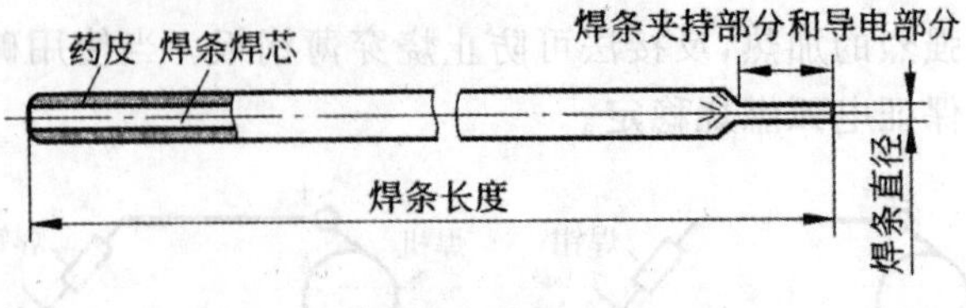

图 6-8　电焊条结构图

1.焊芯

焊芯是焊条内被药皮包覆的金属丝。它有以下作用:

(1)起到电极的作用,即传导电流,产生电弧。

(2)形成焊缝金属。焊芯熔化后,其液滴过渡到熔池中作为填充金属,并与熔化的母材熔合后,经冷凝成为焊缝金属。

为了保证焊缝金属具有良好的塑性、韧度和减少产生裂纹的倾向,焊芯是经特殊冶炼的焊条钢拉拔制成,它与普通钢材的主要区别在于具有低碳、低硫和低磷的特点。

焊芯牌号的标法与普通钢材的标法基本相同,如常用的焊芯牌号有 H08,H08A,H08SiMn 等。在这些牌号中,"H"是"焊"字汉语拼音首字母,表示焊接用实芯焊丝;其后的数字表示碳的质量分数,如"08"表示碳的质量分数为 0.08%;再其后则表示质量和所含化学元素,如"A"(读音为高)表示含硫、磷较低的高级优质钢,又如"SiMn",表示硅与锰的含量均小于 1%(若大于 1%则标出数字)。

焊条的直径是焊条规格的主要参数,它是由焊芯的直径来表示的。常用的焊条直径为 2~6 mm,长度为 250~450 mm。一般细直径的焊条较短,粗焊条则较长。表 6-1 是其部分规格。

表 6-1　焊条直径和长度规格

焊条直径/mm	2.0	2.5	3.2	4.0	5.0	5.8
焊条长度/mm	250	250	350	350	400	400
				400		
	300	300	400	450	450	450

2.药皮

药皮是压涂在焊芯上的涂料层。它是由多种矿石粉、有机物粉、铁合金粉和砧结剂等原料按一定比例配制而成。由于药皮内有稳弧剂、造气剂和造渣剂等的存在(见表 6-2),所以药皮主要有以下作用:

(1)稳定电弧。药皮中某些成分可促使气体粒子电离,从而使电弧容易引燃,并稳定燃烧和减少熔滴飞溅等。

(2)保护熔池。在高温电弧的作用下,药皮分解产生大量的气体和熔渣,防止熔滴和熔池金属与空气接触。熔渣凝固后形成渣壳覆盖在焊缝表面上,防止了高温焊缝金属被氧化,同时可减缓焊缝金属的冷却速度。

(3)改善焊缝质量。通过熔池中的冶金反应进行脱氧、去硫、去磷、去氢等有害杂质,并补充被烧损的有益合金元素。

表 6-2　焊条药皮原料及作用

原料种类	原料名称	作　用
稳弧剂	K_2CO_3、Na_2CO_3、长石、大理石($CaCO_3$)、钛白粉等	改善引弧性,提高稳弧性
造气剂	大理石、淀粉、纤维素等	造成气体保护熔池和熔滴
造渣剂	大理石、萤石、菱苦土、长石、钛铁矿、锰矿等	造成熔渣保护熔池和焊缝
脱氧剂	锰铁、硅铁、钛铁等	使熔化的金属脱氧
合金剂	锰铁、硅铁、钛铁等	使焊缝获得必要的合金成分
黏结剂	钾水玻璃、钠水玻璃	将药皮牢固地粘在焊芯上

电焊条要妥善保管,应保存在干燥的地方,避免受潮。特别是碱性焊条,每次使用前都要进行烘干处理。

(二)焊条的分类、型号及牌号

1.焊条的分类

焊条的品种繁多,有以下分类方法。

(1)焊条按国家标准可分为七大类,即碳钢焊条、低合金钢焊条、不锈钢焊条、堆焊焊条、铸铁焊条、铜及铜合金焊条和铝及铝合金焊条。其中碳钢焊条使用最为广泛。

(2)按药皮熔化成的熔渣化学性质分类:焊条分为酸性焊条和碱性焊条两大类。药皮熔渣中以酸性氧化物(如 SiO_2,TiO_2,Fe_2O_3)为主的焊条称为酸性焊条。药皮熔渣中以碱性氧化物(如 CaO,FeO,MnO,MgO)为主的焊条称为碱性焊条。在碳钢焊条和低合金钢焊条中,低氢型焊条(包括低氢钠型、低氢钾型和铁粉低氢型)是碱性焊条,其他涂料的焊条均属酸性焊条。

酸性焊条具有良好的焊接工艺性,电弧稳定,遇铁锈、油脂和水分等不易产生气孔,脱渣容易,焊缝美观,可使用交流或直流电源,应用较为广泛。但酸性焊条氧化性强,合金元素易烧损,脱硫、磷能力也差,因此焊接金属的塑性、韧性和抗裂性能不高,适用于一般低碳钢和相应强度的结构钢的焊接。

碱性焊条氧化性弱,脱硫、磷能力强,所以焊缝塑性、韧性高,扩散氢含量低,抗裂性能强。因此,焊缝接头的力学性能较使用酸性焊条的焊缝要好,但碱性焊条的焊接工艺性较差,仅适于直流弧焊机,对锈、水、油污的敏感性大,焊件易产生气孔,焊接时产生有毒气体和烟尘多,应注意通风。

(3)按焊接工艺及冶金性能要求、焊条的药皮类型来分类,可将焊条分为十大类,如氧化钛型、钛钙型、低氢钾型、低氢钠型等。

2.焊条的型号

焊条型号是由国家标准局及国际标准组织(ISO)制定,反映焊条主要特性的一种表示方法。现以 GB/T5117—1995《国标碳钢焊条》等规定,其型号编制方法为:字母"E"(英文字母)表示焊条;E 后的前两位数字表示熔敷金属抗拉强度的最小值,单位为 MPa;第三位数字表示焊条的焊接位置,若为"0"及"1"则表示焊条适用于全位置焊接(即可进行平、立、仰、横焊),"2"表示焊条适用于平焊及平角焊,"4"表示焊条适用于向下立焊;第四位和第五位数字组合时表示药皮类型及焊接电流种类，如为“03”表示钛钙型药皮、交直流正反接，又如“15”表示低氢钠型、直流反接。现举一例“E4315”说明其含义：

E—焊条；43—熔敷金属抗拉强度的最小值为430 MPa；1—焊条适用于全位置焊接；5—焊条药皮为低氢钠型，可采用直流反接焊接。

3.焊条的牌号

焊条牌号是指除国家标准的焊条型号外，考虑到国内各行业对原机械工业部部标的焊条牌号印象较深，因此仍保留了原焊条分十大类的牌号名称，其编制方法为：每类电焊条的第一个大写汉语特征字母表示该焊条的类别，如J(或“结”)代表结构钢焊条(包括碳钢和低合金钢焊条)、A代表奥氏体铬镍不锈钢焊条等；特征字母后面有三位数字，其中前两位数字在不同类别焊条中的含义是不同的，对于结构钢焊条而言，此两位数字表示焊缝金属最低的抗拉强度，单位是kgf/mm^2($1kgf/mm^2=9.81MPa$)，第三位数字均表示焊条药皮类型和焊接电源要求。现举一例“J422”说明其含义：

J—结构钢焊条；42—焊缝金属抗拉强度不小于$42kgf/mm^2$(412MPa)；2—酸性焊条钛钙型，交直流两用(若为1,3,4,5均为酸焊条；若为6,7均为碱性焊条)。

两种常用碳钢焊条型号和其相应的原牌号见表6-3。

表6-3 两种常用碳钢焊条

型 号	原牌号	药皮类型	焊接位置	电流种类
E4303	结422	钛钙型	全位置	交流、直流
E5015	结507	低氢钠型	全位置	直流反接

“焊条牌号”应尽快过渡到国家标准的“焊条型号”。若生产厂仍以“焊条牌号”标注，则必须在牌号的边上标明所属的“焊条型号”，如：焊条牌号J442(符合GB/T5117—1995 E4303型)。焊条型号与焊条牌号的关系见表6-4。

表6-4 国家标准焊条分类

国家标准			牌 号			
焊条大类(按化学成分分类)			焊条大类			
国家标准编号	名称	代号	类别	名称	代号	
					字母	汉字
GB/T5117—1995	碳钢焊条	E	一	结构钢焊条	J	结
GB/T5118—1995	低合金钢焊条	E	一	结构钢焊条	J	结
			二	镍和铬铝耐热钢焊条	R	热
			三	低温钢焊条	W	温
GB983—1985	不锈钢焊条	E	四	不锈钢焊条	G	铬
					A	奥
GB984—1985	堆焊焊条	ED	五	堆焊焊条	D	堆
			六	铸铁焊条	Z	铸
			七	镍及镍合金焊条	Ni	镍

续表

国家标准			牌号			
焊条大类(按化学成分分类)			焊条大类			
国家标准编号	名称	代号	类别	名称	代号	
					字母	汉字
GB3670—1983	铜及铜合金焊条	TCu	八	铜及铜合金焊条	T	铜
GB3669—1983	铝及铝合金焊条	TAL	九	铝及铝合金焊条	L	铝
			十	特殊用途焊条	TS	特

(三)焊条的选用

焊条的种类与牌号很多,选用的是否恰当将直接影响焊接质量、生产率和产品成本。选用时应遵循下列原则。

(1)根据焊件的金属材料种类选用相应的焊条种类。例如,焊接碳钢或普通低合金钢,应选用结构钢焊条;焊接不锈钢或耐热钢等有特殊性能要求的钢材,应选用相应的专用焊条,以保证焊缝金属的主要化学成分和性能与母材相同。

(2)焊缝金属要与母材强度相同,可根据钢材强度等级来选用相应强度等级的焊条。对异种钢焊接,应选用与强度等级低的钢材相适应的焊条。

(3)同一强度等级的酸性焊条或碱性焊条的选用,主要考虑焊件的结构形状、钢材厚度、载荷性能、钢材抗裂性等因素。例如,对于结构形状复杂、厚度大的焊件,因其刚性大,焊接过程中有较大的内应力,容易产生裂纹,应选用抗裂性好的低氢型焊条;在母材中碳、硫、磷等元素含量较高时,也应选用低氢型焊条;承受动载荷或冲击载荷的焊件应选择强度足够、塑性和韧性较高的低氢焊条。例如,焊件受力不复杂,母材质量较好、含碳量低,应尽量选用较经济的酸性焊条。

(4)焊条工艺性能要满足施焊操作需要,如在非水平位置焊接时,应选用适合于各种位置焊接的焊条。

常见结构钢焊条的选用方法见表 6-5;碳钢焊条的应用见表 6-6。

表 6-5 结构钢焊条的选用

钢 种	钢 号	一般结构	承受动载荷、复杂和厚板结构的受压容器
低碳钢	Q235,Q255,08,10,15,20	J422,J423,J424,J425	J426,J427
	Q275,20,30	J502,J503	J506,J507
普低钢	09Mn2,09MnV	J422,J423	J426,J427
	16Mn,16MnCu	J502,JSO3	J506,J507
	15MnV,15MnTi	J506,J556,JSO7,J557	J506,J556,J507,J557
	15MnVN	J556,J557,J606,J607	J556,J557,J606,J607

表 6－6　常见碳钢焊条的应用

牌　号	型号(国标)	药皮类型	焊接位置	电流类型	主要用途
J422GM	E4303	铁钙型	全位置	交流直流	焊接海上平台、船舶、车辆、工程机械等表面装饰焊缝
J422	E4303	铁钙型	全位置	交流直流	焊接较重要的低碳钢结构和同强度等级的低合金钢
J426	E4316	低氢钾型	全位置	交流直流	焊接重要的低碳钢及某些低合金钢结构
J427	E4315	低氢钠型	全位置	直流	焊接重要的低碳钢及某些低合金钢结构
J502	E5003	钛钙型	全位置	交流直流	焊接 16Mn 及相同强度等级低合金钢的一般结构
J502Fe	E5014	铁粉钛钙型	全位置	交流直流	合金钢的一般结构
J506	E5016	铁粉钛钙型	全位置	交流直流	焊接中碳钢及某些重要的低合金钢(如 16Mn)结构
J507	E5015	低氢钠型	全位置	直流	焊接中碳钢及 16Mn 等低合金钢重要结构
J507R	E5015－G	低氢钠型	全位置	直流	焊接压力容器

五、焊条电弧焊工艺

(一)焊接接头形式与焊缝坡口形式

1. 焊接接头形式

焊缝的形式是由焊接接头的形式来决定的。根据焊件厚度、结构形状和使用条件的不同，焊接接头形式分为对接接头、搭接接头、角接接头、T 形接头，如图 6－9 所示。其中对接接头受力比较均匀，使用最多，重要的受力焊缝应尽量选用。

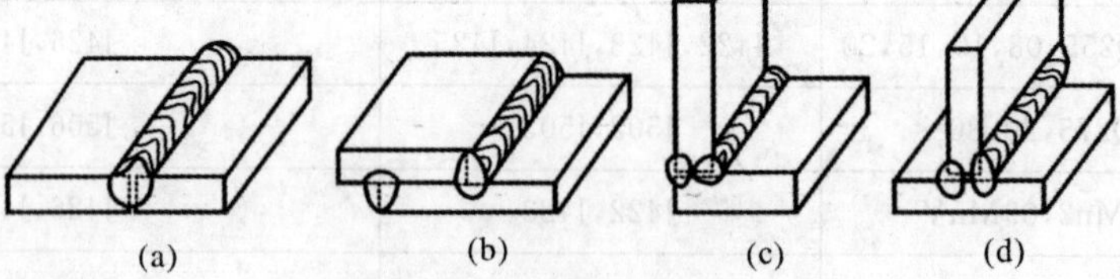

图 6－9　焊接接头形式

(a)对接；(b)搭接；(c)角接；(d)T 形接

2. 焊缝坡口形式

焊接前把两焊件间的待焊处加工成所需的几何形状的沟槽称为坡口。坡口的作用是保证电弧能深入焊缝根部，使根部能焊透，便于清除熔渣，以获得较好的焊缝成形和保证焊缝质量。坡口加工称为开坡口。常用的坡口的加工方法有刨削、车削和乙炔火焰切割等。

坡口形式应根据被焊件的结构、厚度、焊接方法、焊接位置和焊接工艺等进行选择；同时还应考虑能否保证焊缝焊透，是否容易加工、节省焊条、焊后减少变形以及提高劳动生产率等问题。

坡口包括斜边和钝边，为了便于施焊和防止焊穿，坡口的下部都要留有 2 mm 的直边，称为钝边。

对接接头的坡口形式有 I 形、Y 形、双 Y 形(X 形)、U 形和双 U 形，如图 6－10 所示。

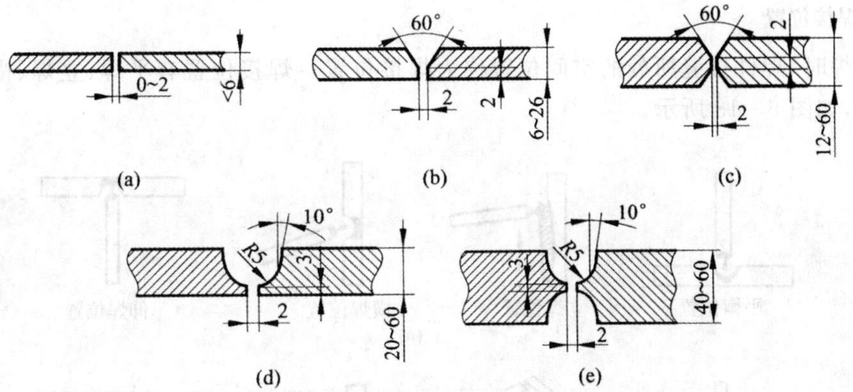

图 6－10　焊缝的坡口形式

(a)I 形坡口；(b)Y 形坡口；(c)双 Y 形(X 形)坡口；(d)U 形坡口；(e)双 U 形坡口

焊件厚度小于 6 mm 时，采用 I 形，如图 6－10(a)所示，不需开坡口，在接缝处留出 0～2 mm 的间隙即可。焊件厚度大于 6 mm 时，则应开坡口，其形式如图 6－10(b)～(e)所示，其中：Y 形加工方便；双 Y 形，由于焊缝对称，焊接应力与变形小；U 形容易焊透，焊件变形小，常用于焊接锅炉、高压容器等重要厚壁件；在板厚相同的情况下，双 Y 形和 U 形的加工比较费工。

对 I 形、Y 形、U 形坡口，采取单面焊或双面焊均可焊透，如图 6－11 所示。当焊件一定要焊透时，在条件允许的情况下，应尽量采用双面焊，因它能保证焊透。

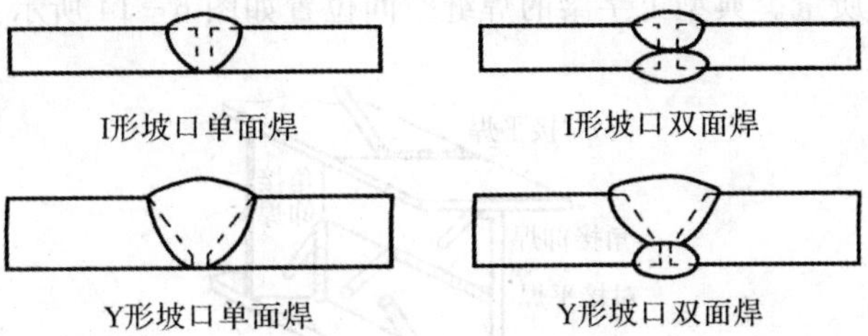

图 6－11　单面焊和双面焊

工件较厚时，要采用多层焊才能焊满坡口，如图 6－12 所示。如果坡口较宽，同一层中还可采用多道焊，如图 6－12(b)所示。多层焊时，要保证焊缝根部焊透。第一层焊道应采用直径为 3～4 mm 的焊条，以后各层可根据焊件厚度，选用较大直径的焊条。每焊完一道后，必须仔细检查、清理，才能施焊下一道，以防止产生夹渣、未焊透等缺陷。焊接层数应以每层厚度4～5 mm的原则确定。当每层厚度为焊条直径的0.8～1.2倍时，生产率较高。

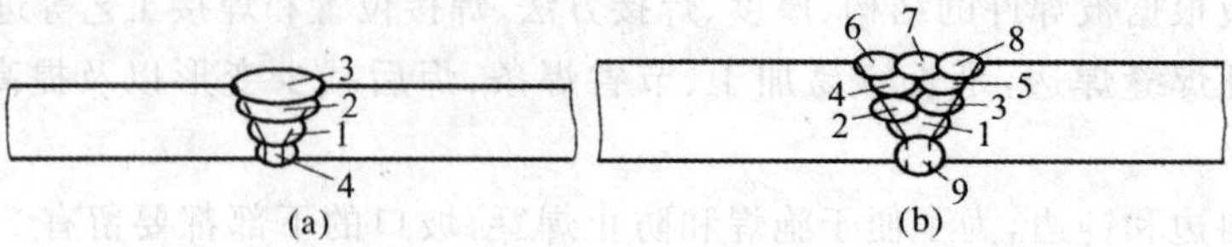

图 6-12　对接 Y 形坡口的多层焊

(a)多层焊；(b)多层多道焊

(二)焊接位置

熔化焊时，焊件接缝所处的空间位置称为焊接位置。焊接位置有平焊、立焊、横焊和仰焊位置四种，如图 6-13 所示。

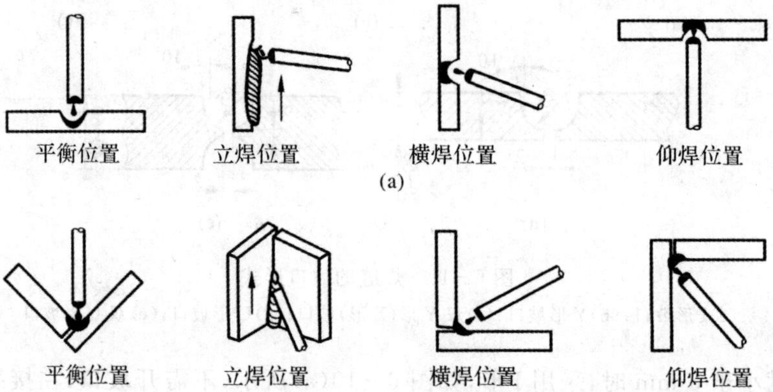

图 6-13　焊接位置

(a)对接；(b)角接

焊接位置对施焊的难易程度影响很大，从而也影响了焊接质量和生产率。其中平焊位置操作方便，劳动强度小，熔化金属不会外流，飞溅较少，易于保证质量，是最理想的操作空间位置，应尽可能地采用。立焊和横焊位置熔化金属有下流倾向，不易操作。而仰焊位置最差，操作难度大，不易保证质量。典型工字梁的焊缝空间位置如图 6-14 所示。

图 6-14　工字梁的接头形式和焊接位置

(三)焊接工艺参数

焊接工艺参数是为获得质量优良的焊接接头而选定的物理量的总称。工艺参数有焊接电流、焊条直径、焊接速度、焊弧长度和焊接层数等。工艺参数选择是否合理对焊接质量和生产率都有很大影响,其中焊接电流的选择最重要。

1.焊条直径与焊接电流的选择

焊条电弧焊工艺参数的选择一般是先根据工件厚度选择焊条直径,然后根据焊条直径选择焊接电流。焊条直径应根据钢板厚度、接头形式、焊接位置等来加以选择。在立焊、横焊和仰焊时,焊条直径不得超过 4 mm,以免熔池过大,使熔化金属和熔渣下流。平板对接时焊条直径的选择可参考表 6-7。各种焊条直径常用的焊接电流范围可参考表 6-8。

表 6-7 焊条直径的选择

钢板厚度/mm	≤1.5	2.0	3	4～7	8～12	≥13
焊条直径/mm	1.6	1.6～2.0	2.5～3.2	3.2～4.0	4.0～4.5	4.5～5.8

表 6-8 焊接电流的选择

焊条直径/mm	<1.6	≥1.6～<2.0	≥2.0～<2.5	≥2.5～<3.2	≥3.2～<4.0	≥4.0～<5.0	≥5.0～<5.8
焊接电流/A	25～40	40～70	70～90	100～130	160～200	100～270	260～300

2.焊接速度的选择

焊接速度是指单位时间所完成的焊缝长度。它对焊缝质量影响也很大。焊接速度由焊工凭经验掌握,在保证焊透和焊缝质量的前提下,应尽量快速施焊。工件越薄,焊速应越快。图 6-15 表示焊接电流和焊接速度对焊缝形状的影响。其中图 6-15(a)所示焊缝形状规则,焊波均匀并呈椭圆形,焊缝各部分尺寸符合要求,说明焊接电流和焊接速度选择合适。图 6-15(b)所示焊接电流太小,电弧不易引出,燃烧不稳定,弧声变弱,焊波呈圆形,堆高增大,熔深减小。图 6-15(c)所示焊接电流太大,焊接时弧声强,飞溅增多,焊条往往变得红热,焊波变尖,熔宽和熔深都增加焊薄板时易烧穿。图 6-15(d)所示的焊缝焊波变圆且堆高,熔宽和熔深都增加,这表示焊接速度太慢,焊薄板时可能会烧穿。图 6-15(e)所示焊缝形状不规则且堆高,焊波变尖,熔宽和熔深都小,说明焊接速度过快。

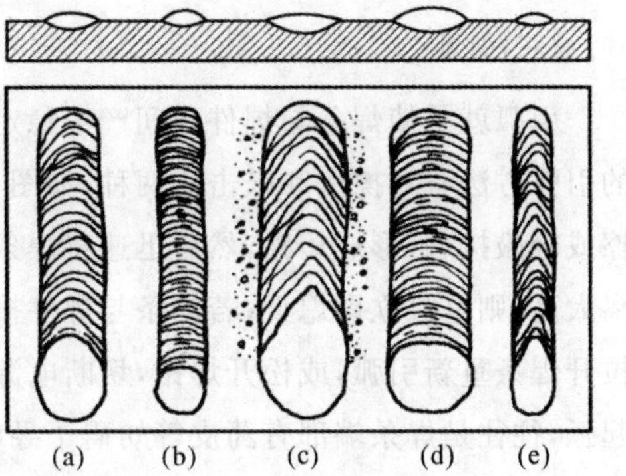

图 6-15 电流、焊速、弧长对焊缝形状的影响

3.焊弧长度的选择

电弧过长,燃烧不稳定,熔深减小,空气易侵入熔池产生缺陷。电弧长度超过焊条直径者为长弧,反之为短弧。因此,操作时尽量采用短弧才能保证焊接质量,即弧长 $L=(0.5\sim1)\,d$ (mm),一般多为 2～4 mm。

六、焊条电弧焊的基本操作

(一)焊接接头处的清理

焊接前接头处应除尽铁锈、油污，以便于引弧、稳弧和保证焊缝质量。除锈要求不高时，可用钢丝刷；要求高时，应采用砂轮打磨。

(二)操作姿势

焊条电弧焊的操作姿势如图 6-16 所示。以对接和丁字形接头的平焊从左向右进行操作为例[见图 6-16(a)]，操作者应位于焊缝前进方向的右侧；左手持面罩，右手握焊钳；左肘放在左膝上，以控制身体上部不做向下跟进动作；大臂必须离开肋部，不要有依托，应伸展自由。

图 6-16　焊接时的操作姿势

(a)平焊；(b)立焊

(三)引弧

引弧就是使焊条与焊件之间产生稳定的电弧，以加热焊条和焊件进行焊接的过程。常用的引弧方法有划擦法和敲击法两种，如图 6-17 所示。焊接时将焊条端部与焊件表面通过划擦或轻敲接触，形成短路，然后迅速将焊条提起 2～4 mm 距离，电弧即被引燃。若焊条提起距离太高，则电弧立即熄灭；若焊条与焊件接触时间太长，就会赫条，产生短路，这时可左右摆动拉开焊条重新引弧，或松开焊钳，切断电源，待焊条冷却后再作处理；若焊条与焊件经接触而未起弧，往往是焊条端部有药皮等妨碍了导电，这时可重击几下，将这些绝缘物清除，直到露出焊芯金属表面。

焊接时，一般选择焊缝前端 10～20 mm 处作为引弧的起点。对焊接表面要求很平整的焊件，可以另外引用引弧板引弧。如果焊件厚薄不一致、高低不平、间隙不相等，则应在薄件上引弧向厚件施焊，从大间隙处引弧向小间隙处施焊，由低的焊件引弧向高的焊件处施焊。

(四)焊接的点固

为了固定两焊件的相对位置，以便施焊，在焊接装配时，每隔一定距离焊上 30～40 mm 的短焊缝，使焊件相互位置固定，称为点固，或称定位焊，如图 6-18 所示。

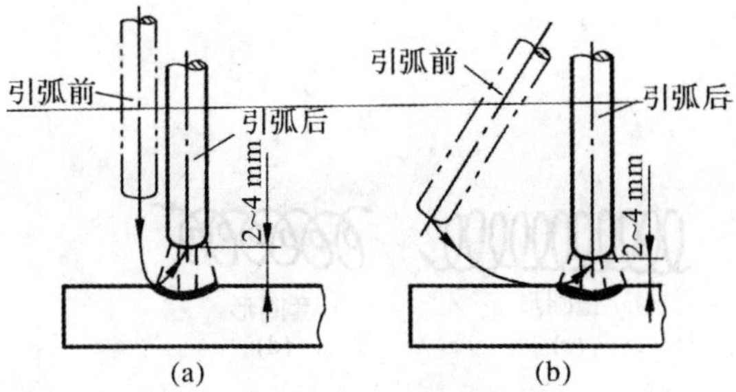

图 6－17　引弧方法

(a)敲击法；(b)划擦法

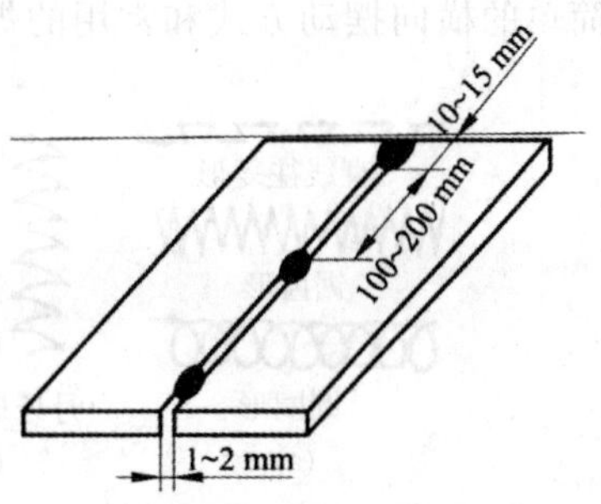

图 6－18　焊接的点固

(五)运条

焊条的操作运动称为运条。焊条的操作运动实际上是一种合成运动，即焊条同时完成三个基本方向的运动：焊条沿焊接方向逐渐移动，焊条向熔池方向做逐渐送进运动，焊条的横向摆动如图 6－19 所示。

(1)焊条沿焊接方向的前移运动。其移动的速度称为焊接速度。握持焊条前移时，首先应掌握好焊条与焊件之间的角度。各种焊接接头在空间的位置不同，其角度有所不同。平焊时，焊条应向前倾斜 70°～80°，如图 6－20 所示，即焊条在纵向平面内，与正在进行焊接的一点垂直于焊缝轴线的垂线，向前所成的夹角。此夹角影响填充金属的熔敷状态、熔化的均匀性及焊缝外形，能避免咬边与夹渣，有利于气流把熔渣吹后覆盖焊缝表面以及对焊件有预热和提高焊接速度等作用。

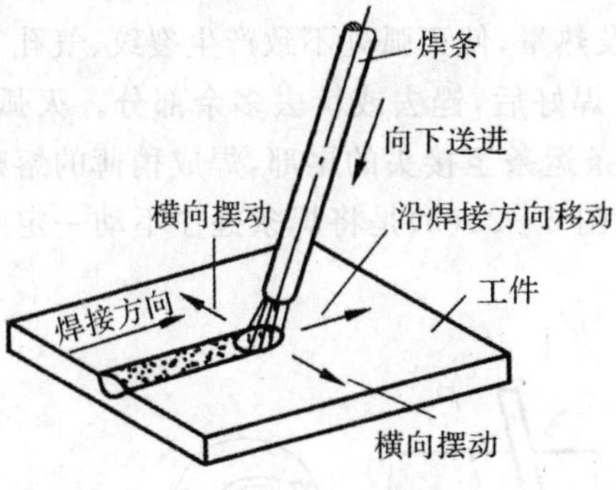

图 6－19　焊条的三个基本运动方向

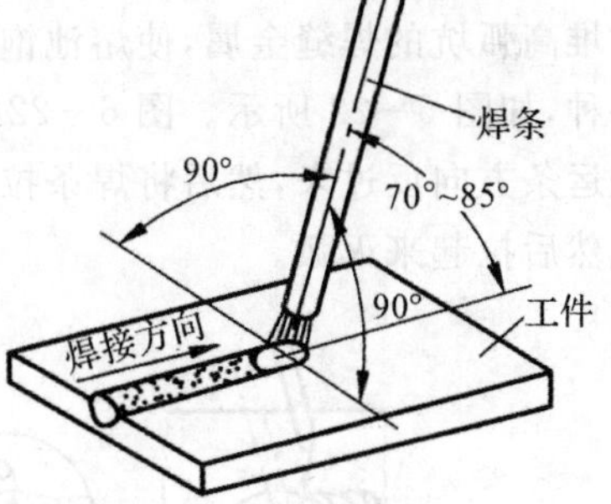

图 6－20　平焊的焊条角度

(2)焊条的送进运动。送进运动是沿焊条的轴线向焊件方向的下移运动。维持电弧是靠焊条均匀的送进，以逐渐补偿焊条端部的熔化过渡到熔池内。进给运动应使电弧保持适当长度，以便稳定燃烧。

(3)焊条的摆动。焊条在焊缝宽度方向上的横向运动，其目的是加宽焊缝，并使接头达到足够的熔深，同时可延缓熔池金属的冷却结晶时间，有利于熔渣和气体浮出。焊缝的宽度和深度之比称为“宽深比”，窄而深的焊缝易出现夹渣和气孔。焊条电弧焊的“宽深比”为 2～3。焊条摆动幅度越大，焊缝就越宽。焊接薄板时，不必过大摆动甚至直线运动即可，这时的焊缝宽度为焊条直径的 0.8～1.5 倍；焊接较厚的焊件时需摆动运条，焊缝宽度可达直径的 3～5 倍。

几种简单的横向摆动方式和常用的焊接走势如图 6－21 所示。

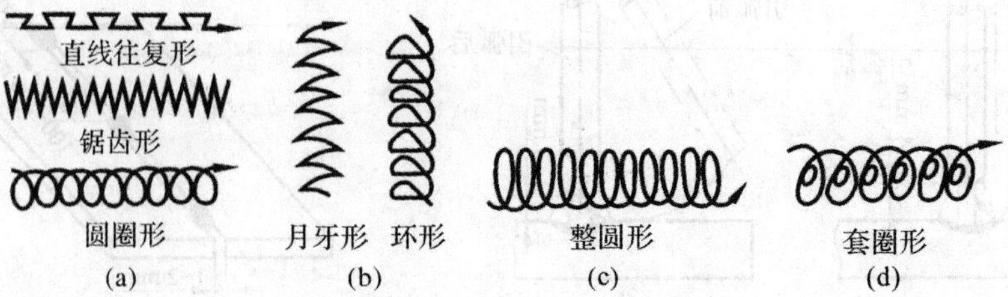

图 6－21　常用的运条方法

(a)平焊；(b)立焊；(c)横焊；(d)仰焊

综上所述，引弧后应按三个运动方向正确运条，并对应用最多的对接平焊提出其操作要领，主要掌握好“三度”：焊条角度、电弧长度和焊接速度。

(1)焊接角度。如图 6－20 所示，焊条应向前倾斜 70°～80°。

(2)电弧长度。一般合理的电弧长度约等于焊条直径。

(3)焊接速度。合适的焊接速度应使所得焊道的熔宽约等于焊条直径的两倍，其表面平整、波纹细密。焊速太高时焊道窄而高，波纹粗糙，熔合不良。焊速太低时，熔宽过大，焊件容易被烧穿。

同时要注意：电流要合适，焊条要对正，电弧要低，焊速不要快，力求均匀。

(六)灭弧(熄弧)

在焊接过程中，电弧的熄灭是不可避免的。灭弧不好，会形成很浅的熔池，焊缝金属的密度和强度差，因此最易形成裂纹、气孔和夹渣等缺陷。灭弧时将焊条端部逐渐往坡口斜角方向拉，同时逐渐抬高电弧，以缩小熔池，减小金属量及热量，使灭弧处不致产生裂纹、气孔等缺陷。灭弧时堆高弧坑的焊缝金属，使熔池饱满地过渡，焊好后，锉去或铲去多余部分。灭弧操作方法有多种，如图 6－22 所示。图 6－22(a)是将焊条运条至接头的尾部，焊成稍薄的熔敷金属，将焊条运条方向反过来，然后将焊条拉起来灭弧；图 6－22(b)是将焊条握住不动一定时间，填好弧坑然后拉起来灭弧。

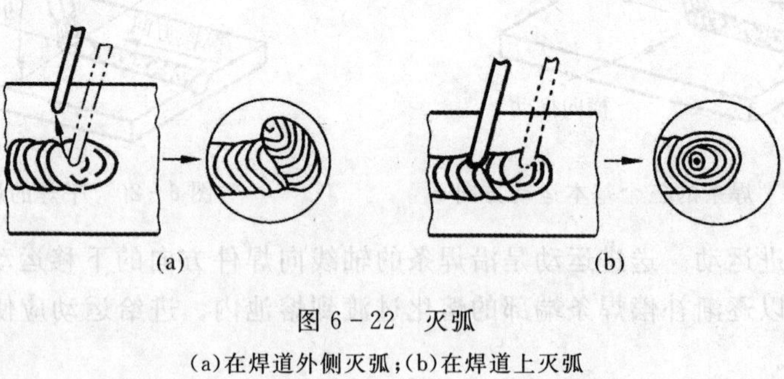

图 6－22　灭弧

(a)在焊道外侧灭弧；(b)在焊道上灭弧

(七)焊缝的起头、连接和收尾

1. 焊缝的起头

焊缝的起头是指刚开始焊接的部分，如图 6－23 所示。在一般情况下，因为焊件在未焊时温度低，引弧后常不能迅速使温度升高，所以这部分熔深较浅，使焊缝强度减弱。为此，应在起弧后先将电弧稍拉长，以利于对端头进行必要的预热，然后适当缩短弧长进行正常焊接。

2.焊缝的连接

焊条电弧焊时，由于受焊条长度的限制，不可能一根焊条完成一条焊缝，因而出现了两段焊缝前后之间连接的问题。应使后焊的焊缝和先焊的焊缝均匀连接，避免产生连接处过高、脱节和宽窄不一的缺陷。常用的连接方式有如图 6－24 所示几种。

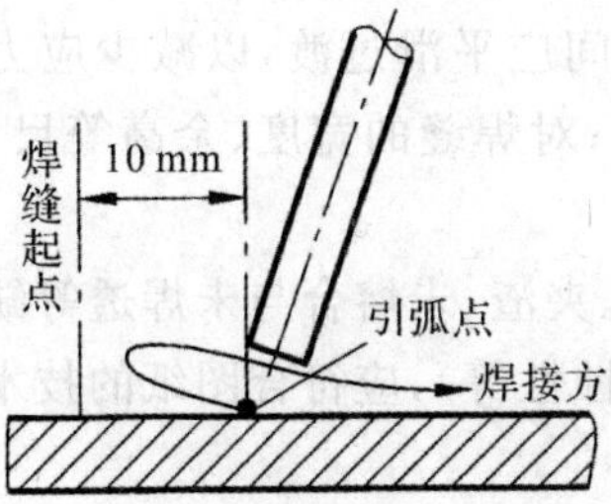

图 6－23　焊缝的起头

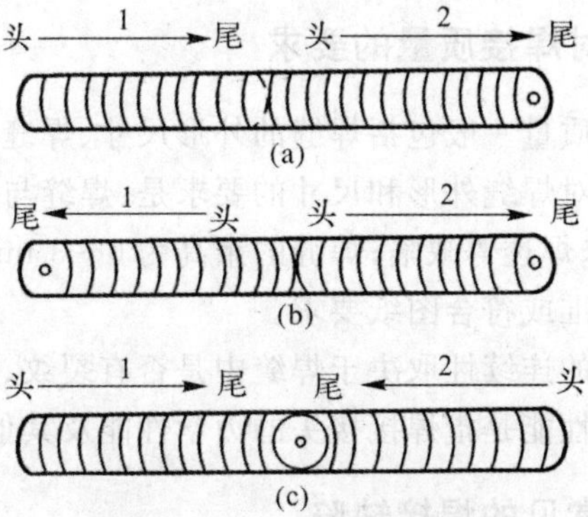

图 6－24　焊接接头的几种情况

(a)后焊焊缝的起头与先焊焊缝的结尾相接；

(b)后焊焊缝的起头与先焊焊缝的起头相接；

(c)后焊焊缝的结尾与先焊焊缝的结尾相接

3.焊缝的收尾

焊缝的收尾是指一条焊缝焊完后，应把收尾处的弧坑填满。当一条焊缝结尾时，如果熄弧动作不当，则会形成比母材低的弧坑，从而使焊缝强度降低，并形成裂纹。碱性焊条因熄弧不当而引起的弧坑中常伴有气孔，所以不允许有弧坑出现。因此，必须正确掌握焊段的收尾工作，一般收尾动作有以下几种。

(1)划圈收尾法。划圈收尾法如图 6－25(a)所示，电弧在焊段收尾处做圆圈运动，直到弧坑填满后再慢慢提起焊条熄弧。此方法最宜用于厚板焊接，若用于薄板焊接，则易烧穿。

(2)反复断弧收尾法。反复断弧收尾法是在焊段收尾处较短时间内，电弧反复熄弧和引弧数次，直到弧坑填满，如图 6－25(b)所示。此方法多用于薄板和多层焊的底层焊中。

(3)回焊收尾法。回焊收尾法是电弧在焊段收尾处停住，同时改变焊条的方向，如图 6－25(c)所示，由位置 1 移至位置 2，待弧坑填满后，再稍稍后移至位置 3，然后慢慢拉断电弧。此方法对碱性焊条来说较为适宜。

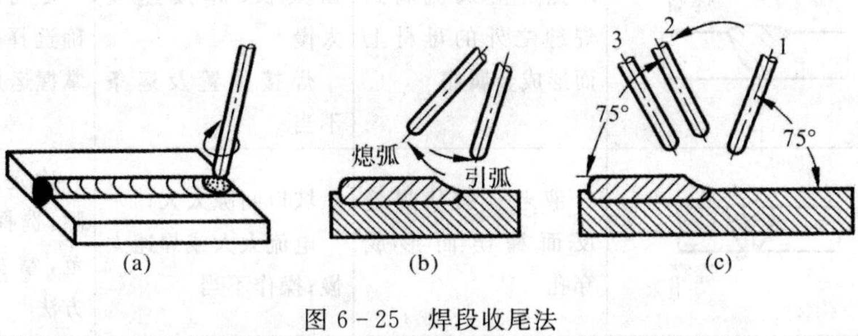

图 6－25　焊段收尾法

(a)划圈收尾法；(b)反复断弧收尾法；(c)回焊收尾法

(八)焊件清理

焊后用钢丝刷等工具将焊渣和飞溅物清理干净。

第三节　焊 接 质 量

一、对焊接质量的要求

焊接质量一般包括焊缝的外形尺寸、焊缝的连续性和焊缝性能三个方面。

一般对焊缝外形和尺寸的要求是：焊缝与母材金属之间应平滑过渡，以减少应力集中；没有烧穿、未焊透等缺陷；焊缝的余高为 0～3 mm，不应太大；对焊缝的宽度、余高等尺寸都要符合国家标准或符合图纸要求。

焊缝的连续性取决于焊缝中是否有裂纹、气孔与缩孔、夹渣、未熔合与未焊透等缺陷。

焊缝性能是指焊接接头的力学性能及其他性能(如耐蚀性等)，应符合图纸的技术要求。

二、常见的焊接缺陷

常见焊接缺陷产生的原因及防止措施见表 6－9。

表 6－9　常见焊接缺陷产生的原因及防止措施

缺陷名称	缺陷简图	缺陷特征	产生原因	防止措施
尺寸和外形不符合要求		焊波粗劣，焊缝宽度不匀，高低不平	运条不当； 焊接规范、坡口尺寸选择不好	选择恰当的坡口尺寸、装配间隙及焊接规范，熟练掌握操作技术
咬边	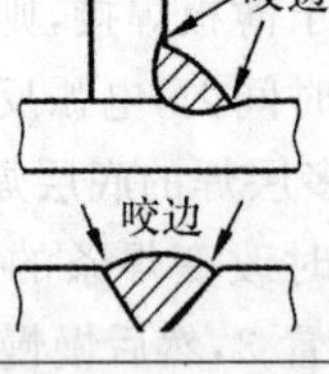	焊件和焊缝交界处，在焊件一侧上产生凹槽	焊条角度和摆动不正确； 焊接电流过大，焊接速度太快	选择正确的焊接电流和焊接速度，掌握正确的运条方法，采用合适的焊条角度和弧长
焊瘤	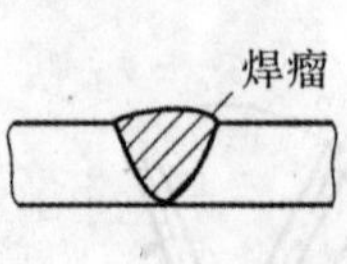	熔化金属流淌到焊缝之外的母材上而形成金属瘤	焊接电流太大、电弧太长、焊接速度太慢； 焊接位置及运条不当	尽可能采用平焊，正确选择焊接规范，正确掌握运条方法
烧穿	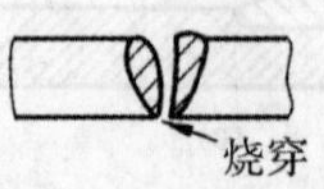	液态金属从焊缝反面漏出而形成穿孔	坡口间隙太大； 电流太大或焊速太慢；操作不当	确定合理的装配间隙，选择合适的焊接规范，掌握正确的运条方法

续表

缺陷名称	缺陷简图	缺陷特征	产生原因	防止措施
未焊透	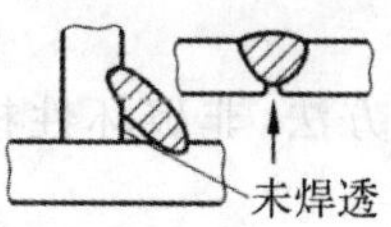	母材与母材之间，或母材与熔敷金属之间尚未熔合，如根部未焊透、边缘未焊透及层间未焊透等	焊接速度太快，焊接电流太小；坡口角度太小，间隙过窄；焊件坡口不干净	选择合理的焊接规范，正确选用坡口形式、尺寸和间隙，加强清理，正确操作
夹渣	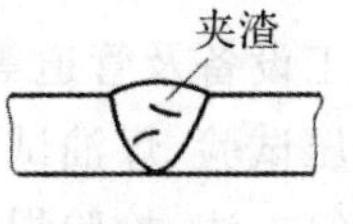	焊后残留在焊缝金属中的宏观非金属夹杂物	前道焊缝熔渣未清除干净；焊接电流太小，焊速太快；焊缝表面不干净	多层焊层层清渣，坡口清理干净，正确选择工艺规范
气孔	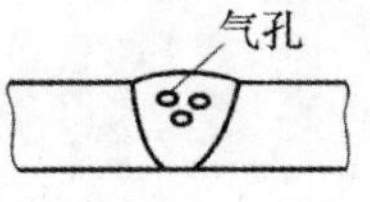	熔池中溶入过多的 H_2，N_2 及产生的 CO 气体，凝固时来不及逸出，形成气孔	焊件表面有水、锈、油；焊条药皮中水分过多；电弧太长，保护不好，有空气侵入；焊接电流过小，焊速太快	严格清除坡口上的水、锈、油，焊条按要求烘干，正确选择焊接规范
裂纹	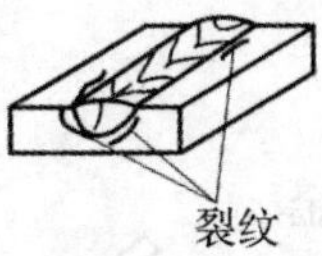	在焊接过程中或焊接完成后，在焊接接头区域内所出现的金属局部破裂的现象	熔池中含较多的 S，P 等有害元素；熔池中含较多的氢；结构刚度大；接头冷却速度太快	焊前预热，限制原材料中 S，P 的含量，选用低氢型焊条，严格对焊条烘干及对焊件表面清理

三、焊接变形

焊接时，由于焊件局部受热，温度分布不均匀，会造成变形。焊接变形的主要形式有纵向变形、横向变形、角变形、弯曲变形和翘曲变形等几种，如图 6－26 所示。

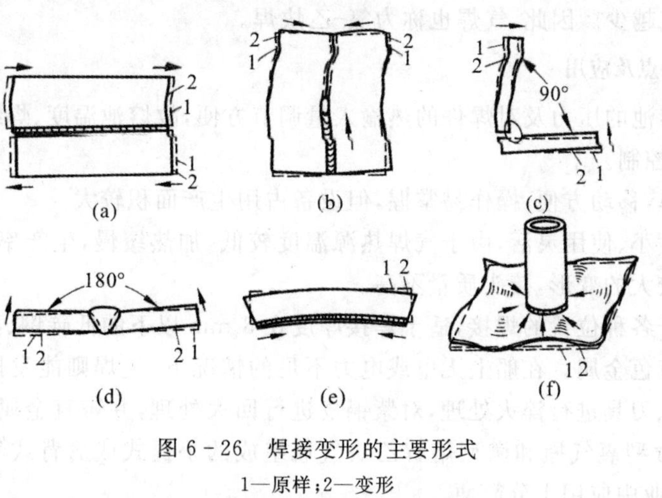

图 6－26　焊接变形的主要形式

1—原样；2—变形

(a)纵向变形；(b)横向变形；(c)角接的角变形；(d)对接的角变形；(e)弯曲变形；(f)翘曲变形

为减小焊接变形,应采取合理的焊接工艺,如正确选择焊接顺序或机械固定等方法。焊接变形可以通过手工矫正、机械矫正和火焰矫正等方法予以解决。

四、焊接质量检验

焊缝的质量检验通常有非破坏性检验和破坏性检验两类方法,非破坏性检验包括以下三种。

(1)外观检验。外观检验即用肉眼、低倍放大镜或样板等检验焊缝的外形尺寸和表面缺陷(如裂纹、烧穿、未焊透等)。

(2)密封性检验或耐压试验。对于一般压力容器,如锅炉北工设备及管道等设备要进行密封性试验,或根据要求进行耐压试验。耐压试验有水压试验、气压试验、煤油试验等。

(3)无损检测。无损检测一般有用磁粉、射线或超声波检验等方法,检验焊缝的内部缺陷。

破坏性检验包括力学性能试验、金相检验、断口检验和耐压试验等。

第四节　气焊与气割

一、气焊的原理、特点和应用

(一)气焊原理

利用可燃气体与助燃气体混合燃烧后,产生的高温火焰对金属材料进行熔化焊的一种方法称为气焊。如图 6－27 所示,将乙炔和氧气在焊炬中混合均匀后,从焊嘴出燃烧火焰,将焊件和焊丝熔化后形成熔池,待冷却凝固后形成焊缝连接。

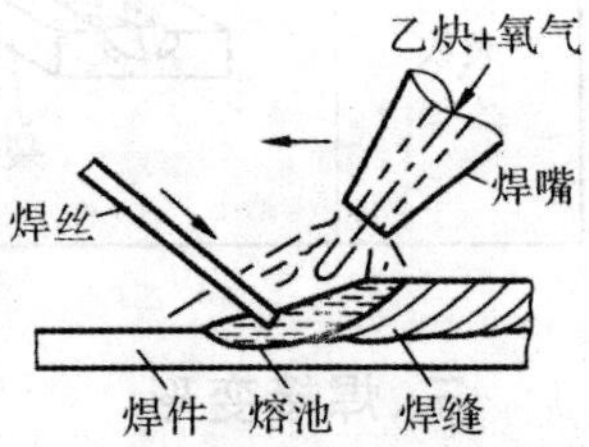

图 6－27　气焊原理图

气焊所用的可燃气体很多,有乙炔、氢气、液化石油气、煤气等,而最常用的是乙炔。乙炔的发热量大、燃烧温度高、制造方便、使用安全,焊接时火焰对金属的影响最小,火焰温度高达 3 100～3 300℃。氧气作为助燃气,其纯度越高,耗气越少。因此,气焊也称为氧-乙炔焊。

(二)气焊的特点及应用

(1)火焰对熔池的压力及对焊件的热输入量调节方便,故熔池温度、焊缝形状和尺寸、焊缝背面成形等容易控制。

(2)设备简单,移动方便,操作易掌握,但设备占用生产面积较大。

(3)焊距尺寸小、使用灵活,由于气焊热源温度较低,加热缓慢,生产率低,热量分散,热影响区大,焊件有较大的变形,接头质量不高。

(4)气焊适于各种位置的焊接,适于焊接厚度在 3 mm 以下的低碳钢、高碳钢薄板、铸铁焊补以及铜、铝等有色金属。在船上无电或电力不足的情况下,气焊则能发挥更大的作用,常用气焊火焰对工件、刀具进行淬火处理,对紫铜皮进行回火处理,并矫直金属材料和净化工件表面等。此外,由微型氧气瓶和微型熔解乙炔气瓶组成的手提式或肩背式气焊气割装置,在旷野、山顶、高空作业中应用十分简便。

二、气焊设备

气焊所用设备及气路连接如图 6－28 所示。

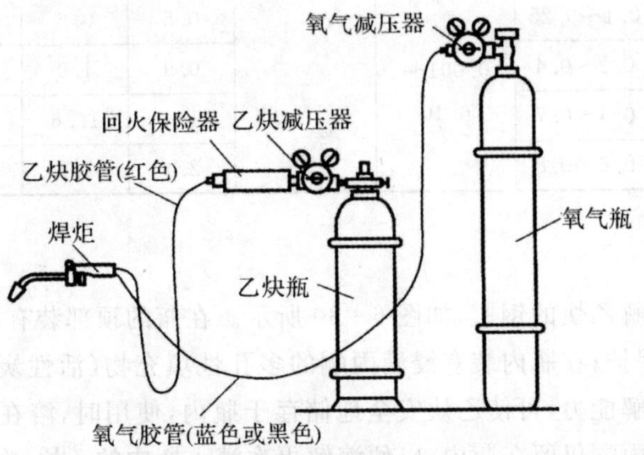

图 6－28　气焊设备及其连接

(一)焊炬

焊炬俗称焊枪。焊炬是气焊中的主要设备，它的构造多种多样，但基本原理相同。焊炬是气焊时用于控制气体混合比、流量及火焰并进行焊接的手持工具。焊炬有射吸式和等压式两种，常用的是射吸式焊炬，如图 6－29 所示。它是由主体、手把、乙炔阀门、氧气阀门、射吸管、喷嘴、混合管、焊嘴等组成。它的工作原理是：打开氧气阀门，氧气经射吸管从焊嘴快速射出，并在焊嘴外围形成真空而造成负压(吸力)；再打开乙炔阀门，乙炔即聚集在焊嘴的外围；由于氧射流负压的作用，乙炔很快被氧气吸入混合管，并从焊嘴喷出，形成了焊接火焰。

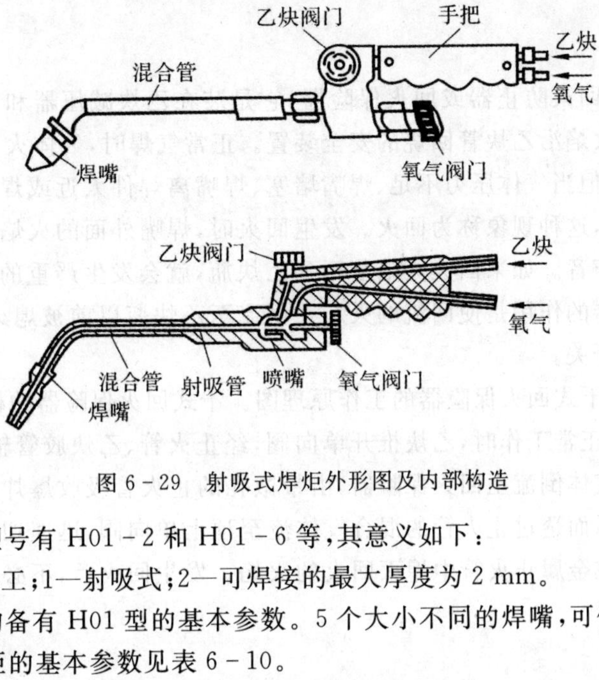

图 6－29　射吸式焊炬外形图及内部构造

射吸式焊炬的型号有 H01－2 和 H01－6 等，其意义如下：

H—焊炬；0—手工；1—射吸式；2—可焊接的最大厚度为 2 mm。

各型号的焊炬均备有 H01 型的基本参数。5 个大小不同的焊嘴，可供焊接不同厚度的工件使用。H01 型焊炬的基本参数见表 6－10。

表 6-10　H01 型焊炬的基本参数

型号	焊接低碳钢厚度/mm	氧气工作压力/MPa	乙炔使用压力/MPa	可换焊嘴个数/个	焊嘴直径/mm				
					1	2	3	4	5
H01-2	0.5～2	0.1～0.25	0.001～0.10	5	0.5	0.6	0.7	0.8	0.9
H01-2	2～6	0.2～0.4			0.9	1.0	1.1	1.2	1.3
H01-2	6～12	0.4～0.7			1.4	1..6	1.8	2.0	2.2
H01-2	12～20	0.6～0.8			2.4	2.6	2.8	3.0	3.2

(二)乙炔瓶

乙炔瓶是储存溶解乙炔的钢瓶,如图 6-30 所示。在瓶的顶部装有瓶阀,用于开闭气瓶和减压器,并套有瓶帽保护;在瓶内装有浸满丙酮的多孔性填充物(活性炭、木屑、硅藻土等),丙酮对乙炔有良好的溶解能力,可使乙炔安全地储存于瓶内,使用时,溶在丙酮内的乙炔分离出来,通过瓶阀输出,而丙酮仍留在瓶内,以便溶解再次灌入瓶中的乙炔;在瓶阀下面的填充物中心部位的长孔内放有石棉绳,其作用是促使乙炔与填充物分离。

乙炔瓶的外壳漆成白色,用红色写明“乙炔”字样和“火不可近”字样。乙炔瓶的容量为 40 L,乙炔瓶的工作压力为 1.5 MPa,而输给焊炬的压力很小,因此,乙炔瓶必须配备减压器,同时还必须配备回火安全器。

乙炔瓶一定要竖立放稳,以免丙酮流出;乙炔瓶要远离火源,防止乙炔瓶受热,因为乙炔温度过高会降低丙酮对乙炔的溶解度,而使瓶内乙炔压力急剧增高,甚至发生爆炸;乙炔瓶在搬运、装卸、存放和使用时,要防止遭受剧烈的振荡和撞击,以免瓶内的多孔性填料下沉而形成空洞,从而影响乙炔的储存。

图 6-30　乙炔瓶

(三)回火安全器

回火安全器又称回火防止器或回火保险器,它是装在乙炔减压器和焊炬之间,用来防止火焰沿乙炔管回烧的安全装置。正常气焊时,气体火焰在焊嘴外面燃烧。但当气体压力不足、焊嘴堵塞、焊嘴离焊件太近或焊嘴过热时,气体火焰会进入嘴内逆向燃烧,这种现象称为回火。发生回火时,焊嘴外面的火焰熄灭,同时伴有爆鸣声,随后有“吱吱”的声音。如果回火火陷蔓延到乙炔瓶,就会发生严重的爆炸事故。因此,发生回火时,回火安全器的作用是使回流的火焰在倒流至乙炔瓶以前被熄灭。同时应首先关闭乙炔开关,再关氧气开关。

图 6-31 所示为干式回火保险器的工作原理图。干式回火保险器的核心部件是粉末冶金制造的金属止火管。正常工作时,乙炔推开单向阀,经止火管、乙炔胶管输往焊炬。产生回火时,高温高压的燃烧气体倒流至回火保险器,由带微孔的止火管吸收爆炸冲击波,使燃烧气体的扩张速度趋近于零,而透过止火管的混合气体流至顶上单向阀,迅速切断乙炔源,有效地防止火焰继续回流,并在金属止火管中熄灭回火的火焰。发生回火后,不必人工复位,能继续正常使用。

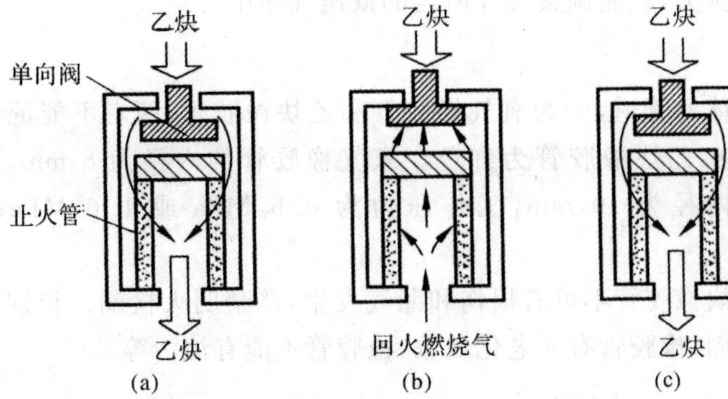

图 6-31　干式回火保险器的工作原理

(a)正常工作；(b)发生回火；(c)恢复正常

(四)氧气瓶

氧气瓶是储存氧气的一种高压容器钢瓶，如图 6-32 所示，氧气瓶要频繁地运输、滚动，甚至还要经受振动和冲击等，因此对氧气瓶材质要求很高，产品质量要求十分严格，出厂前要经过严格检验，以确保氧气瓶的安全可靠。氧气瓶是一个圆柱形瓶体，瓶体的上端有瓶口，瓶口的内壁和外壁均有螺纹，用来装设瓶阀和瓶帽；瓶体下端还套有一个增强用的钢环圈瓶座，一般为正方形，便于立稳，卧放时也不至于滚动；为了避免腐蚀和发生火花，所有与高压氧气接触的零件都用黄铜制作；氧气瓶外表漆成天蓝色，用黑漆标明“氧气”字样。氧气瓶的容积为 40 L，储氧最大压力为 15 MPa，但提供给焊炬的氧气压力很小，因此氧气瓶必须配备减压器。由于氧气化学性质极为活泼，能与自然界中绝大多数元素化合、与油脂等易燃物接触会剧烈氧化，引起燃烧或爆炸，所以使用氧气时必须注意安全，要隔离火源；禁止撞击氧气瓶；严禁在瓶上沾染油脂；瓶内氧气不能用完，应留有余量等。

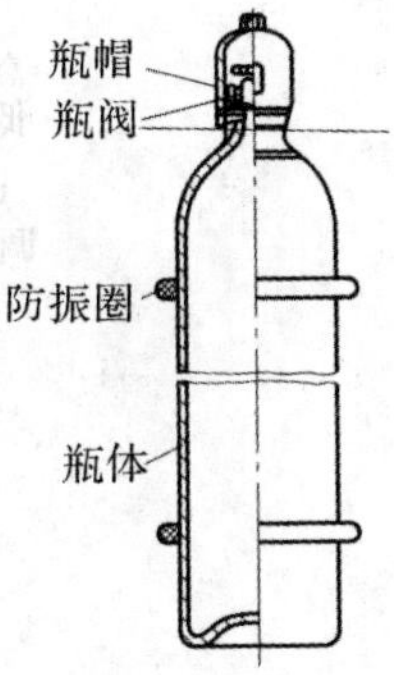

图 6-32　氧气瓶

(五)减压器

减压器是将高压气体降为低压气体的调节装置，因此，其作用是减压、调压、量压和稳压。气焊时所需的气体工作压力一般都比较低，如氧气压力通常为 0.2～0.4MPa，乙炔压力最高不超过 0.15 MPa。因此，必须将氧气瓶和乙炔瓶输出的气体经减压器减压后才能使用，而且可以调节减压器的输出气体压力。减压器的工作原理如图 6-33 所示。松开调压手柄(逆时针方向)，活门弹簧闭合活门，高压气体就不能进入低压室，即减压器不工作，从气瓶来的高压气体停留在高压室的区域内，高压表量出高压气体的压力，也是气瓶内气体的压力。拧紧调压手柄(顺时针方向)，使调压弹簧压紧低压室内的薄膜，再通过传动件将高压室与低压室通道处的活门顶开，使高压室内的高压气体进入低压室，此时的高压气体进行体积膨胀，气体压力得以降低，低压表可量出低压气体的压力，并使低压气体从出气口通往焊炬。如果低压室气体压力高了，向下的总压力大于调压弹簧向上的力，即压迫薄膜和调压弹簧使活门开启的程度逐渐减小，直至达到焊炬工作压力时，活门重新关闭；如果低压室的气体压力低了，向上的总压力小于调压弹簧向上的力，此时薄膜上鼓，使活门重新开启，高压气体又进入低压室，从而增加低压室的气体压力；当活门的开启度恰好使流入低压室的高压气体流量与输出的低压气体流量相等时，即稳定地进行气焊工作。减压器能自动维持低压气体的压力，只要通过调压手柄的旋入程度来调节调压弹簧压力，就能调整气焊所需的低压气体压力。

(六)橡胶管

橡胶管是输送气体的管道，分为氧气橡胶管和乙炔橡胶管，两者不能混用。国家标准规定：氧气橡胶管为黑色，乙炔橡胶管为红色。氧气橡胶管的内径为 8 mm，工作压力为 1.5 MPa；乙炔橡胶管的内径为 10 mm，工作压力为 0.5 MPa 或 1.0 MPa；橡胶管长一般为10～15 m。

氧气橡胶管和乙炔橡胶管不可有损伤和漏气发生，严禁明火检漏。特别要经常检查橡胶管的各接口处是否紧固，橡胶管有无老化现象，橡胶管不能有油污等。

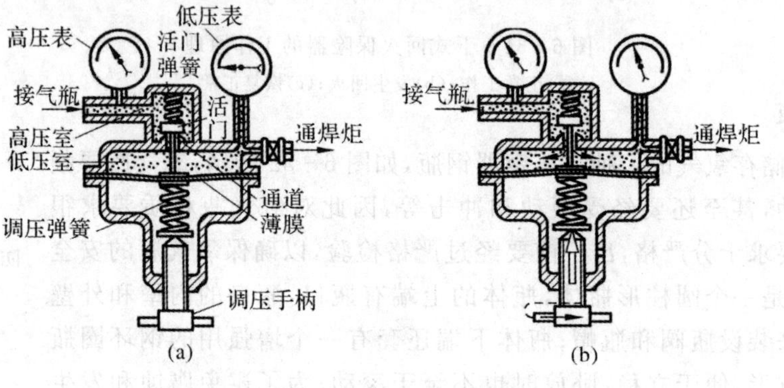

图 6-33　减压器的工作示意图

(a)不工作状态；(b)工作状态

三、气焊火焰

常用的气焊火焰是乙炔与氧混合燃烧所形成的火焰，也称氧乙炔焰。根据氧与乙炔混合比的不同，氧乙炔焰可分为中性焰、碳化焰(也称还原焰)和氧化焰三种，其构造和形状如图 6-34 所示。

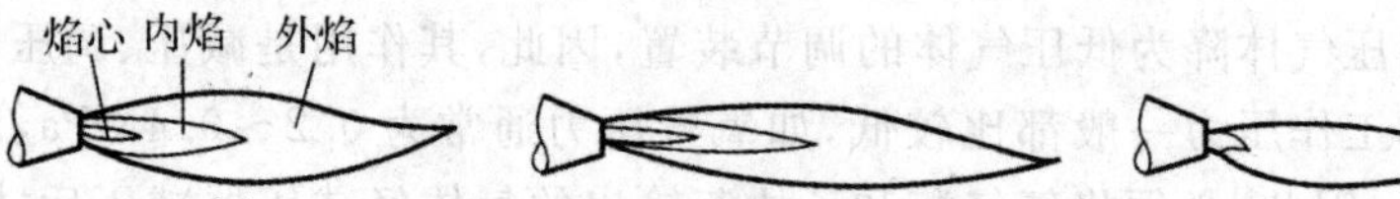

图 6-34　氧乙炔焰

(a)中性焰；(b)碳化焰；(c)氧化焰

1. 中性焰

氧气和乙炔的混合比为 1.1～1.2 时燃烧所形成的火焰称为中性焰，又称正常焰。它由焰芯、内焰和外焰三部分组成。焰心靠近喷嘴孔呈尖锥形，色白而明亮，轮廓清楚，在焰心的外表面分布着乙炔分解所生成的碳素微粒层，焰心的光亮就是由炽热的碳微粒所发出的，温度并不很高，约为 950℃。内焰呈蓝白色，轮廓不清，并带深蓝色线条而微微闪动，它与外焰无明显界限。外焰由里向外逐渐由淡紫色变为橙黄色。中性焰各部分温度分布如图 6-35 所示。中性焰最高温度在焰心前 2～4 mm 处，为 3 050～3 150℃。用中性焰焊接时主要利用内焰这部分火焰加热焊件。中性焰燃烧完全，对红热或熔化了的金属没有炭化和氧化作用，所以称为中性焰。气焊一般都可以采用中性焰，它广泛用于低碳钢、低合金钢、中碳钢、不锈钢、紫铜、灰铸铁、锡青铜、铝及合金、铅锡、镁合金等的气焊。

2. 碳化焰（还原焰）

氧气和乙炔的混合比小于 1.1 时燃烧形成的火焰称为碳化焰。碳化焰的整个火焰比中性焰长而软，它也由焰芯、内焰和外焰组成，而且这三部分均很明显。焰心呈灰白色，并发生乙炔的氧化和分解反应；内焰有多余的碳，故呈淡白色；外焰呈橙黄色，除燃烧产物 CO_2 和水蒸气外，还有未燃烧的碳和氢。碳化焰的最高温度为 2 700～3 000℃，由于火焰中存在过剩的碳微粒和氢，因此碳会渗入熔池金属，使焊缝的含碳量增高。碳化焰不能用于焊接低碳钢和合金钢，同时碳具有较强的还原作用，故又称还原焰；游离的氢也会透入焊缝，产生气孔和裂纹，造成硬而脆的焊接接头。因此，碳化焰只适用于高速钢、高碳钢、铸铁焊补、硬质合金堆焊、铬钢等。

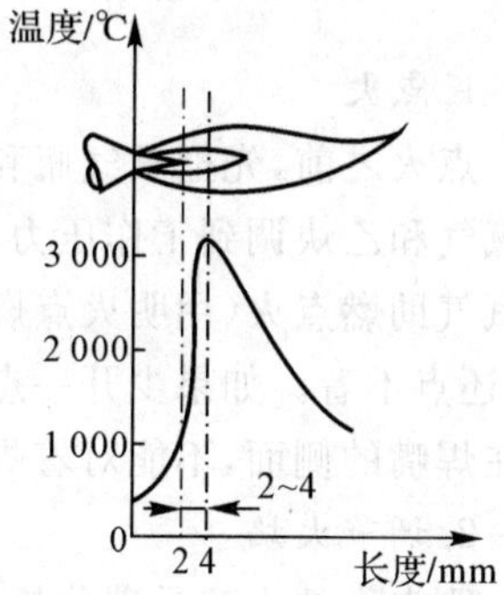

图 6－35　中性焰的温度分布

3. 氧化焰

氧化焰是氧与乙炔的混合比大于 1.2 时的火焰。氧化焰的整个火焰和焰心的长度都明显缩短，只能看到焰心和外焰两部分。氧化焰中有过剩的氧，整个火焰具有氧化作用，故称氧化焰。氧化焰的最高温度可达 3 100～3 300℃。使用这种火焰焊接各种钢铁时，金属很容易被氧化而造成脆弱的焊接接头；在焊接高速钢或铬、镍、钨等优质合金钢时，会出现互不融合的现象；在焊接有色金属及其合金时，产生的氧化膜会更厚，甚至焊缝金属内有夹渣，形成不良的焊接接头。因此，氧化焰一般很少采用，仅适用于烧割工件和气焊黄铜、锰黄铜及镀锌铁皮，特别适合黄铜类，因为黄铜中的锌在高温下极易蒸发，采用氧化焰时，熔池表面上会形成氧化锌和氧化铜的薄膜，起到抑制锌蒸发的作用。

不论采用何种火焰气焊时，喷射出来的火焰（焰芯）形状应该整齐垂直，不允许有歪斜、分叉或发生“吱吱”的声音。只有这样才能使焊缝两边的金属均匀加热，并正确形成熔池，从而保证焊缝质量。否则不管焊接操作技术多好，焊接质量也会受到影响。因此，当发现火焰不正常时，要及时使用专用的通针把焊嘴口处附着的杂质消除掉，待火焰形状正常后再进行焊接。

四、气焊工艺与焊接规范

气焊的接头形式和焊接空间位置等工艺问题的考虑与焊条电弧焊基本相同。气焊尽可能用对接接头，厚度大于 5 mm 的焊件须开坡口以便焊透。焊前接头处应清除铁锈、油污、水分等。

气焊的焊接规范主要需确定焊丝直径、焊嘴大小、焊接速度等。焊丝直径由工件厚度、接头和坡口形式决定，焊开坡口时第一层应选较细的焊丝。焊丝直径的选用可参阅表 6－11。

表 6－11　不同厚度工件配用焊丝直径

工作厚度/mm	≥1.0～2.0	≥2.0～3.0	≥1.0～2.0	≥3.0～5.0	≥10～15
焊丝直径/mm	≥1.0～2.0	≥2.0～3.0	≥3.0～4.0	≥3.0～5.0	≥4.0～6.0

焊嘴大小影响生产率。焊接导热性好、熔点高的焊件时，应在保证质量前提下应选较大号焊嘴（较大孔径的焊嘴）。

平焊时，焊件越厚，焊接速度应越慢。对熔点高、塑性差的工件，焊速应慢。在保证质量前提下，尽可能提高焊速，以提高生产效率。

五、气焊基本操作

1. 点火

点火之前，先把氧气瓶和乙炔瓶上的总阀打开，转动减压器上的调压手柄（顺时针旋转），将氧气和乙炔调到工作压力。然后，打开焊枪上的乙炔调节阀，此时可以把氧气调节阀少开一点氧气助燃点火（用明火点燃），如果氧气开得大，点火时就会因为气流太大而出现"啪啪"的响声，还点不着。如果少开一点儿氧气助燃点火，虽然也可以点着，但是黑烟较大。点火时，手应放在焊嘴的侧面，不能对着焊嘴，以免点着后喷出的火焰烧伤手臂。

2. 调节火焰

刚点火的火焰是碳化焰，逐渐开大氧气阀门，改变氧气和乙炔的比例，根据被焊材料性质及厚薄要求，调到所需的中性焰、氧化焰或炭化焰。需要大火焰时，应先把乙炔调节阀开大，再调大氧气调节阀；需要小火焰时，应先把氧气阀关小，再调小乙炔阀。

3. 焊接方向

气焊操作是右手握焊炬，左手拿焊丝，可以向右焊（右焊法），也可向左焊（左焊法），如图6－36所示。

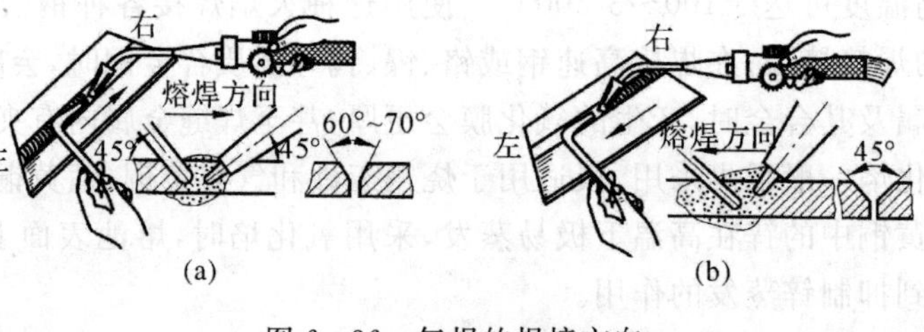

图6－36　气焊的焊接方向

(a)右焊法；(b)左焊法

右焊法是焊炬在前，焊丝在后。这种方法是焊接火焰指向已焊好的焊缝，加热集中，熔深较大，火焰对焊缝有保护作用，容易避免气孔和夹渣，但较难掌握。此种方法适用于较厚工件的焊接，而一般厚度较大的工件均采用电弧焊，因此右焊法很少使用。

左焊法是焊丝在前，焊炬在后。这种方法是焊接火焰指向未焊金属，有预热作用，焊接速度较快，可减少熔深和防止烧穿，操作方便，适宜焊接薄板。用左焊法，还可以看清熔池，分清熔池中铁水与氧化铁的界线，因此在气焊中普遍采用左焊法。

4. 施焊方法

施焊时，要使焊嘴轴线的投影与焊缝重合，同时要掌握好焊炬与工件的倾角 α。工件越厚，倾角越大；金属的熔点越高，导热性越大，倾角就越大。在开始焊接时，工件温度尚低，为了较快地加热工件和迅速形成熔池，α 应该大一些（80°～90°），喷嘴与工件近于垂直，使火焰的热量集中，尽快使接头表面熔化。正常焊接时，一般保持 α 为 30°～50°。焊接将结束时，倾角可减至 20°，并使焊炬做上下摆动，以便断续地对焊丝和熔池加热，这样能更好地填满焊缝和避免烧穿工件。焊嘴倾角与工件厚度的关系如图6－37所示。

焊接时，还应注意送进焊丝的方法，焊接开始时，焊丝端部放在焰心附近预热。待接头形成熔池后，才把焊丝端部浸入熔池。焊丝熔化一定数量之后，应退出熔池，焊炬随即向前移动，形成新的熔池。注意焊丝不能经常处在火焰前面，以免阻碍工件受热；也不能使焊丝在熔池上面熔化后滴入熔池；更不能在接头表面尚未熔化时就送入焊丝。焊接时，火焰内层焰芯的尖端要距离熔池表面 2～4 mm，形成的熔池要尽量保持瓜子形、扁圆形或椭圆形。

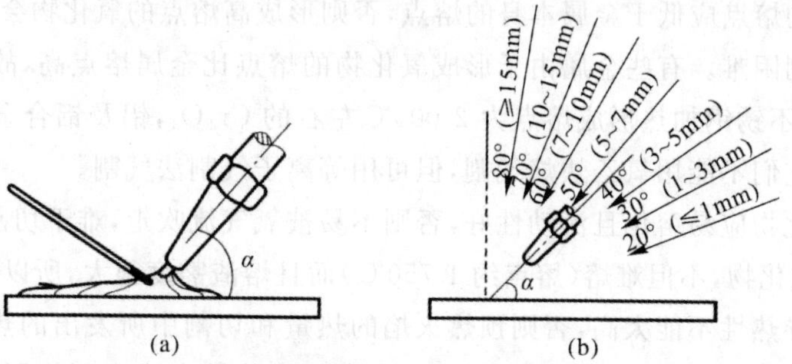

图 6－37　焊嘴倾角与工件厚度的关系

(a)焊嘴倾角；(b)不同板厚的倾角

5．熄火

焊接结束时应熄火。熄火之前一般应先把氧气调节阀关小，再将乙炔调节阀关闭，最后再关闭氧气调节阀，火即熄灭。如果将氧气全部关闭后再关闭乙炔，就会有余火窝在焊嘴里，不容易熄火，这是很不安全的(特别是当乙炔关闭不严时，更应注意)。此外，这样的熄火黑烟也比较大，如果不调小氧气而直接关闭乙炔，熄火时就会产生很响的爆裂声。

6．回火的处理

在焊接操作中有时焊嘴头会出现爆响声，随着火焰自动熄灭，焊枪中会有“吱吱”响声，这种现象叫作回火。因氧气比乙炔压力高，可燃混合气会在焊枪内发生燃烧，并很快扩散在导管里而产生回火。如果不及时消除，不仅会使焊枪和皮管烧坏，还会使乙炔瓶发生爆炸。所以当遇到回火时，不要紧张，应迅速在焊炬上关闭乙炔调节阀，同时关闭氧气调节阀，等回火熄灭后，再打开氧气调节阀，吹除焊炬内的余焰和烟灰，并将焊炬的手柄前部放入水中冷却。

六、气割

(一)气割的原理及应用特点

气割即氧气切割，它是利用割炬喷出乙炔与氧气混合燃烧的预热火焰，将金属的待切割处预热到燃烧点(红热程度)，并从割炬的另一喷孔高速喷出纯氧气流，使切割处的金属发生剧烈的氧化，成为熔融的金属氧化物，同时被高压氧气流吹走，从而形成一条狭小整齐的割缝使金属割开，如图 6－38 所示。因此，气割包括预热、燃烧、吹渣三个过程。气割原理与气焊原理在本质上是完全不同的，气焊是熔化金属，而气割是金属在纯氧中的燃烧(剧烈的氧化)，故气割的实质是“氧化”而非“熔化”。由于气割所用设备与气焊基本相同，而操作也有近似之处，常把气割与气焊在使用上和场地上都放在一起。由于气割原理所致，因此气割的金属材料必须满足下列条件。

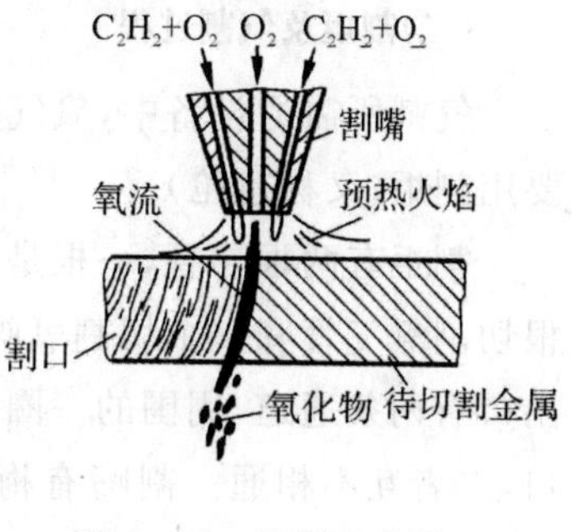

图 6－38　气割示意图

(1)金属熔点应高于燃点(即先燃烧后熔化)。在铁碳合金中,碳的质量分数对燃点有很大影响,随着碳的质量分数的增加,合金的熔点减低而燃点却提高,所以碳的质量分数越大,气割越困难。当碳的质量分数大于0.7%时,燃点则高于熔点,故不易气割。铜、铝的燃点比熔点高,故不能气割。

(2)氧化物的熔点应低于金属本身的熔点,否则形成高熔点的氧化物会阻碍下层金属与氧气流接触,使气割困难。有些金属由于形成氧化物的熔点比金属熔点高,故不易或不能气割。如高铬钢或铬镍不锈钢加热形成熔点为2 000℃左右的Cr_2O_3,铝及铝合金形成熔点2 050℃的A1203,所以它们不能用氧乙炔焰气割,但可用等离子气割法气割。

(3)金属氧化物应易熔化且流动性好,否则不易被氧气流吹走,难于切割。例如,铸铁气割生成很多510:氧化物,不但难熔(熔点约1 750℃)而且熔渣黏度很大,所以铸铁不易气割。

(4)金属的导热性不能太高,否则预热火焰的热量和切割中所发出的热量会迅速扩散,使切割处热量不足,切割困难。例如,铜、铝及合金由于导热性高成为不能用一般气割法切割的原因之一。

此外,金属在氧气中燃烧时应能发出大量的热量,足以预热周围的金属;其次,金属中所含的杂质要少。

满足以上条件的金属材料有纯铁、低碳钢、中碳钢和低合金结构钢。而高碳钢、铸铁、高合金钢及铜、铝等非铁金属及合金,均难以气割。

与一般机械切割相比较,气割的最大优点是设备简单,操作灵活、方便,适应性强。它可以在任意位置、任何方向切割任意形状和任意厚度的工件,生产效率高,切口质量也相当好,如图6-39所示。采用半自动或自动切割时,由于运行平稳,切口的尺寸精度误差在±0.5 mm以内,表面粗糙度值Ra为25 μm,因而在某些地方可代替刨削加工,如厚钢板的开坡口。气割在造船工业中使用最普遍,特别适合于稍大的工件和特形材料,还可用来气割腐蚀的螺栓和铆钉等。气割的最大缺点是对金属材料的适用范围有一定的限制,但由于低碳钢和低合金钢是应用最广泛的材料,所以气割的应用也就非常普遍了。

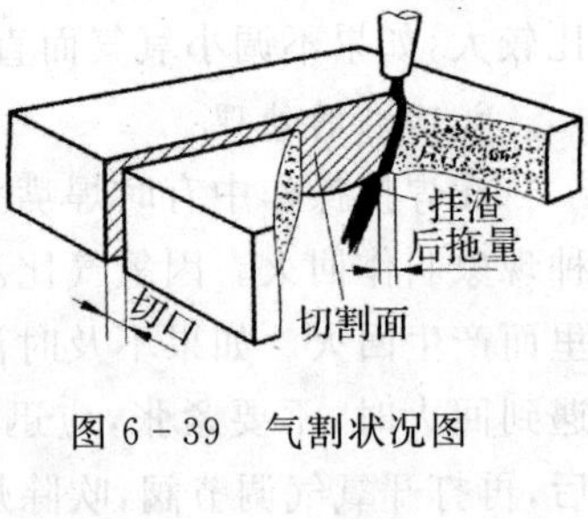

图6-39 气割状况图

(二)割炬及气割过程

气割所需的设备中,氧气瓶、乙炔瓶和减压器同气焊一样,所不同的是气焊用焊炬,而气割要用割炬(又称割枪)。

割炬有两根导管,一根是预热焰混合气体管道,另一根是切割氧气管道。割炬比焊炬多一根切割氧气管和一个切割氧阀门,如图6-40所示。此外,割嘴与焊嘴的构造也不同,割嘴的出口有两条通道,周围的一圈是乙炔与氧的混合气体出口,中间的通道为切割氧(即纯氧)的出口,二者互不相通。割嘴有梅花形和环形两种。常用的割炬型号有G01-30,G01-100和G01-300等。其中"G"表示割炬,"0"表示手工,"1"表示射吸式,"30"表示最大割厚度为30 mm。同焊炬一样,各种型号的割炬均配备几个不同大小的割嘴。

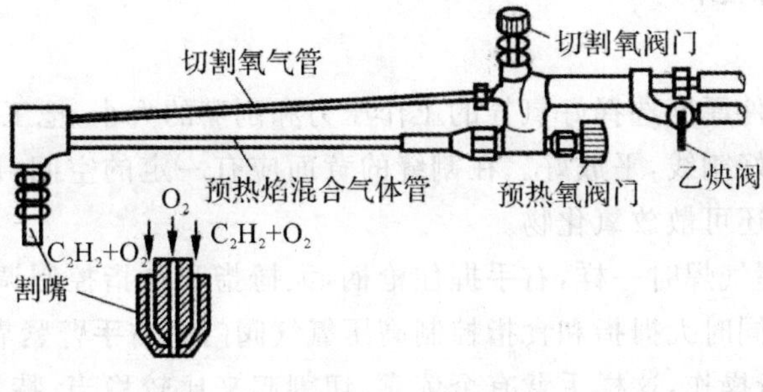

图 6-40　割炬

气割过程，例如切割低碳钢工件时，先开预热乙炔及氧气阀门，点燃预热火焰，调成中性焰，将工件割口的开始处加热到高温（达到橘红至亮黄色约为 1 300℃）。然后打开切割氧阀门，高压的切割气与割口处的高温金属发生作用，产生激烈燃烧反应，将铁燃烧成氧化铁，氧化铁被燃烧热熔化后，迅速被氧气流吹走，这时下一层碳钢也已被加热到高温，与氧接触后继续燃烧和被吹走，因此氧气可将金属自表面烧到底部，随着割炬以一定速度向前移动即可形成割口。

(三)气割的工艺参数

气割的工艺参数主要有割炬、割嘴大小和氧气压力等。工艺参数的选择也是根据要切割的金属工件厚度而定，见表 6-12。

表 6-12　普通割炬及其技术参数

割炬型号	切割厚度/mm	氧气压力/Pa	可换割嘴数/个	割嘴孔径/mm
G01-30	2～30	$(2\sim3)\times10^5$	3	0.6～1.0
G01-100	10～100	$(2\sim5)\times10^5$	3	1.0～1.6
G01-300	100～300	$(5\sim10)\times10^5$	4	01.8～3.0

气割不同厚度的钢时，割嘴的选择和氧气工作压力调整，对气割质量和工作效率都有密切的关系。例如，使用太小的割嘴来割厚钢，由于得不到充足的氧气燃烧和喷射能力，切割工作就无法顺利进行，即使勉强一次又一次地割下来，质量既差，工作效率也低。反之，如果使用太大的割嘴来割薄钢，不但要浪费大量的氧气和乙炔，而且气割的质量也不好。因此，要选择好割嘴的大小。切割氧的压力与金属厚度的关系为：压力不足，不但切割速度缓慢，而且熔渣不易吹掉，切口不平，甚至有时会切不透；压力过大时，除了氧气消耗量增加外，金属也容易冷却，从而使切割速度降低，切口加宽，表面也粗糙。

无论气割多厚的钢料，为了得到整齐的割口和光洁的断面，除熟练的技巧外，割嘴喷射出来的火焰应该形状整齐，喷射出来的纯氧流风线应该成为一条笔直而清晰的直线，在火焰的中心没有歪斜和出叉现象，喷射出来的风线周围和全长上都应粗细均匀，只有这样才能符合标准，否则会严重影响切割质量和工作效率，并且要浪费大量的氧气和乙炔。当发现纯氧气流不良时，绝不能迁就使用，必须用专用通针把附着在嘴孔处的杂质毛刺清除掉，直到喷射出标准的纯氧气流风线时，再进行切割。

(四)气割的基本操作技术

1. 气割前的准备

气割前,应根据工件厚度选择好氧气的工作压力和割嘴的大小,把工件割缝处的铁锈和油污清理干净,用石笔划好割线,平放好。在割缝的背面应有一定的空间,以便切割气流冲出来时不致遇到阻碍,同时还可散放氧化物。

握割枪的姿势与握气焊时一样,右手握住枪柄,大拇指和食指控制调节氧气阀门,左手扶在割枪的高压管子上,同时大拇指和食指控制高压氧气阀门。右手臂紧靠右腿,在切割时随着腿部从右向左移动进行操作,这样手臂有个依靠,切割起来比较稳当,特别是当切割没有熟练掌握时更应该注意这一点。

点火动作与气焊时一样,首先把乙炔阀打开,氧气可以稍开一点儿。点着后将火焰调至中性焰(割嘴头部是一蓝白色圆圈),然后把高压氧气阀打开,看原来的加热火焰是否在氧气压力下变成碳化焰为妥。同时还要观察,在打开高压氧气阀时割嘴中心喷出的风线是否笔直清晰,然后方可切割。

2. 气割操作要点

(1)气割一般从工件的边缘开始。如果要在工件中部或内部切割时,应在中间处先钻一个直径大于 5 mm 的孔,或开出一个孔,然后从孔处开始切割。

(2)开始气割时,先用预热火焰加热开始点(此时高压氧气阀是关闭的),预热时间应视金属温度情况而定,一般加热到工件表面接近熔化(表面呈橘红色)。这时轻轻打开高压氧气阀门,开始气割。如果预热的地方切割不掉,说明预热温度太低,应关闭高压氧气阀门继续预热,预热火焰的焰芯前端应离工件表面 2～4 mm,同时要注意割炬与工件间应有一定的角度,如图 6-41 所示。当气割 5～30 mm 厚的工件时,割炬应垂直于工件;当工件厚度小于 5 mm 时,割炬可向后倾斜 5°～10°;若工件厚度超过 30 mm,在气割开始时割炬可向前倾斜 5°～10°,待割透时,割炬可垂直于工件,直到气割完毕。如果预热的地方被切割掉,则继续加大高压氧气量,使切口深度加大,直至全部切透。

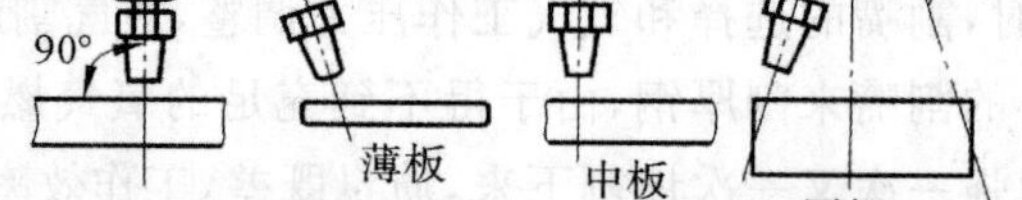

图 6-41 割炬与工件之间的角度

(3)气割速度与工件厚度有关。一般而言,工件越薄,气割的速度越快,反之则越慢。气割速度还要根据切割中出现的一些问题加以调整:当看到氧化物熔渣直往下冲或听到割缝背面发出"喳喳"的气流声时,便可将割枪匀速地向前移动;如果在气割过程中发现熔渣往上冲,就说明未打穿,这往往是由于金属表面不纯,红热金属散热和切割速度不均匀造成的,这种现象很容易使燃烧中断,所以必须继续供给预热的火焰,并将速度稍为减慢些,待打穿正常后再保持原有的速度前进。如发现割枪在前面走,后面的割缝又逐渐熔结起来,则说明切割移动速度太慢或供给的预热火焰太大,必须将速度和火焰加以调整再往下割。

第五节　气体保护焊

气体保护焊在焊接分类中归属熔化焊。它不同于焊条电弧焊，焊条电弧焊的金属熔池保护靠焊条药皮熔化时产生的渣和气，气体保护焊的熔池则由气体来保护。因为气体保护焊的焊缝没有熔渣覆盖，质量好，焊接成本低，所以是值得推广使用的焊接手段。常用的气体保护焊有 CO_2气体保护焊和氩弧焊（TIG 非熔化极、MIG 熔化极）两种。

一、CO_2气体保护焊

CO_2气体保护焊（以下简称“CO_2焊”）是以 CO_2气体保护焊接区和金属熔池不受空气侵入，依靠焊丝与工件之间产生的电弧来熔化金属的一种熔化极气体保护电弧焊。CO_2焊有自动和半自动两种方式。常用的是半自动焊，即焊丝由送丝机构自动送给，并保持弧长，由操作人手持焊枪进行焊接。

（一）CO_2焊的工作原理

焊丝由送丝机构通过软管经导电嘴送出，而 CO_2气体从喷嘴内以一定流量喷出，这样当焊丝与工件接触引燃电弧后，连续给送的焊丝末端和熔池被 CO_2气体保护，防止空气对液态金属的有害作用，从而获得高质量的焊缝。CO_2焊的焊接装置如图 6－42 所示。一般情况下无须接干燥器，为了使电弧稳定、飞溅少，CO_2焊采用直流反接。

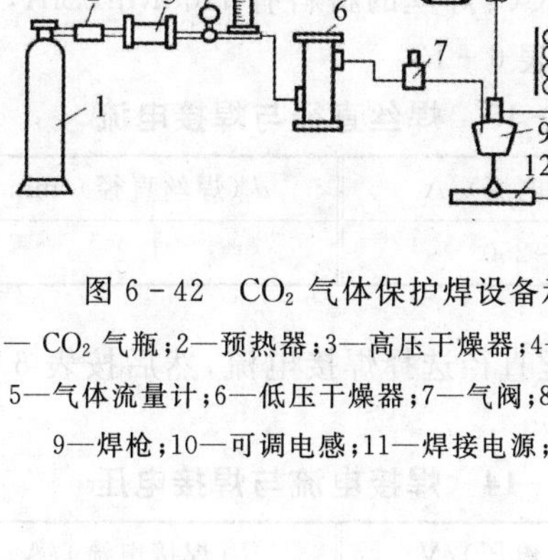

图 6－42　CO_2 气体保护焊设备示意图

1— CO_2 气瓶；2—预热器；3—高压干燥器；4—气体减压阀；5—气体流量计；6—低压干燥器；7—气阀；8—送丝机构；9—焊枪；10—可调电感；11—焊接电源；12—工件

（二）CO_2焊的特点

（1）成本低。CO_2气体价格比较便宜，而且电能消耗小。焊接成本为自动埋弧焊的 40％、手工电弧焊的 38％～42％。

（2）质量好。CO_2焊电弧加热集中，焊接速度快，所以焊缝的热影响区和工件变形比埋弧焊和手弧焊都小。CO_2焊的焊缝含氢量低，产生裂纹的倾向也小，因此特别适合薄板焊接。

（3）生产效率高。由于焊丝进给自动化，焊接电流密度大，且熔敷率高（手弧焊为 60％，CO_2焊是 90％），因此提高了生产效率。另外，因无焊渣，多层焊时，节省了手弧焊时的清渣时间。

（4）抗锈能力强。CO_2焊采用的是高锰高硅的合金焊丝。因为焊丝中有较多的锰、硅脱氧元素，所以有较强的还原和抗铁锈能力，焊缝不易产生气孔。CO_2 焊适用于焊接低碳钢以及其他合金钢。

(5)焊接性能好。因为CO_2焊没有熔渣,是明弧焊接,操作者能清楚地看到焊接过程,同时它具有手工电弧焊的灵活性,适合全位置焊接。

(6)焊缝的抗裂性及力学性能强。因为CO_2气体在焊接电弧的高温作用下,会被分解成CO和O_2,其反应式为$2CO_2=2CO+O_2$,生成的CO和O_2对金属具有氧化作用,而熔化焊中主要是防止空气中的氧进入金属熔池,要解决这个问题,在进行CO_2焊时须用高锰(Mn)高硅(Si)的合金钢丝,因为Mn和Si是很好的脱氧元素,它们既能有效地解决氧化的危害,又可以保证焊缝中合金元素不至于丢失,另外因CO_2焊的氧化作用也使得金属中的有害物质硫(S)和磷(P)一同被烧损,使焊缝的抗裂性增强了,力学性能也提高了,这也是CO_2焊的优越性之一。

(7)CO_2焊飞溅较多,成形稍差,抗风能力弱,设备较复杂。

(三)CO_2焊接工艺

和手工电弧焊相同的是,CO_2焊要获得高质量的焊缝,也要选择合适的焊接规范。CO_2焊的焊接规范包括焊接电压的设定、焊接电流的选择、干伸长度的多少、焊接速度的快慢,还有正负极的接法。与CO_2焊不同的是,手弧焊没有焊接电压的选择,因为它的焊接电压在设备设计时已确定,所以手弧焊只需调整焊接电流,而CO_2焊的焊接电流、焊接电压都要调整。CO_2焊的焊丝给送是自动的,焊接电流的大小决定了焊丝的熔化速度,焊接电压的高低决定了送丝速度,只有这两者配合好,才能保证焊接的顺利进行。

(1)焊接电流的选择。CO_2焊的焊接电流大小与焊丝直径密切相关。CO_2焊用焊丝,手弧焊用焊条,手弧焊的焊条最细的是1.6 mm,而1.6 mm的焊丝已是CO_2焊最粗的焊丝,CO_2焊最好选用1.0 mm的焊丝。常用的CO_2焊丝的材料有H08MnZSiA,H04MnZSiTiA等。

焊丝直径与焊接电流的关系见表6-13。

表6-13　焊丝直径与焊接电流

d(焊丝直径)/mm	I(焊接电流)/A	d(焊丝直径)/mm	I(焊接电流)/A
1.0	90～250	1.2	120～350

(2)焊接电压的确定。根据焊丝直径选择焊接电流,然后按表6-14计算出焊接电压(先试焊再微调)。

表6-14　焊接电流与焊接电压

I(焊接电流)/A	U(焊接电压)/V	I(焊接电流)/A	U(焊接电压)/V
<300	$0.04I+16+1.5$	≥300	$0.04I+20\pm2$

(3)干伸长度。干伸长度是指焊丝由导电嘴到工件间的距离。保持焊丝干伸长度不变是保证焊接过程稳定的重要因素。干伸长度、焊接电流与焊丝直径的关系见表6-15。干伸长度在CO_2焊规范中是最重要的。

表6-15　干伸长度、焊接电流与焊丝直径

I(焊接电流)/A	L(干伸长度)/mm	I(焊接电流)/A	L(干伸长度)/mm
<300	$(10～15)d$	≥300	$(10～15)d+5$

(4)焊接速度。在焊接电压和焊接电流一定的情况下，半自动 CO_2 焊的速度为 300～600 mm/min，最好是 350 mm/min。

(5)极性。反极性特点是电弧稳定，焊接过程平稳、飞溅小。正极性特点是熔深较浅，余高较大，成形差，焊丝熔化快(约为反极性的 1.6 倍)，只在堆焊时使用，因此，一般 CO_2 焊均采用直流反接。

(四)CO_2焊操作技术

因 CO_2 焊(半自动)焊丝由送丝机构自动完成，操作者只需要平稳控制焊枪按键即可，所以操作比手弧焊简单。如果右手持枪，前进方向则沿焊缝由右向左方向进行效果比较好。现在 CO_2 焊所用气体并非是单一的。工作实践证明，用混合气(CO_2＋Ar)焊接的保护效果优于单一的 CO_2 气体保护效果，用混合气体(25％的 CO_2 加 75％的 Ar)的焊接称为 MAG，现在用 MAG 的范围正在不断扩大。

二、氩弧焊

氩弧焊是氩气保护焊的简称。氩气是惰性气体，在高温下不和金属起化学反应，也不溶于金属，可以使电弧区的熔池、焊缝和电极不受空气的有害影响，是一种理想的保护气体。氩气的电离势高，引弧较困难，但一旦引燃就很稳定。

氩弧焊分为熔化极氩弧焊(MIG)和钨极氩弧焊(非熔化极 TIG)两种，如图 6－43 所示。

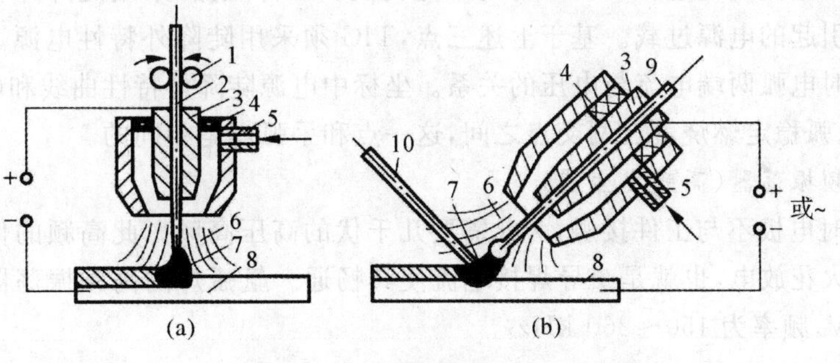

图 6－43　氩弧焊示意图

(a)熔化极；(b)钨极

1—送丝轮；2—焊丝；3—导电嘴；4—喷嘴；5—进气管；

6—氩气流；7—电弧；8—工件；9—钨极；10—填充金属丝

(一)钨极氩弧焊工作原理

钨极在氩气的保护下与工件之间产生电弧实施焊接。钨极氩弧焊的电极常用的有钍钨极和铈钨极两种。因为纯钨极发射电子的能力较差，长时间焊接会出现钨极熔化现象，但在钨极中加入一定量的氧化钍(2％)或一定量的氧化铈(2％)就可以大大提高电子发射的能力，焊接时电极不熔化，只起导电和与工件产生电弧的作用，钍钨极和铈钨极的标志颜色不同，钍钨极为红色，铈钨极为灰色。钨(W)是金属中熔点最高的金属(3 410℃)。

(二)氩弧焊的特点

(1)氩气是惰性气体不与金属起化学反应，焊接过程被焊金属和焊丝中合金不易烧损。另外，氩气不溶于金属，故氩气不会形成气孔，所以氩弧焊可以焊接出漂亮、美观、优质的焊缝。

(2)理论上氩弧焊可以在所有的工业金属中使用。

(3)由于电弧受氩气流的压缩和冷却作用，电弧集中热影区小，在焊接薄板时比气焊变形小。

(4)焊缝中无熔渣无飞溅，因为是明弧焊接，所以操作者可以清楚地看到焊接过程。

(5)钨极氩弧焊适于各种形状的全位置焊接。

(6)易于实现机械化、半机械化，焊接生产效率较高。

(7)抗风干扰能力差，且氩气价格较贵，故焊接成本较高。

钨极氩弧焊因钨极本身的尺寸限制，决定了焊接电流不能很大，所以适合在厚度 $\delta<4$ mm 的薄板上焊接。熔化极氩弧焊电弧在焊丝和工件之间产生，焊丝不断送进并熔化过渡到熔池，焊丝作为电极，不但与工件产生电弧，而且起到填充金属的作用，这样就可以使焊接电流大大增加，所以 MIG 适用于厚板的焊接。

(三)钨极氩弧焊对电源的要求

1. 电源必须具有陡降的外特性

TIG 焊时由于电流密度小，电弧受压缩小，所以电弧静特性一般为水平且微微上升，采用陡降外特性电源才能使电弧稳定燃烧。另外，采用 TIG 焊接薄板时难免引起弧长变化，从而引起电流的变化。若弧长变化时电流值波动大，将影响焊接质量，所以采用陡降外特性电源，防止弧长变化时电流变化过大。TIG 焊时难免钨极和工件短路，采用陡降外特性电源可防止短路电流过大引起的电源过载。基于上述三点，TIG 须采用陡降外特性电源。电弧静特性是指在弧长一定时电弧两端电流与电压的关系。坐标中电源陡降外特性曲线和电弧静特性曲线有两个交点，电弧稳定燃烧就在两交点之间，这一点和手弧焊是相同的。

2. 须有高频振荡器(高频发生器)

TIG 引弧时电极不与工件接触，为此需要几千伏的高压高频。此高频的作用是使工件与钨极之间产生火花放电，也就是疏导焊接电流使其畅通。氩弧焊的高频振荡器其输出电压为 2 000～3 000 V，频率为 150～260 kHz。

(四)钨极氩弧焊工艺

(1)氩气的选择。氩气是一种惰性气体无色无味，质量是空气的 1.4 倍。氩气是制取氧气的副产品。焊接要求氢气纯度高达 99.9%。

(2)电极的选择。非熔化极的氩弧焊对电极的要求：一是耐高温，二是有较高的电子发射能力。纯钨耐高温，但电子发射能力不够强，所以应采用加钍(Th)或加铈(Ce)的钨极。因为钍钨极有微量的放射性，现在提倡使用铈钨极。钨极的直径为 0.5～4.8 mm 不等。钨极的直径决定了通过电流的大小，如 1.0 mm 的钨极允许通过的电流为 15～80 A(交直流电源)。直径 2.4 mm 的钨极允许通过的电流交流为 140～235 A，直流为 150～250 A。在电流允许的情况下应选择细直径的钨极以提高电流的密度。

(3)钨极端部形状。钨极端部形状是一个重要参数。使用直流电源钨极前端应磨成锥角(30°～90°)，交流磨成圆角。绝大多数情况下，TIG 应使用直流电源正接，交流只限在铝合金、镁合金上使用。

(4)钨极伸出长度。钨极从焊炬喷嘴中伸出，一般为 5～6 mm，角焊时为 7～8 mm。焊接时，在不影响加入焊丝的情况下，钨极至工件距离，尽量短一些，一般是工件厚度的 1～1.5 倍（3 mm 左右），最大不能超过 6 mm。

（5）气体流量。当焊接电流在 100 A 以下时，气体流量为 6～7 L/min，电流在 200 A 以下时气体流量为 8～9 L/min。

（6）滞后停气。熄弧后，继续送出保护气体。焊接电流 100 A 左右时送出保护气体时间为 7 s，防止钨极和焊缝表面氧化，滞后停气可在焊机上调整。

第七章 表面处理

表面处理技术是用以改变材料表面特性，达到预防腐蚀目的的技术。表面工程是近代表面技术与古典工艺相结合、繁衍、发展起来的，它包括表面改性、薄膜和涂层三大技术。它拥有表面分析、表面性能、表面层结合机理、表面失效机理、涂(膜)层材料、涂(膜)层工艺、施涂设备、测试技术、检测方法、标准、评价、质量与工艺过程控制等形成表面膜层工程化规模生产的成套技术和内容。

现代的表面处理工程是一个十分庞大的技术系统，它涵盖范围包括防腐蚀技术、表面摩擦磨损技术、表面特征转换(例如表面声、光、磁、电的转换)技术、表面美化装饰技术等，现代表面处理技术可以按照设想改变物体的表面特性，获得一种全新的、与物体本身不同的特性，以适应人们的需求。现在表面处理工程已经发展成为横跨材料学、摩擦学、物理学、化学、界面力学和表面力学、材料失效与防护、金属热处理学、焊接学、腐蚀与防护学和光电子学等学科的边缘性、综合性、复合型学科。

第一节 表面处理技术概述

一、表面处理技术的分类和内容

(一)表面处理技术分类

表面处理技术有着十分广泛的内容，仅从一个角度进行分类难于概括全面，目前也没有统一的分类方法，我们可以从不同角度进行分类。

(1)按具体表面处理技术方法划分，表面处理包括表面热处理、化学热处理、物理气相沉积、化学气相沉积、离子注入、电子束强化、激光强化、火焰喷涂、电弧喷涂、等离子喷涂、爆炸喷涂、静电喷涂、流化床涂覆、电泳涂装、堆焊、电镀、电刷镀、自催化沉积(化学镀)、热浸镀、化学转化、溶胶凝胶技术、自蔓燃高温合成、搪瓷等。每一类技术又进一步细分为多种方法，例如火焰喷涂包括粉末火焰喷涂和线材火焰喷涂，粉末喷涂又有金属粉末喷涂、陶瓷粉末喷涂和塑料粉末喷涂等。

(2)按表面层的使用目的划分，表面处理大致可分为表面强化、表面改性、表面装饰和表面功能化四大类。表面强化又可以分为热处理强化、机械强化、冶金强化、涂层强化和薄膜强化等，着重提高材料的表面硬度、强度和耐磨性；表面改性主要包括物理改性、化学改性、三束(激光、电子束和离子束)改性等，着重改善材料的表面形貌以及提高其表面耐腐蚀性能；表面装饰包括各种涂料涂装和精饰技术等，着重改善材料的视觉效应并赋予其足够的耐候性；表面功能化则是指使表面层具有上述性能以外的其他物理化学性能，如电学性能、磁学性能、光学性能、敏感性能、分离性能、催化性能等。

(3)按表面层材料的种类划分，表面处理一般分为金属(合金)表面层、陶瓷表面层、聚合物表面层和复合材料表面层四大类。许多表面处理技术都可以在多种基体上制备多种材料表面层，如热喷涂、自催化沉积、激光表面处理、离子注入等；但有些表面处理技术只能在特定材料的基体上制备特定材料的表面层，如热浸镀。不过，并不能据此判断一种表面处理技术的优劣。

(4)从材料科学的角度划分。按沉积物的尺寸进行，表面工程技术可以分为以下4种基本类型。

1)原子沉积以原子、离子、分子和粒子集团等原子尺度的粒子形态在基体上凝聚，然后成核、长大，最终形成薄膜。被吸附的粒子处于快冷的非平衡态，沉积层中有大量结构缺陷。沉积层常和基体反应生成复杂的界面层。凝聚成核及长大的模式，决定着涂层的显微结构和晶型。电镀、化学镀、真空蒸镀、溅射、离子镀、物理气相沉积、化学气相沉积、等离子聚合、分子束外延等均属此类。

2)颗粒沉积以宏观尺度的熔化液滴或细小固体颗粒在外力作用下于基体材料表面凝聚、沉积或烧结。涂层的显微结构取决于颗粒的凝固或烧结情况。热喷涂、搪瓷涂覆等都属此类。

3)整体覆盖欲涂覆的材料于同一时间施加于基体表面。如包箔、贴片、热浸镀、涂刷、堆焊等。

4)表面改性用离子处理、热处理、机械处理及化学处理等方法处理表面，改变材料表面的组成及性质。如化学转化镀、喷丸强化、激光表面处理、电子束表面处理、离子注入等。

(二)表面技术的内容

表面处理技术内容种类繁多，随着科技不断发展，新的技术也不断出现，下面仅就一些常见的表面技术做简单介绍。

(1)电镀与电刷镀。电镀是利用电解作用，使具有导电性能的工件表面作为阴极与电解质溶液接触，通过外电流的作用，在工件表面沉积与基体牢固结合成镀覆层。该镀覆层主要是各种金属和合金。单金属镀层有锌、镉、铜、镍、铬、锡、银、金、钴、铁等数十种；合金镀层有锌-铜、镍-铁、锌-镍等100多种。电镀方式也有多种，如挂镀、吊镀、滚镀、刷镀等。电镀在工业上应用很广泛。电刷镀是电镀的一种特殊方法，又称接触镀、选择镀、涂镀、无槽电镀等。其设备主要由电源、刷镀工具(镀笔)和辅助设备(泵、旋转设备等)组成，是在阳极表面裹上棉花或涤纶棉絮等吸水材料，使其吸饱镀液，然后在作为阴极的零件上往复运动，使镀层牢固沉积在工件表面上。它不需将整个工件浸入电镀溶液中，所以能完成许多槽镀不能完成或不容易完成的电镀工作。

(2)化学镀。化学镀是在无外电流通过的情况下，利用还原剂将电解质溶液中的金属离子化学还原在呈活性催化的工件表面，沉积出与基体牢固结合的镀覆层。工件可以是金属，也可以是非金属。镀覆层主要是金属和合金，最常用的是镍和铜。

(3)涂装。它是用一定的方法将涂料涂覆于工件表面而形成涂膜的全过程。涂料(俗称漆)为有机混合物，一般由成膜物质、颜料、溶剂和助剂组成，可以涂装在各种金属、陶瓷、塑料、木材、水泥、玻璃等制品上。涂膜具有保护、装饰或特殊性能(如绝缘、防腐标志等)，应用十分广泛。

(4)堆焊和熔结。堆焊是在金属零件表面或边缘熔焊上耐磨、耐蚀或特殊性能的金属层，修复外形不合格的金属零件及产品，提高使用寿命，降低生产成本，或者用它制造双金属零部件。熔结与堆焊相似，也是在材料或工件表面熔敷金属涂层，但用的涂覆金属是一些以铁、镍、钴为基础，含有强脱氧元素硼和硅而具有自熔性和熔点低于基体的自熔性合金，所用的工艺是真空熔敷、激光熔敷和喷熔涂覆等。

(5)热喷涂。它是将金属、合金、金属陶瓷材料加热到熔融或部分熔融，以高的动能使其雾化成微粒并喷至工件表面，形成牢固的涂覆层。热喷涂的方法有多种，按热源可分为火焰喷涂、电弧喷涂、等离子喷涂(超声速喷涂)和爆炸喷涂等。经热喷涂的工件具有耐磨、耐热、耐蚀等功能。

(6)电火花涂覆。这是一种直接利用电能的高密度能量对金属表面进行涂覆处理的工艺，即通过电极材料与金属零部件表面间的火花放电作用，把作为火花放电极的导电材料(如WC，TiC)熔渗于零件表面层，从而形成含电极材料的合金化涂层，提高工件表层的性能，而工件内部组织和性能不改变。

(7)热浸镀。它是将工件浸在熔融的液态金属中，使工件表面发生一系列物理和化学反应，取出后表面形成金属镀层。工件金属的熔点必须高于镀层金属的熔点。常用的镀层金属有锡、锌、铝、铅等。热浸镀工艺包括表面预处理、热浸镀和后处理三部分。按表面预处理方法的不同，它可分为熔剂法和保护气体还原法。热浸镀的主要目的是提高工件的防护能力，延长工件的使用寿命。

(8)真空蒸镀。它是将工件放入真空室，并用一定方法加热镀膜材料，使其蒸发或升华至工件表面凝聚成膜。工件材料可以是金属、半导体、绝缘体乃至塑料、纸张、织物等；而镀膜材料也很广泛，包括金属、合金、化合物、半导体和一些有机聚合物等。加热镀膜材料方式有电阻、高频感应、电子束、激光、电弧加热等。

(9)溅射镀。它是将工件放入真空室，并用正离子轰击作为阴极的靶(镀膜材料)，使靶材中的原子、分子逸出，飞至工件表面凝聚成膜。溅射粒子的动能约为10 eV，为热蒸发粒子的100倍。按入射正离子来源不同，可分为直流溅射、射频溅射和离子束溅射。入射正离子的能量还可用电磁场调节，常用值为10 eV量能。溅射镀膜的致密性和结合强度较好，基片温度较低，但成本较高。

(10)离子镀。它是将工件放入真空室，并利用气体放电原理将部分气体和蒸发源(镀膜材料)逸出的气相粒子电离，在离子轰击工件的同时，把蒸发物或其反应产物沉积在工件表面成膜。该技术是一种等离子体增强的物理气相沉积，镀膜致密，结合牢固，可在工件温度低于550℃时得到良好的镀层，绕镀性也较好。离子镀常用的方法有阴极电弧离子镀、热电子增强电子束离子镀、空心阴极放电离子镀。

(11)化学气相沉积(简称“CVD”)。它是将工件放入密封室，加热到一定温度，同时通入反应气体，利用室内气相化学反应在工件表面沉积成膜。源物质除气态外，也可以是液态和固态。化学气相沉积所采用的化学反应有多种类型，如热分解、氢还原、金属还原、化学输运反应，以及等离子体激发反应、光激发反应等。工件加热方式有电阻、高频感应、红外线加热等。化学气相沉积主要设备有气体的发生、净化、混合、输运装置，以及工件加热、反应室、排气装置。主要方法有热化学气相沉积、低压化学气相沉积、等离子体化学气相沉积、金属有机化合物气相沉积、激光诱导化学气相沉积等。

(12)化学转化膜。化学转化膜的实质是金属处在特定条件下人为控制的腐蚀产物，即金属与特定的腐蚀液接触并在一定条件下发生化学反应，形成能保护金属不易受水和其他腐蚀介质影响的膜层。它是由金属基体直接参与成膜反应而生成的，因而膜与基体的结合力比电镀层要好得多。目前，工业上常用的化学转化有铝和铝合金的阳极氧化、铝和铝合金的化学氧化、钢铁氧化处理、钢铁磷化处理、铜的化学氧化和电化学氧化、锌的铬酸盐钝化等。

(13)化学热处理。它是将金属或合金工件置于一定温度的活性介质中保温，使一种或几种元素渗入它的表层，以改变其化学成分、组织和性能的热处理工艺。按渗入的元素可分为渗碳、渗氮、碳氮共渗、渗硼、渗金属等。渗入元素介质可以是固体、液体和气体，但都要经过介质中化学反应、外扩散、相界面化学反应(或表面反应)和工件中扩散 4 个过程。

(14)高能束表面处理。它是主要利用激光、电子束和太阳光束作为能源，对材料表面进行各种处理，显著改善其组织结构和性能。

(15)离子注入表面改性。它是将所需的气体或固体蒸气在真空系统中电离，引出离子束后在数千电子伏至数十万电子伏加速下直接注入材料，达一定深度，从而改变材料表面的成分和结构，达到改善性能之目的。其优点是注入元素不受材料固溶度限制，适用于各种材料，工艺和质量易控制，注入层与基体之间没有不连续界面。它的缺点是注入层不深、对复杂形状的工件注入有困难。

目前，表面技术领域的一个重要趋势是综合运用两种或更多种表面技术的复合表面处理技术。随着材料使用要求的不断提高，单一的表面技术因有一定的局限性而往往不能满足需要。目前已开发的一些复合表面处理，如等离子喷涂与激光辐照复合、热喷涂与喷丸复合、化学热处理与电镀复合、激光淬火与化学热处理复合、化学热处理与气相沉积复合等，已经取得良好效果。

另外，表面加工技术也是表面技术的一个重要组成部分，例如对金属材料而言，有电铸、包覆、抛光、蚀刻等，它们在工业上获得了广泛的应用。

二、表面工程技术的作用

(1)金属材料及其制品的腐蚀、磨损及疲劳断裂等重要损伤，一般都是从材料表面、亚表面开始或因表面因素而引起的，它们带来的破坏和经济损失是十分惊人的。例如，仅腐蚀一项，据统计全世界钢产量的 1/10 由于腐蚀而损耗，工业发达国家因腐蚀破坏造成的经济损失占国民经济总产值的 2%～4%，美国 1995 年因腐蚀造成的损失至少为 3 000 亿美元，我国每年因腐蚀造成的损失至少达 2 000 亿元。磨损造成的损失与之相近。因此，采用表面改性、涂覆、薄膜及复合处理等工艺技术，加强材料表面防护，提高材料表面性能，控制或防止表面损坏，可延长设备、工件的使用寿命，获得巨大的经济效益。

(2)表面技术不仅是现代制造技术的重要组成与基础工艺之一，同时又为信息技术、航天技术、生物工程等高新技术的发展提供技术支撑。诸如离子注入半导体已成为超大规模集成电路制造的核心工艺技术。手机上的集成电路、磁带、激光盘、电视机的屏幕、计算机内的集成块等均赖以表面改性、薄膜或涂覆技术才能实现。生物工程中髓关节的表面修补，用超高密度高分子聚乙烯上再镀钴铬合金，寿命达 15～25 年，用轻基磷灰石(简称“HAP”)粒子与金属 Ni 共沉积在不锈钢基体上，植入人体后具有良好的生物相容性。又如人造卫星的头部锥体和翼前沿，表面工作温度几千度，甚至达 10 000℃，采用了隔热涂层、防火涂层和抗烧蚀涂层等复合保护基体金属，才能保证其正常运行。

(3)利用表面工程技术,使材料表面获得它本身没有而又希望具有的特殊性能,而且表层很薄,用材十分少,性能价格比高,节约材料和节省能源,减少环境污染,是实现材料可持续发展的一项重要措施。

(4)随着表面技术与科学的发展,表面工程的作用有了进一步扩展。通过专门处理,根据需要可赋予材料及其制品具有绝缘、导电、阻燃、红外吸收及防辐射、吸收声波、吸声防噪、防沾污性等多种特殊功能。也可为高新技术及其制品的发展提供一系列新型表面材料,如金刚石薄膜、超导薄膜、纳米多层膜、纳米粉末、碳 60、非晶态材料等。

(5)随着人们生活水平的提高及工程美学的发展,表面工程在金属及非金属制品表面装饰作用也更引人注目和得到明显的发展。

三、表面工程技术的主要任务

(1)提高金属材料抵御环境作用的能力。如提高材料及其制品耐腐蚀、抗高温氧化、耐磨减摩、润滑及抗疲劳性能等,从而延长其使用寿命。

(2)根据需要,赋予材料及其制品表面力学性能、物理功能和多种特殊功能、声光磁电转换及存储记忆的功能,制造特殊新型材料及复层金属板材。

(3)赋予金属或非金属制品表面光泽的色彩、图纹、优美外观。

(4)实现特定的表面加工来制造构件、零件和元器件等。

(5)修复磨损或腐蚀损坏的零件;挽救加工超差的产品,实现再制造工程。

(6)研究各类材料表面的失效机理与表面工程技术的应用理论问题,开发新的表面工程技术;把"表面与整体"视为一个系统,进行现代化表面工程设计,获取更大的经济效益。

第二节　电　镀

电镀是一种表面加工工艺,它是利用电化学的方法将金属离子还原为金属,并沉积在金属或非金属制品表面上,形成符合要求的平滑致密的金属覆盖层。其实质是给各种制品穿上一层金属"外衣",这层金属"外衣"就叫作电镀层,它的性能在很大程度上取代了原来基体的性质。电镀作为表面处理手段有着悠久的历史,其应用范围遍及工业、农业、军事、航空、化工和轻工业等领域。

概括起来,根据需要进行电镀的目的主要有 3 个。

(1)提高金属制品的耐腐蚀能力,赋予制品表面装饰性外观。

(2)赋予制品表面某种特殊功能,例如提高硬度、耐磨性、导电性、磁性、钎焊性、抗高温氧化性、减少接触面的滑动摩擦,增强反光能力、防止射线的破坏和防止钢铁件热处理时的渗碳和渗氮等。

(3)提供新型材料,以满足当前科技与生产发展的需要,例如制备具有高强度的各种金属基复合材料,合金、非晶态材料,纳米材料等。在金属材料中加入具有高强度的第二相,可使结构材料的强度显著提高。

二、电镀的基本原理

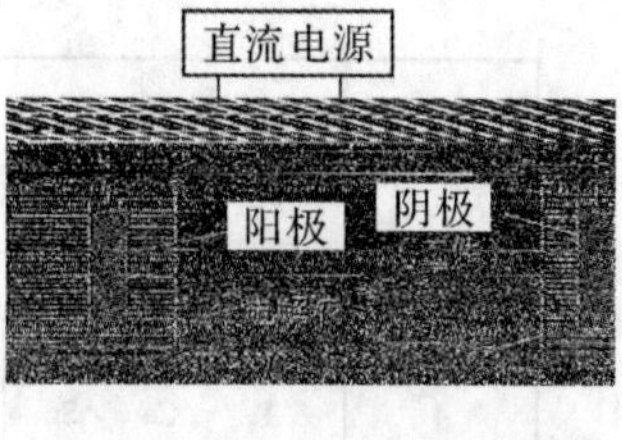

图 7-1　电镀基本过程示意图

(一)电镀的基本过程

电镀(以镀镍为例)是将零件浸在金属盐的(如 $NiSO_4$)溶液中作为阴极,金属板作为阳极,接通电源后,在零件表面就会沉积出金属镀层。图 7-1 为电镀过程的示意图。例如在硫酸镍电镀溶液中镀镍时,在阴极上发生镍离子得电子还原为镍金属的反应,这是主要的电极反应,其反应式为

$$Ni^{2+} + 2e^- \rightarrow Ni$$

另外,镀液中的氢离子也会在阴极表面还原为氢的副反应,即

$$2H^+ + 2e^- \rightarrow H_2\uparrow$$

析氢副反应可能会引起电镀零件的氢脆,造成电镀效率降低等不良后果。

在镍阳极上发生金属镍失去电子变为镍离子的氧化反应,即

$$Ni \rightarrow Ni^{2+} + 2e^-$$

有时还有可能发生如下的副反应,即

$$4OH^- \rightarrow 2H_2O + O_2\uparrow + 4e^-$$

在电镀过程中,电极反应是电流通过电极/溶液界面的必要条件,正因如此,阴极上的还原沉积过程由以下过程构成:

(1)溶液中的金属离子(如水化金属离子或络合离子)通过电迁移、对流、扩散等形式到达阴极表面附近;

(2)金属离子在还原之前在阴极附近或表面发生化学转化;

(3)金属离子从阴极表面得到电子还原成金属原子;

(4)金属原子沿表面扩散到达生长点进入晶格生长,或与其他离子相遇形成晶核长大成晶体。

在形成金属晶体时又分两个步骤进行:结晶核的生成和长大。晶核的形成速度和成长速度决定所得到镀层晶粒的粗细。

电结晶是一个有电子参与的化学反应过程,需要有一定的外电场的作用。在平衡电位下,金属离子的还原和金属原子的氧化速度相等,金属镀层的晶核不可能形成。只有在阴极极化条件下,即比平衡电位更负的情况下才能生成金属镀层的晶核。所以说,为了产生金属晶核,需要一定的过电位。电结晶过程中的过电位与一般结晶过程中的过饱和度所起的作用相当。而且过电位的绝对值越大,金属晶核越容易形成,越容易得到细小的晶粒。

不是所有的金属离子都能从水溶液中沉积出来,如果在阴极上氢离子还原为氢的副反应占主要地位,则金属离子难以在阴极上析出。根据实验,金属离子在水溶液中电沉积的可能性,可从元素周期表中得出一定的规律,见表 7-1。

表 7－1　金属在水溶液中电沉积的可能性

周期	族																	
	ⅠA	ⅡA	ⅢB	ⅣB	ⅤB	ⅥB	ⅦB	Ⅷ			ⅠB	ⅡB	ⅢA	ⅣA	ⅤA	ⅥA	ⅦA	0
3	Na	Mg											Al	Si	P	S	Cl	Ar
4	K	Ca	Sc	Ti	V	Cr	Mn	Fe	Co	Ni	Cu	Zn	Ga	Ge	As	Se	Br	Kr
5	Rb	Sr	Y	Zr	Nb	Mo	Tc	Ru	Rh	Pd	Ag	Cd	In	Sn	Sb	Te	I	Xe
6	Cs	Ba	La	Hf	Ta	W	Re	Os	Ir	Pt	Au	Hg	Tl	Pb	Bi	Po	At	Rn
	可自水溶液获得汞齐沉积			从水溶液中难以或不能获得纯态沉积			自水溶液中可以电沉积				自络合物溶液中可以电沉积					非金属		

由表 7－1 可知，能够从水溶液中电沉积的金属主要分布在铬族以右的第 4，5，6 周期中，大约有 30 种。铬族本身的 Mo 及 W 需要在其他元素的诱导下发生沉积。必须指出的是，这种分界不是绝对的，如电镀合金，或在有机溶剂及熔融盐中沉积金属，就会出现不同的结果。

(二)电镀电源

所谓的电镀是在电流的作用下，溶液中的金属离子在阴极还原并沉积在阴极表面的过程。因此，在基体表面制备电镀层就必须具备能够提供电流的电源设备。

用直流电向电镀槽供电时，多数工厂使用低压直流发电机和各种整流器。大多数的电镀设备都使用电压为 6～12 V 的不同功率的电源。只有铝及其合金在阳极氧化时需要电压为 60～120 V 的直流电源。电镀槽电流的供给也是多样的，当必须使电流密度保持一定的范围时，最好用单独的电源向镀槽供电，也可以用一个电源向几个镀槽供电。

直流发电机具有使用可靠、输出电压稳定、直流波形平滑、可提供大电流、维修方便等优点、但因其耗能较大、噪声高，使用受到限制，许多电镀厂家已经不再使用。

应用在电镀上的整流器有硒整流器、硅整流器、氧化铜整流器、可控硅整流器等。各种整流器具有转换率高、调节方便、维护简单、噪声小、无机械磨损等优点，并可直接安装在镀槽旁，节约了导电金属材料。可控硅整流器还有质量轻、体积小的特点。它们的缺点是怕热，不能承受冲击负荷。

随着电镀技术的发展，先后出现了许多特种电镀技术。这些电镀技术都需要有专门的电镀电源，这些电源有些是在传统的电源上做一些改进，有些是具有新的特点的电源，比如脉冲电源、电刷镀电源等。

(三)电镀电极

(1)阳极。电镀时发生氧化反应的电极为阳极。它有不溶性阳极和可溶性阳极之分。不溶性阳极的作用是导电和控制电流在阴极表面的分布；可溶性阳极除了有这两种作用外，还具有向镀液中补充放电金属离子的作用。后者在向镀液补充金属离子时，最好是阳极上溶解入溶液的金属离子的价数与阴极上消耗掉的相同，一般都采用与镀层金属相同的块体金属作可溶性阳极。如酸性镀锡时，阴极上消耗掉的是 Sn^{2+}，要求阳极上溶解入溶液的也是 Sn^{2+}；在碱性镀锡时，阴极上消耗掉的是 Sn^{4+}，要求阳极上溶解入溶液的也是 Sn^{4+}。同时还希望阳极上溶解入溶液中的金属离子的量与阴极上消耗掉的基本相同，以保持主盐浓度在电镀过程中的稳定。

阳极的纯度、形状及它在溶液中的悬挂位置和它在电镀时的表面状态等对电镀层质量都有影响。

(2)阴极。电镀过程中的阴极为欲镀零件。电镀过程是发生在金属与电镀液相接触的界面上的电化学反应过程。要想使反应过程能够在金属表面顺利进行，必须保证镀液与制品基体表面接触良好，也就是说基体表面不允许有任何油污、锈或氧化皮，同时基体表面还应力求平整光滑，这样才能使镀液很好地浸润基体表面，才能使镀层与基体表面结合牢固。由于金属制品的材料种类很多，其原始表面状态也是各式各样的。因此，必须根据具体情况，在电镀前正确地选择与安排预处理工序及操作顺序。

(四)电镀挂具

挂具的主要作用是固定镀件和传导电流。设计挂具的基本要求是：有良好导电性和化学稳定性；有足够机械强度，保证装夹牢固；装卸方便；非工作部分绝缘处理。

挂具的结构多种多样，既有通用型挂具，也有专用挂具，尤其是对复杂形状的镀件常需专门设计。设计挂具时要考虑镀件形状、大小、设备能力和生产流程。在满足对挂具基本要求的前提下，还应货源广、成本低。通常在外形尺寸上要求挂具顶部距液面不小于 50 mm，挂具底部距槽底 100～200 mm，挂具与挂具之间 20～50 mm。电镀挂具一般由吊钩、提杆、主架、支架和挂钩五部分组成，如图 7-2 所示。

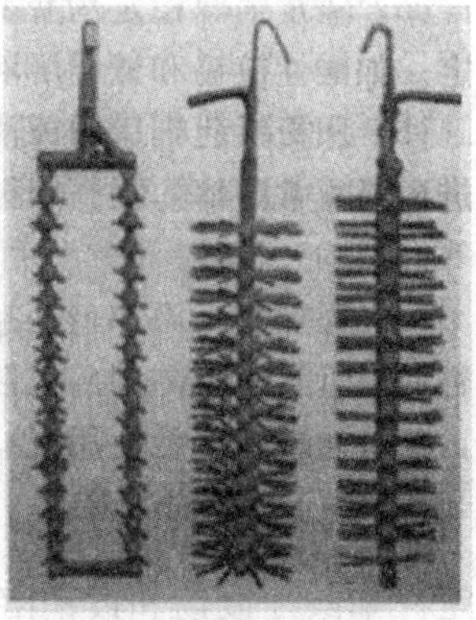

图 7-2　电镀挂具

挂具的吊钩与极棒相连，同时具有承重和导电作用，所以吊钩材料应有足够的机械强度和导电性。吊钩与极棒应有良好的接触。

挂具的非导电部位用绝缘材料包扎或涂覆。绝缘材料要具有化学稳定性、耐热和耐水性。涂料与挂具应结合牢固，涂层坚韧致密。

(五)电镀槽

电镀槽是电镀所用的主要工艺槽。常用镀槽的大小、结构和材料等皆有多种类型。镀槽的大小主要由生产能力与操作便利性能决定。镀槽结构设计既要保证有足够的机械强度，同时要考虑与辅助设备方便而有效的连接。镀槽材料的选用要符合工艺条件及其用途，并且尽可能成本低，适应性广。通常，碱性镀槽的槽体用碳钢板，加热系统用普通钢管。常温碱性镀槽也用钢板内衬聚氯乙烯，以便于碱性氰化物镀液。有时作为临时使用，还可以用砖、水泥制作镀槽。酸性镀槽可用聚氯乙烯板焊制，或钢板内衬聚氯乙烯板。加热系统可用铅锑合金管。有时热酸性槽也用玻璃钢作槽体。

(六)电镀溶液的组成及其作用

电镀是在电镀液中进行的。不同的镀层金属所使用的电镀溶液的组成是多种多样的，即便是同一种金属镀层所采用的电镀溶液也可能差别很大。不管是什么样的电镀液配方都大致由以下几部分组成：主盐、导电盐、络合剂、缓冲剂、阳极去极化剂以及添加剂等，它们各有不同的作用，分别介绍如下。

(1)主盐。能够在阴极上沉积出所要求的镀层金属的盐称为主盐,如电镀镍时的硫酸镍、电镀铜时的硫酸铜等。根据主盐性质的不同,可以将电镀液分为简单盐电镀溶液和络合物电镀溶液两大类。

简单盐电镀溶液中主要金属离子以简单离子形式存在(如 Cu^{2+},Ni^{2+},Zn^{2+} 等),其溶液都是酸性的。在络合物电镀溶液中,因含有络合剂,主要金属离子以络离子形式存在,如$[Cu(CN)_3]^{2-}$,$[Zn(CN)_4]^{2-}$,$[Ag(CN)_2]^-$ 等,其溶液多数是碱性的,也有酸性的。

(2)导电盐。导电盐是能提高溶液的电导率,而对放电金属离子不起络合作用的物质。这类物质包括酸、碱和盐,由于它们的主要作用是用来提高溶液的导电性,习惯上通称为导电盐。如酸性镀铜溶液中的 H_2SO_4,氯化物镀锌溶液中的 KCl,NaCl 及氰化物镀铜溶液中的 NaOH 和 Na_2CO_3 等。

(3)络合剂。在溶液中能与金属离子生成络合离子的物质称为络合剂。如氰化物镀液中的 NaCN 或 KCN,焦磷酸盐镀液中的 $K_4P_2O_7$ 或 $Na_4P_2O_7$ 等。

(4)缓冲剂。缓冲剂是用来稳定溶液的 pH,特别是阴极表面附近的 pH。缓冲剂一般是弱酸或弱酸的酸式盐,如镀镍溶液中的 H_3BO_3 和焦磷酸盐镀液中的 Na_2HPO_4 等。

任何一种缓冲剂都只能在一定的范围内具有好的缓冲作用,超过这一范围其缓冲作用将不明显或者完全没有缓冲作用,而且还必须有足够的量才能起到稳定溶液 pH 的作用。缓冲剂可以减缓阴极表面因析氢而造成的局部 pH 的升高,并能将其控制在最佳值范围内,所以对提高阴极极化有一定作用,也有利于提高镀液的分散能力和镀层质量。

(5)稳定剂。稳定剂主要用来防止镀液中主盐水解或金属离子的氧化,保持溶液的清澈稳定。如酸性镀锡和镀铜溶液中的硫酸、酸性镀锡溶液中的抗氧化剂等。

(6)阳极活化剂。阳极活化剂是在电镀过程中能够消除或降低阳极极化的物质,它可以促进阳极正常溶解,提高阳极电流密度。如镀镍溶液中的氯化物、氰化镀铜溶液中的硒石酸盐等。

(7)添加剂。添加剂是指那些在镀液中含量很低,但对镀液和镀层性能却有着显著影响的物质。近年来添加剂的发展速度很快,在电镀生产中占的地位越来越重要,种类越来越多,而且越来越多地使用复合添加剂来代替单一添加剂。

(七)影响镀层质量的因素

作为金属镀层,无论其使用目的和使用场合如何,都应该满足以下要求:镀层致密无孔,厚度均匀一致,镀层与基体结合牢固。影响镀层质量的主要因素有以下几个方面。

(1)镀前处理质量。镀前处理对镀层质量的重要性在前面的内容已经涉及。镀前处理的每道工序都会对镀层质量产生直接影响。相比其他电镀工序,镀前处理是最容易被忽视的,也是最容易出问题的地方。

(2)电镀溶液的本性。镀液的性质、组成各成分的含量以及附加盐、添加剂的含量都会影响镀层质量。这部分在电镀液的组成部分已经有所介绍。

(3)基体金属的本性。镀层金属与基体金属的结合是否良好与基体金属的化学性质有密切关系。如果基体金属的电位负于镀层金属的电位,或对易于钝化的基体或中间层,若不采取适当的措施,很难获得结合牢固的镀层。

(4)电镀过程。电镀过程受电流密度、温度和搅拌等因素的影响。在其他条件不变的情况下,提高阴极电流密度,可以使镀液的阴极极化作用增强,镀层结晶变得细致紧密。如果阴极电流密度过大，超过允许的上限时，常常会出现镀层烧焦的现象，即形成黑色的海绵状镀层。电流密度过低时，阴极极化小，镀层结晶较粗，而且沉积速度慢。

提高镀液的温度，一方面加快了离子的扩散速度，导致浓度极化降低；另一方面，使离子的活性增强，电化学极化降低，阴极反应速度加快，从而使阴极极化降低，镀层结晶变粗。但是，镀液温度的升高使离子的运动速度加快，从而可以弥补由于电流密度过大或主盐浓度偏低所造成的不良影响。温度升高还可以减少镀层的脆性，提高沉积速度。

搅拌能够加速溶液的对流，使扩散层减薄，使阴极附近被消耗了的金属离子得以及时补充，从而降低了浓度极化。在其他条件不变的情况下，搅拌会使镀层结晶变粗。但是，搅拌可以提高允许电流密度的上限，可以在较高的电流密度和较高的电流效率下，获得致密的镀层。搅拌的方式有机械搅拌、压缩空气搅拌等。其中，压缩空气搅拌只适用于那些不受空气中的氧和二氧化碳作用的酸性电解液。

(5)析氢反应。析氢反应是指在电镀过程中大多数镀液的阴极反应都伴随着有氢气的析出。在不少情况下析氢对镀层质量有恶劣的影响，主要有针孔或麻点、鼓泡、氢脆等。如当析出的氢气依附在阴极表面上会产生针孔或麻点，当一部分还原的氢原子渗入基体金属或镀层中，使基体金属或镀层的韧性下降而变脆叫氢脆。为了消除氢脆的不良影响，应在镀后进行高温除氢处理。

(6)镀后处理。镀后对镀件的清洗、钝化、除氢、抛光、保管等都会继续影响镀层质量。

除了上面所列举的因素外，影响镀层质量的因素还有很多。电镀工艺发展到现在，具体某种因素对镀层质量的影响已经被研究得很充分，相关的研究论文或书籍很多，可以很方便地查阅到。当然，上面这些因素的影响不是孤立的，改变其中某一个参数很可能引起其他参数的联动变化，需要综合分析，找出内在的联系。有经验的电镀工程师或技工完全可以凭着肉眼观察发现问题出在哪个环节。当然，经验是在丰富的理论知识结合长时间的生产实践中总结出来的。

第三节　单金属电镀

一、镀锌

锌是一种银白色微带蓝色的金属。金属锌较脆，只有加热到 100～150℃才有一定延展性。锌的硬度低，耐磨性差。

锌是两性金属，既溶于酸也溶于碱。特别是当锌中含有电位较正的杂质时，锌的溶解速度更快。但是电镀锌层的纯度高，结构比较均匀，因此在常温下锌镀层具有较高的化学稳定性。

锌镀层主要镀覆在钢铁制品的表面，作为防护性镀层被广泛用于防止钢铁金属的腐蚀。锌的弹性比较好，即便零件弯曲变形，锌镀层仍然能附着在零件上而不脱落，也不开裂。但镀锌层比较柔软，不能镀在承受摩擦条件下工作的部件或零件表面上。锌的标准电极电位为 −0.76 V，比铁的电位负，为阳极性镀层。在钢铁表面镀锌层既有机械保护作用，又有化学保护作用。镀锌层经钝化后形成彩虹色或白色钝化膜层，在空气中几乎不发生变化，在汽油或含二氧化碳的潮湿空气中也很稳定，但在含有 SO_2、H_2S、海洋性气氛及海水中镀锌层的耐蚀性较差，特别是在高温、高湿及含有有机酸的气氛中，镀锌层的耐蚀性极差。

电镀锌是生产上应用最早的电镀工艺之一，工艺比较成熟，操作简便，投资少，在钢铁件的耐蚀性镀层中成本最低。作为防护性镀层，锌镀层的生产量最大，占电镀总产量的50%左右。在机电、轻工、仪器仪表、农机、建筑五金和国防工业中得到广泛的应用。近年来，开发的光亮镀锌层，涂覆护光膜后使其防护性和装饰性都得到进一步的提高。

镀锌溶液种类很多，按照其性质可分为氰化物镀液和无氰化物镀液两大类。氰化物镀锌溶液具有良好的分散能力和覆盖能力，镀层结晶光滑细致，操作简单，适用范围广，在生产中被长期采用，但镀液中含有剧毒的氰化物，在电镀过程中逸出的气体对工人健康危害较大，其废水在排放前必须严格处理。无氰化物镀液有碱性锌酸盐镀液、氯化铵镀液、硫酸盐镀锌及无氰盐氯化物镀液等，其中碱性锌酸盐和无氰盐氯化物镀锌应用最多。

(1)氰化物镀锌。氰化物镀锌工艺自20世纪初投入工业生产并沿用至今。该工艺的特点是电镀液以氰化钠为络合剂的络合物型电镀液，具有较好的分散能力和深镀能力。允许使用的电流密度范围和温度范围都较宽，电解液对杂质的敏感性小，工艺容易控制，操作及维护都很简单。由于氰(CN)属剧毒，所以环境保护对电镀锌中使用氰化物提出了严格限制，不断促进减少氰化物和取代氰化物电镀锌镀液体系的发展，要求使用低氰(微氰)电镀液。

采用此工艺电镀后，产品质量好，特别是彩镀，经钝化后色彩保持好。

氰化物镀锌溶液根据氰含量多少分可为高氰、中氰、低氰三种类型，镀液组成及工艺条件见表7-2。

表7-2 氰化物镀锌电镀液组成及工艺条件

电镀液组成及工艺条件	高氰镀液	中氰镀液	低氰镀液
氧化锌/($g \cdot L^{-1}$)	35～45	17～22	10～12
氰化钠/($g \cdot L^{-1}$)	80～100	35～45	10～13
氢氧化钠/($g \cdot L^{-1}$)	70～80	65～75	65～80
硫化钠/($g \cdot L^{-1}$)	0.5～5	0.5～2	
甘油/($g \cdot L^{-1}$)	3～5		
温度/℃	10～40	10～40	10～40
阳极电流密度/($A \cdot dm^{-2}$)	0～2.5	1～2.5	1～2.5

(2)锌酸盐镀锌。从锌酸盐电镀液中电沉积金属锌早在20世纪30年代就有人研究过。但是，从单纯的锌酸盐电镀液中只能得到疏松的海绵状锌。为了获得有使用价值的锌镀层，人们寻找了各种添加剂，其中包括金属盐、天然有机化合物以及合成有机化合物。

锌酸盐镀锌可用氰化物镀锌设备。电镀液成分简单，易于管理，对设备腐蚀小，废水处理方便。但均镀和深镀能力较氰化物电镀液差，电流效率低。锌酸盐镀锌电镀液的成分及作用锌酸盐镀锌典型镀液配方及工艺见表7-3。

表7-3 锌酸盐镀锌镀液组成配方及工艺条件

镀液组成及工艺条件	配比1	配比2	配比3
氧化锌/($g \cdot L^{-1}$)	8～12	10～15	10～12
氢氧化钠/($g \cdot L^{-1}$)	100～120	100～130	100～120
DE添加剂/($mL \cdot L^{-1}$)	4～6		4～5

续表

镀液组成及工艺条件	配比 1	配比 2	配比 3
香豆素/($g \cdot L^{-1}$)	0.4～0.6		
混合光亮剂/($mL \cdot L^{-1}$)	0.5～1		
DPE—添加剂/($mL \cdot L^{-1}$)		4～6	
三乙醇铵/($mL \cdot L^{-1}$)		12～30	
KR-7 添加剂			1～1.5
温度/℃	10～40	10～40	10～40
阴极电流密度/($A \cdot dm^{-2}$)	1～2.5	1～2.5	1～2.5

(3)氯化物镀锌。氯化物镀锌可以分为氯化铵镀锌和无铵氯化物镀锌两大类。氯化铵镀锌由于对设备腐蚀严重、废水处理困难等原因，已经逐渐被淘汰。20 世纪 70 年代后期发展起来的氯化钾(钠)镀锌，不仅完全具备了氯化铵镀锌的优点，还克服了其存在的缺点，因此得到了迅速的发展。目前，根据粗略统计，在我国氯化钾(钠)镀锌溶液的体积已经超过了镀锌溶液总体积的 50%。

氯化钾(钠)镀锌电解液成分简单，与氰化物镀锌及锌酸盐镀锌相比，镀液的稳定性高，而且电解液呈微酸性(pH 在 5～6.5)，对设备的腐蚀小。氯化钾(钠)镀锌电解液中的 Cl^- 与 Zn^{2+} 的络合能力很弱，其废水处理简单容易。在电镀过程中除了极少量氢气和氧气逸出外，无其他碱雾、氨气等污染，无须排风设备。另外，该工艺所得到的镀层极适宜在低铬酸和超低铬酸钝化液中进行钝化处理，这就大大减轻了钝化废水处理的负担。氯化钾(钠)镀锌电解液的组成及工艺条件见表 7-4。

表 7-4　氯化钾(钠)镀锌电解液的组成及工艺条件

电镀液组成及工艺条件	配比 1	配比 2	配比 3
氯化锌/($g \cdot L^{-1}$)	60～70	55～70	50～70
氯化钾(钠)/($g \cdot L^{-1}$)	200～230	180～220	180～250
硼酸/($g \cdot L^{-1}$)	25～30	25～35	30～40
70%HW 高温匀染剂/($ml \cdot L^{-1}$)	4		
SCZ-87/($ml \cdot L^{-1}$)	4		
ZL-88/($ml \cdot L^{-1}$)		15～18	
BH-50/($ml \cdot L^{-1}$)			15～20
pH	5～6	5～6	5～6
温度/℃	5～65	10～65	15～50
阴极电流密度/($A \cdot dm^{-2}$)	1～6	1～8	0.5～4

此工艺在电镀行业应用比较广泛，所占比例高达 40%。钝化后(蓝白)可以锌代铬(与镀铬相媲美)，特别是在外加水溶性清漆后，外行人是很难辨认出是镀锌还是镀铬的。

此工艺适合于白色钝化(蓝白、银白)。客户无特殊要求时，最好是选择银白钝化(色泽保持较稳定)。

(4)硫酸盐镀锌。此工艺适合于连续镀(线材、带材、简单、粗大型零部件),成本低。硫酸盐镀锌的典型电镀液配方见表7-5。

表7-5 典型硫酸盐电镀液配方表

硫酸盐电镀液成分	配 比
$ZnSO_4/(g\cdot L^{-1})$	300～500
$H_3BO_3/(g\cdot L^{-1})$	25～30
硫锌$/(g\cdot L^{-1})$	15～20
pH	4.5～5.5

(一)镀锌工艺流程

镀锌工艺流程为:上挂具→电解除油→两道水洗→活化→两道水洗→镀锌→两道水洗→出光→水洗→钝化→三道水洗→下挂→吹干。

(二)镀锌操作细则

1.镀前准备

(1)检查镀锌线行车轨道上有无物品;

(2)检查镀锌线的污水阀是否正常;

(3)揭开镀锌线上的盖子;

(4)打开所有空气搅拌开关;

(5)打开自来水总阀;

(6)依次打开控制柜的总开关、所用设备空开、所用设备控制柜面板开关。

2.镀锌工序要求

(1)上挂具。上挂前必须将阴极杠、支架和挂具擦干净,确保导电性良好;检查零件表面质量是否合格,即无油、无锈,方可进行,如质量不合格则返回重新进行前处理;将前处理合格的工件,用专用挂具将其挂在行车阳极杠上;计算电镀电流;启动行车将工件吊起。

要求:工件离槽底距离≥150 mm;工件离槽两侧距离≥200 mm;工件和挂具接触要良好,在保证导电性能的情况下,接触面积尽可能小;挂具要与铜棒接触牢固;行车负重<500 kg。

(2)电解除油。启动行车将工件吊入电解除油槽内;先将电流开关放置在小电流位置,再打开电源开关,小幅度调节电流至所需电流;除油1～3 min;关闭电源开关;启动行车将工件吊起。

要求:温度控制在50～70℃;确保除油干净后再将工件吊出。

(3)两道水洗。启动行车将工件吊入清水槽清洗1～3 s;依次过两道水洗槽;启动行车将工件吊出清水槽。

要求:清洗水要用流动水,确保清洗干净。

(4)活化。启动行车将工件吊入活化槽内;活化时间1～3 min;启动行车将工件吊起。

要求:工件表面锈渍处理要彻底。

(5)两道水洗。启动行车将工件吊入清水槽清洗1～3 s;依次过两道水洗槽;启动行车将工件吊出清水槽。

要求：清洗水要用流动水，确保清洗干净。

(6)镀锌。启动行车将工件吊入镀槽中；先将电流开关放置在小电流位置，再打开电源开关，小幅度调节电流至所需电流；电镀 15 min 以上（根据顾客要求及槽液状态、现场测量确定）；关掉电源开关；启动行车将工件吊起。

要求：电镀期间要查看镀层表面情况，合理地调节电流及添加添加剂；观察阴阳极表面现象确保导电良好。

(7)两道水洗。启动行车将工件吊入清水槽清洗 1～3 s；依次过两道水洗槽；启动行车将工件吊出清水槽。

要求：清洗水要用流动水，确保清洗干净。

(8)出光。启动行车将工件吊入出光槽内；出光时间 5～10 s；启动行车将工件吊起。

要求：出光后镀层表面应为光亮。

(9)水洗。启动行车将工件吊入清水槽清洗 1～3 s；依次过 2 道水洗槽；启动行车将工件吊出清水槽。

要求：清洗水要用流动水，确保清洗干净。

(10)钝化。启动行车将工件吊入钝化槽中；将工件置于钝化液内 5～15 s；启动行车，将工件吊出槽液后，静置 5～15 s。

要求：钝化时间要严格控制；pH 控制在 1.2～1.8。

(11)三道水洗。启动行车将工件吊入清水槽清洗 1～3 s；依次过 3 道水洗槽；启动行车将工件吊出清水槽。

要求：清洗水要用流动水，确保清洗干净。

(12)下挂。启动行车将工件下挂。

(13)吹干。用压缩空气将工件表面的水份吹干后挂到烘干区。

(三)镀后要求

(1)将行车开到指定位置。

(2)将镀槽锌板吊出放入清水槽中。

(3)关掉所有电源开关。

(4)关掉总水阀。

(5)检查污水阀是否关闭。

(6)盖好镀锌线上的盖子。

二、镀铬

铬是一种微带天蓝色的银白色金属。虽然金属铬的电位很负（标准电极电位为－0.74 V），但是由于其具有强烈的钝化能力，其表面上很容易生成一层极薄的钝化膜，使其电极电位变得比铁正得多。因此，在一般腐蚀性介质中，钢铁基体上的镀铬层属于阴极镀层，对钢铁基体无电化学保护作用。只有当镀铬层致密无孔时，才能起到机械保护作用。

镀铬是重要的镀种之一，应用十分广泛，一般用作防护-装饰性组合镀层的外表和功能镀层。金属铬的强烈钝化能力，使其具有较高的化学稳定性。在潮湿的大气中镀铬层不起变化，与硫酸、硝酸及许多有机酸、硫化氢及碱等均不发生作用，但易溶于氢卤酸及热的硫酸中。

(一)镀铬工艺流程

镀铬工艺流程为：上挂具→电解除油→二道水洗→活化→二道水洗→镀碱铜→二道水洗→镀酸铜→二道水洗→活化→二道水洗→镀光亮镍→二道水洗→活化→二道水洗→镀铬→回收→二道水洗→热水洗→干燥→下挂。

(二)镀铬操作细则

1. 镀前准备

检查铜镍铬线的污水阀是否正常；揭开铜镍铬线上的盖子；打开所有空气搅拌开关；打开自来水、纯水总阀；依次打开控制柜的总开关、所用设备空开、所用设备控制柜面板开关。

2. 铜镍铬操作要求

(1)上挂具。选择合适的挂具将工件挂好。

要求：工件离槽底距离≥150 mm；工件离槽两侧距离≥200 m。

(2)电解除油。将工件挂入电解除油槽内；先将电流开关放置在小电流位置，再打开电源开关，小幅度调节电流至所需电流；除油 1～3 min。

要求：温度控制在 50～70℃；确保除油干净后再将工件取出。

(3)二道水洗。将工件过清洗槽清洗 1～3 s，依次过 2 道水洗槽。

要求：清洗水要用流动水，确保清洗干净。

(4)活化。将工件挂入活化槽内；活化时间 1～3 min。

要求：工件表面锈渍处理彻底。

(5)二道水洗。将工件过清洗槽清洗 1～3 s，依次过 2 道水洗槽。

要求：清洗水要用流动水，确保清洗干净。

(6)镀碱铜。将工件挂入镀槽中；先将电流开关放置在小电流位置，再打开电源开关，小幅度调节电流至所需电流；电镀 10～15 min(根据顾客要求及槽液状态、现场测量确定)；关掉电源开关；将镀完的工件从镀槽中取出。

要求：电镀期间要查看镀层表面情况，合理的调节电流；观察阴阳极表面现象确保导电良好。

(7)二道水洗。将工件过清洗槽清洗 1～3 s，依次过 2 道水洗槽。

要求：清洗水要用流动水，确保清洗干净。

(8)镀酸铜。将工件挂入镀槽中；先将电流开关放置在小电流位置，再打开电源开关，小幅度调节电流至所需电流；电镀 10～15 min(根据顾客要求及槽液状态、现场测量确定)；关掉电源开关；将镀完的工件从镀槽中取出。

要求：电镀期间要查看镀层表面情况，合理的调节电流；观察阴阳极表面现象确保导电良好。

(9)二道水洗。将工件过清洗槽清洗 1～3 s，依次过 2 道水洗槽。

要求：清洗水要用流动水，确保清洗干净。

(10)活化。将工件挂入活化槽内；活化时间 1～3 min。

要求：工件表面锈渍处理彻底。

(11)二道水洗。将工件过清洗槽清洗 1～3 s，依次过 2 道水洗槽。

要求：清洗水要用流动水，确保清洗干净。

(12)镀光亮镍。将工件挂入镀槽中;先将电流开关放置在小电流位置,再打开电源开关,小幅度调节电流至所需电流;电镀 10～15 min(根据顾客要求及槽液状态、现场测量确定);关掉电源开关;将镀完的工件从镀槽中取出。

要求:电镀期间要查看镀层表面情况,合理的调节电流;观察阴阳极表面现象确保导电良好。

(13)二道水洗。将工件过清洗槽清洗 1～3 s,依次过 2 道水洗槽。

要求:清洗水要用流动水,确保清洗干净。

(14)活化。将工件挂入活化槽内;活化时间 1～3 min。

要求:工件表面锈渍处理彻底。

(15)二道水洗。将工件过清洗槽清洗 1～3 s,依次过 2 道水洗槽。

要求:清洗水要用流动水,确保清洗干净。

(16)镀铬。将工件挂入镀槽中;先将电流开关放置在小电流位置,再打开电源开关,小幅度调节电流至所需电流;电镀 2～5 min(根据顾客要求及槽液状态、现场测量确定)关掉电源开关;将镀完的工件从镀槽中取出。

要求:电镀期间要查看镀层表面情况,合理的调节电流;观察阴阳极表面现象确保导电良好。

(17)回收。若镀铬槽需补充水时,将回收槽内的溶液添加至镀铬槽内。

(18)二道水洗。将工件过清洗槽清洗 1～3 s,依次过 2 道水洗槽。

要求:清洗水要用流动水,确保清洗干净。

(19)热水洗。将工件过热水槽清洗 5～10 s。

(三)镀铬溶液物料的配比(见表 7-6)

表 7-6　镀铬溶液物料的配比

环　节	物　料	用　量
电解除油	氢氧化钠	30～50 g/L
	碳酸钠	20～40 g/L
	硅酸钠	10～20 g/L
	磷酸三钠	20～50 g/L
	阳极电流密度	2～6 A/dm^2
	液温	50～70℃
	电解时间	10～15 min
活化	盐酸	50%(体积比)
	水	50%(体积比)
	温度	常温
	时间	1～2 min

续表

环　节	物　料	用　量
镀碱铜	硫酸铜	20～30 g/L
	HK220B 添加剂	180～220 ml/L
	HK220A 开缸剂	90～120 ml/L
	pH	8.5～10
	阴极电流密度	0.5～3 A/dm²
	温度	50～60℃
	阴阳极比	1:2～3
	阳极材料	电解铜
	搅拌	空气搅拌
酸性光亮镀铜	硫酸铜	20～30 g/L
	硫酸	180～220 ml/L
	HK230A 开缸剂	4～6 ml/L
	HK230B 填平剂	0.4～0.6 ml/L
	HK230C 光亮剂	0.4～0.6 ml/L
	氯离子	70～120 mg/L
	温度	20～35℃
	阳极电流密度	1～6 A/dm²
	阴阳极比	1:2
	搅拌	空气搅拌
	阳极材料	含磷 0.02～0.06%铜板
活化	盐酸	50%(体积比)
	水	50%(体积比)
	温度	常温
	时间	1～2 min
镀光亮镍	硫酸镍	240～320 g/L
	氯化镍	50～60 g/L
	硼酸	40～50 g/L
	HK370A 光亮剂	0.8～1.0 ml/L
	HK370B 柔软剂	6～10 ml/L
	HK390 低泡湿润剂	2～3 ml/L
	温度	50～60℃
	pH	4～6
	阴极电流密度	1～8 A/dm²

续表

环 节	物 料	用 量
镀光亮镍	阴阳极面积比	1∶1～2
	搅拌	空气搅拌
	阳极材料	镍板
活化	盐酸	50%(体积比)
	水	50%(体积比)
	温度	常温
	时间	1～2 min
镀铬	铬酐	140～240 g/L
	硫酸	0.3～1.0 g/L
	ST928 添加剂	10～15 ml/L
	三价铬	0.5～4.0 g/L
	温度	30～50℃
	阴极电流密度	8～20 A/dm²
	阴阳极面积比	1∶2～3
	阳极材料	9∶1铅锡合金

第四节 阳极氧化

金属或合金的阳极氧化或电化学氧化是将金属或合金的制件作为阳极置于电解液中，在外加电流作用下使其表面形成氧化物薄膜的过程。金属氧化物薄膜改变了表面状态和性能可提高金属或合金的耐腐蚀性、硬度、耐磨性、耐热性及绝缘性等。阳极氧化的用途主要包括以下几项：

(1)作为防护层阳极氧化膜在空气中有足够的稳定性，能够大大提高制品表面的耐蚀性能。

(2)作为防护-装饰层在硫酸溶液中进行阳极氧化得到的膜具有较高的透明度，经着色处理后能得到各种鲜艳的色彩，在特殊工艺条件下还可以得到具有瓷质外观的氧化层。

(3)作为耐磨层阳极氧化膜具有很高的硬度，可以提高制品表面的耐磨性。

(4)作为绝缘层阳极氧化膜具有很高的绝缘电阻和介电强度，可以用作电解电容器的电介质或电器制品的绝缘层。

(5)作为喷漆底层阳极氧化膜具有多孔性和良好的吸附特性，作为喷漆或其他有机覆盖层的底层，可以提高漆或其他有机物膜与基体的结合力。

(6)作为电镀底层利用阳极氧化膜的多孔性，可以提高金属镀层与基体的结合力。

一、铝及铝合金的阳极氧化

在所有铝和铝合金的表面处理方法中，阳极氧化法是应用最为广泛的一种。铝阳极氧化是将铝及其合金置于相应电解液(如硫酸、铬酸、草酸等)中作为阳极,在特定条件和外加电流作用下,进行电解。阳极的铝或其合金氧化,表面上形成氧化铝薄层,其厚度为 5～20 μm,硬质阳极氧化膜可达 60～200 μm。

铝在硫酸电解液中可以获得耐蚀性与耐磨性较高和吸附性较好的无色透明氧化膜,硫酸阳极氧化配方及工艺条件见表 7－7,几乎所有的铝及其合金都能在这种电解液中进行阳极氧化。硫酸阳极化电解液成分比较简单,溶液稳定、允许杂质含量范围较大,与铬酸、草酸法比较,电能消耗少,操作方便,成本低。所以这种电解液在表面处理行业中得到广泛应用。

表 7－7 硫酸阳极氧化配方及工艺条件

配方及工艺条件	配比 1	配比 2	配比 3
硫酸/($g \cdot L^{-1}$)	160～200	160～200	100～110
铝离子/($g \cdot L^{-1}$)	<20	<20	<20
温度/℃	13～26	0～7	13～26
电压/V	12～22	12～22	162～24
电流密度/($A \cdot dm^{-2}$)	0.5～2.5	0.5～2.5	1～2
时间/min	30～60	30～60	30～60
阴极材料	纯铝或铝锡合金板	纯铝或铝锡合金板	
阳极与阴极面积	1.5:1	1.5:1	1:1
搅拌	压缩空气搅拌	压缩空气搅拌	压缩空气搅拌
电源	直流电	直流电	交流电

(一)硫酸阳极氧化的影响因素

影响氧化膜质量的因素有很多,包括材料因素和硫酸浓度、杂质、温度、电流密度、氧化膜硬度、时间等工艺因素。

1. 材料因素

氧化膜的性能与合金成分有关。一般地,纯铝及低合金成分铝合金的氧化膜硬度最高,而且氧化膜均匀一致。随着合金成分的含量增加,膜质变软,特别是重金属元素影响最大。

2. 工艺因素

(1)硫酸浓度:氧化膜的生成速度与电解液中硫酸浓度有密切的关系。膜的增厚过程取决于膜的溶解与生长速度之比,通常硫酸浓度的增大,氧化膜溶解速度也增大(膜不易生长);反之,硫酸浓度降低,膜溶解速度也减少(膜易生长)。图 7－3 为硫酸浓度对氧化膜的生成速度的影响。

在浓度较高的硫酸溶液中进行氧化时,所得的氧化膜孔隙率高,容易染色,但膜的硬度、耐磨性能均较差。而在稀硫酸溶液中所得的氧化膜,坚硬且耐磨,反光性能好,但孔隙率较低,适宜于染成各种较浅的淡色。

(2)电解液杂质:电解液中可能存在的杂质是阴离子(如 Cl^-,F^-,NO_3^-)和金属阳离子(如 Al^{3+},Cu^{2+},Fe^{2+})。当 Cl^-,F^-,NO_3^- 等阴离子含量高时,氧化膜的孔隙率大大增加,氧化膜表面变得粗糙和疏松。因此,必须严格控制水质,一般要求用去离子水或蒸馏水配制电解液。

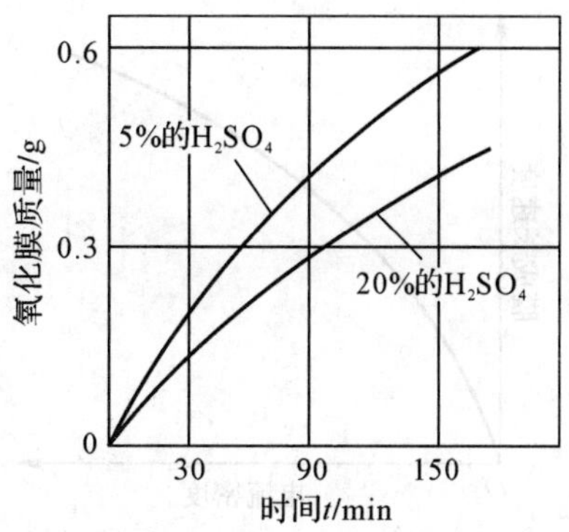

图 7-3　硫酸浓度(质量分数)对氧化膜生成速度的影响

(3)温度:电解液温度对氧化膜层的影响与硫酸浓度变化的影响基本相同,如图 7-4 和图 7-5 所示,温度升高时,膜的溶解速度加大,膜的生成速度减小。一般地,随电解液温度的升高,氧化膜的耐磨性降低。在温度为 18～20℃时,所得的氧化膜多孔,吸附性好,富有弹性,抗蚀能力强,但耐磨性较差。在装饰性硫酸阳极氧化工艺中,温度控制在 0～3℃,硬度可达 400 HV以上。对于易变形的零件宜在温度 8～10℃时氧化。但当制件受力发生形变或弯曲时,氧化膜易碎裂,溶液温度过低氧化膜发脆易裂。

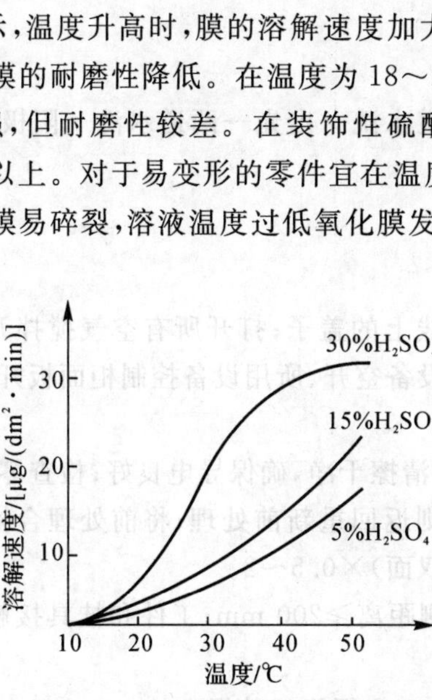

图 7-4　温度对膜溶解速度的影响

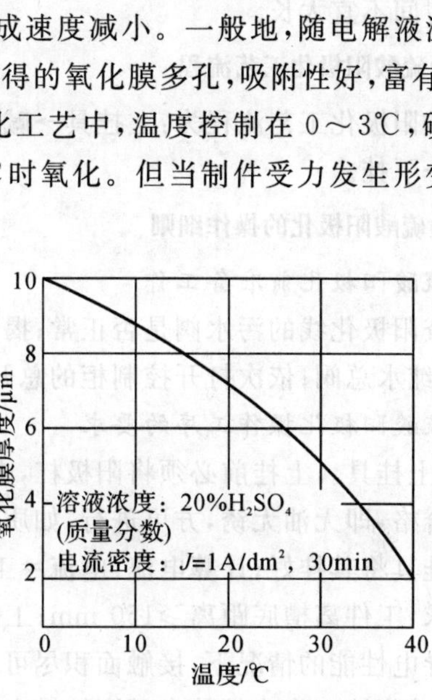

图 7-5　温度对膜成长速度的影响

(4)氧化膜硬度:直流氧化膜硬度比交流氧化膜高,直流和交流叠加使用时,可在一定范围内调节氧化膜硬度。当铝制件通电氧化时,开始很快在铝制件表面生成一层薄而致密的氧化膜,此时电阻增大,电压急剧升高,阳极电流密度逐渐减少。电压继续升高至一定值时,氧化膜因受电解液的溶解作用在较薄弱部位开始被电击穿,促使电流通过,氧化过程继续进行。

(5)电流密度:电流密度对氧化膜的生长影响很大,如图 7-6 所示。在一定范围内提高电流密度,可以加速膜的生长速度;但当达到一定的阳极电流密度极限值后,氧化膜的速度增加得很慢,甚至趋于停止。这主要是因为在高电流密度下,氧化膜孔内的热效应加大,促使氧化膜溶解加速所致。

(6)时间:氧化时间的确定取决于电解液的浓度、所需的膜厚和工作条件等。在正常情况下,当电流密度恒定时,膜的生长速度与氧化时间成正比。但当氧化膜生长到一定厚度时,由于膜的电阻加大,影响导电能力,而且由于温升,膜的溶解速度也加快,故膜的生长速度会逐渐减慢。

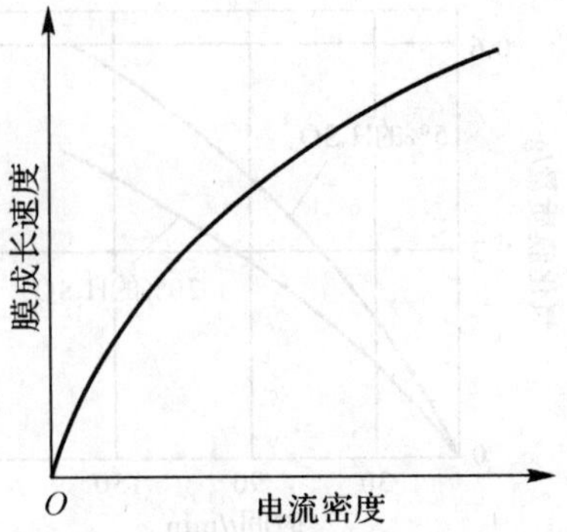

图 7-6 电流密度对膜成长速度的影响

氧化时间可延长至数小时。但操作时必须加大电流密度，对于形状复杂或易变形的制品，其氧化时间不宜太长。

(二)硫酸阳极化工艺流程

硫酸阳极化工艺流程为：上挂具→碱腐蚀→两道水洗→出光→两道水洗→阳极化→水洗→封闭→下挂。

(三)硫酸阳极化的操作细则

1. 硫酸阳极化前准备工作

检查阳极化线的污水阀是否正常；揭开阳极化线上的盖子；打开所有空气搅拌开关；打开自来水、纯水总阀；依次打开控制柜的总开关、所用设备空开、所用设备控制柜面板开关。

2. 硫酸阳极化操作工序的要求

(1)上挂具。上挂前必须将阳极杠，支架和挂具清擦干净，确保导电良好；检查零件表面质量是否合格，即无油无锈，方可进行，如质量不合格则返回重新前处理；将前处理合格的工件，用专用挂具将其挂好；计算电流：电流＝工件面积(双面)×0.5～2。

要求：工件离槽底距离≥150 mm；工件离槽两侧距离≥200 mm；工件和挂具接触要良好，在保证导电性能的情况下，接触面积尽可能小。

(2)碱腐蚀。将工件挂在碱腐蚀槽内腐蚀 1～3 min，再将工件提出。

要求：温度控制在 50～70℃；确保除油干净后再将工件吊出。

(3)两道水洗。将工件吊入清水槽清洗 1～3 s；依次过 2 道水洗槽；将工件提出清水槽。

要求：清洗用流动水，确保清洗干净。

(4)出光。将工件吊入出光槽内；出光时间 5～10 s；将工件提出。

要求：出光后镀层表面应为光亮。

(5)两道水洗。将工件吊入清水槽清洗 1～3 s；依次过 2 道水洗槽；将工件提出清水槽。

要求：清洗用流动水，确保清洗干净。

(6)阳极化。将工件吊入阳极化槽内；启动冷冻机；阳极化时间 30～50 min；将工件提出。

要求：阳极化时要严格将温度控制在 20～25℃内；观察阳极导电情况；工件在槽内不能停留太久，否则槽液对膜层产生腐蚀。

(7)水洗。将工件吊入清水槽；清洗 1～3 s；将工件提出清水槽。

要求：清洗用流动水，确保清洗干净。

(8)封闭。将工件吊入封闭槽内;封闭 5～10 min;将工件吊出封闭槽。

要求:封闭槽温度要控制在 90℃左右。

(9)下挂。将封闭后的工件挂入烘干区。

(四)硫酸阳极化溶液物料的配比(见表 7-8)

表 7-8　硫酸阳极化溶液物料的配比

环　节	物　料	用　量
碱腐蚀	氢氧化钠	20～30 g/L
	碳酸钠	30～50 g/L
	磷酸三钠	30～50 g/L
	自来水	余量
	温度	60～70℃
	时间	1～5 min
出光	硝酸(工业级)	1:1
	自来水	余量
	温度	常温
	时间	1～2 min
硫酸阳极化	硫酸(分析纯)	180～200 g/L
	纯水	余量
	温度	20～25℃
	时间	30～50 min
封闭	纯水	槽液体积
	温度	90℃以上
	时间	1～3 min

参考文献

[1] 傅水根,李双寿.机械制造实习[M].北京:清华大学出版社,2009.
[2] 王志海.工程实践与训练教程[M].武汉:武汉理工大学出版社,2007.
[3] 张兴华.制造技术实习[M].北京:北京航空航天大学出版社,2005.
[4] 傅水根.机械制造工艺基础[M].2版.北京:清华大学出版社,2004.
[5] 王志海.热加工工艺基础[M].武汉:武汉理工大学出版社,2002.
[6] 胡大超,张学高.机械制造工程实训[M].上海:上海科学技术出版社,2004.
[7] 华垂统,王志海.机械加工工艺基础[M].武汉:武汉理工大学出版社,2002.
[8] 黄锦涛.机加工实习[M].北京:机械工业出版社,2002.
[9] 金禧德.金工实习[M].2版.北京:高等教育出版社,2001.
[10] 黄如林.金工实习教程[M].上海:上海交通大学出版社,2003.
[11] 李永增.金工实习[M].北京:高等教育出版社,1996.